Anleitungen
für die chemische Laboratoriumspraxis

Band XVI

Herausgegeben von

F. L. Boschke, W. Fresenius, J. F. K. Huber, E. Pungor,
W. Simon und Th. S. West

Hermann Ostromow

Analyse von Kautschuken und Elastomeren

Mit 36 Abbildungen und 18 Tabellen

Springer-Verlag
Berlin Heidelberg New York 1981

Dipl.-Chem. Hermann Ostromow
Bayer AG, Sparte Kunststoffe und Lack, Anwendungstechnik-Kunststoffe-II
5090 Leverkusen, Bayerwerk

CIP-Kurztitelaufnahme der Deutschen Bibliothek
Ostromow, Hermann:
Analyse von Kautschuken und Elastomeren / Hermann Ostromow. — Berlin, Heidelberg, New York: Springer, 1981.
(Anleitungen für die chemische Laboratoriumspraxis; Bd. 16)

ISBN-13: 978-3-642-67815-8 e-ISBN-13: 978-3-642-67814-1
DOI: 10.1007/978-3-642-67814-1

Softcover reprint of the hardcover 1st edition 1981

Bindearbeiten: Konrad Triltsch, Würzburg.
2152/3020-543210

Vorwort

In diesem Buch werden chemische und instrumentelle Methoden für die qualitative und quantitative Analyse von Kautschuk und Elastomeren beschrieben. Ausführlich werden spektroskopische und chromatographische Untersuchungsverfahren dargelegt.

Im Vergleich zum 1960 erschienenen Buch von Horst E. Frey „Methoden zur chemischen Analyse von Gummimischungen", 2. Auflage, Springer-Verlag, Berlin–Göttingen–Heidelberg, stellt die vorliegende Arbeit eine Erweiterung durch die heute gebräuchlichsten Analysenmethoden dar, die dem Analytiker ermöglichen soll, den an ihn gestellten Anforderungen der Praxis gerecht zu werden.

Die vorliegende Arbeit beruht auf langjährigen Erfahrungen, die in Laboratorien der Bayer AG, Leverkusen, und durch die Tätigkeit in den DIN-Arbeitsausschüssen erworben wurden, unter Berücksichtigung der einschlägigen Literatur und Monographien. Sie beinhaltet routinemäßig angewendete Arbeitsvorschriften, nach denen in analytischen Laboratorien für hochmolekulare Verbindungen sofort gearbeitet werden kann. Es wird im Text oft das Prinzip der DIN-Arbeitsvorschriften erwähnt. In diesen Fällen ist es empfehlenswert, genau nach dem Text der Norm zu arbeiten.

Die Originalfassungen der Norm können beim Beuth-Verlag GmbH, Burggrafenstr. 4–10, 1000 Berlin 30, bezogen werden. Der Inhalt des Werkes wurde so zusammengestellt, daß er für einen breiten Kreis von Kautschuk- und Kunststoff-Analytikern interessant sein soll. In seinem Niveau liegt er andererseits so, daß auch ein Chemotechniker oder Laborant es lesen, verstehen und danach arbeiten kann.

Die Abfassung der gaschromatographischen Vorschriften erfolgte zusammen mit Frau Dipl.-Chem. A. Csányi. Das Kapitel „Mikroanalytische Arbeitsmöglichkeiten mit Licht- und Elektronenmikroskopen" ist von Herrn H. Palla geschrieben worden. Herrn Dr. R. Prinz und Herrn J. Fielenbach bin ich für die kritische Durchsicht und die Anmerkungen zu besonderem Dank verpflichtet.

Leverkusen, Dezember 1980 Hermann Ostromow

Inhaltsverzeichnis*

* Das Inhaltsverzeichnis umfaßt nur die Überschriften der ersten drei Gliederungsstufen. Die weitere Unterteilung wurde nicht berücksichtigt.

1 Einleitung

Zu Beginn dieses Jahrhunderts verstand man unter „Kautschuk“ lediglich das von der Natur erzeugte Polyisopren und später, im Rahmen der ersten Synthesekautschuk-Entwicklungsphasen analoge, aus Dienen aufgebaute Stoffe, die wie Naturkautschuk mit Schwefel vulkanisierbar waren. Infolge der Entwicklung immer neuer Stoffklassen, die einer der Vulkanisation analogen Umwandlung zu hochelastischen gummiartigen Werkstoffen fähig sind, wurde der Begriff „Kautschuk“ immer weiter gefaßt.

Als „Kautschuk“ bezeichnet man heute alle makromolekularen Stoffe, die bei Raumtemperatur weitgehend amorph sind, dabei vielfach durch eine thermolabile Verknäuelung der Makromoleküle bei Raumtemperatur eine beachtliche Elastizität und eine niedrige Glastemperatur aufweisen, die weitmaschig vernetzbar sind und in diesem Zustand Elastomere darstellen. Hierbei ist es gleichgültig, ob diese Eigenschaften durch Vernetzung mit Schwefel oder einen vergleichbaren chemischen oder physikalischen Prozeß erhalten werden.

Dementsprechend sind Elastomere weitmaschig und im allgemeinen thermostabil vernetzte, makromolekulare Stoffe, die sich durch Einwirkung einer geringfügigen Kraft bei Raumtemperatur um mindestens das Doppelte ihrer Ausgangslänge dehnen lassen und die nach Aufhebung des Zwanges wieder rasch und praktisch vollständig in die ursprüngliche Form zurückkehren. Der Begriff Elastomere ist mit dem Begriff Weichgummi synonym.

Die Elastomeren nehmen aufgrund der weitmaschigen Vernetzung ihrer Knäuelmoleküle eine Zwischenstellung zwischen den noch unvernetzten Plastomeren (Rohkautschuk) und den engmaschig vernetzten und daher starren Duromeren Hartgummi (Ebonit) ein. Während die Elastizität von unvernetztem Kautschuk mit steigender Temperatur mehr und mehr zurückgeht, und der Kautschuk weich und verformbar wird, lassen sich Elastomere in der Regel durch Temperaturerhöhung nicht plastifizieren.

Sowohl Kautschuk als auch Elastomere haben demgemäß eine eigene makromolekulare Zustandsform.

Zur Herstellung von Elastomeren werden dem Kautschuk in der Regel Vernetzungschemikalien der verschiedensten Art und je nach den gewünschten Fertigteileigenschaften andere Zuschlagstoffe zugesetzt bevor er vulkanisiert, d.h. vernetzt wird. Wenn auch heute eine große Anzahl von Vernetzungssystemen bekannt sind und in der Praxis angewendet werden, man denke an die Schwefel-, Peroxid-, Isocyanat-, Chinon-, Amin-, Metalloxid-, Harzvernetzung, so dominiert nach wie vor die Schwefelvernetzung.

Neuerdings sind auch thermoplastische Elastomere bekannt, deren Vernetzung bei höheren Temperaturen gelöst und beim Abkühlen erneut geknüpft wird. Es handelt sich hierbei z.T. um Produkte, die weitmaschig physikalisch vernetzt sind, z.B. durch Mikrokristallit- oder Assoziatbildung, oder auch um Verschnitte potentieller kautschukartiger Stoffe.

Die Zahl der dem Verarbeiter von der chemischen Industrie angebotenen Synthesekautschuk-Typen ist inzwischen so groß geworden, daß es selbst dem Spezialisten nur noch schwer möglich ist, einen vollständigen Überblick zu behalten. Daher ist es erforderlich die Kautschuk-Arten zu klassifizieren.

Nach ASTM-D 1418-76a werden die Kautschuk-Typen folgendermaßen eingeordnet und mit Abkürzungen versehen, wobei die mit * gekennzeichneten Stoffklassen mit etwa 95% Marktanteil die Hauptvertreter sind. Stoffe mit ** spielen im Markt als Spezialtypen ebenfalls eine wichtige Rolle, wogegen die nicht gekennzeichneten Typen von untergeordneter Bedeutung sind oder nur in seltenen Fällen Anwendung finden. Die hier genannten Abkürzungen sind im weiteren Text regelmäßig verwendet.

ABR	Acrylester-Butadien-Kautschuk
ACM**	Acrylester-2Chlorethylvinylether-Copolymere (Acrylatkautschuk)
AFMU	Terpolymere aus Tetrafluorethylen, Trifluornitrosomethan und Nitrosoperfluorbuttersäure (Nitrosokautschuk)
ANM	Acrylester-Acrylnitril-Copolymere (Acrylatkautschuk)
ASR	Alkylensulfidkautschuk
AU**	Urethankautschuk auf Polyester-Basis
BR*	Butadienkautschuk
CFM**	Polychlortrifluorethylen (Fluorkautschuk)
CM(CPE)	Chlorpolyethylen
CO	Epichlorhydrinkautschuk (= Polychlormethyloxiran)
CR*	Chloroprenkautschuk
CSM**	Chlorsulfonylpolyethylen
ECO	Epichlorhydrin-Copolymere (= Ethylenoxid und Chlormethyloxiran)
EPDM*	Ethylen-Propylen-Dien-Terpolymere
EPM**	Ethylen-Propylen-Copolymere
ET	Polysulfidkautschuk
EU	Urethankautschuk auf Polyether-Basis
EVAC**	Ethylen-Vinylacetat-Copolymere
FPM**	Vinylidenfluorid-Hexafluorpropylen-Copolymere
FMQ	Methylsiliconkautschuk mit Fluor-Gruppen
IIR**	Isobutylen-Isopren-Kautschuk (Butylkautschuk)
IM	Polyisobutylen
IR*	Isoprenkautschuk (synthetisch)
MQ**	Methylsiliconkautschuk
NBR*	Acrylnitril-Butadien-Kautschuk (Nitrilkautschuk)
NCR	Acrylnitril-Chloropren-Kautschuk
NR*	Isoprenkautschuk (Naturkautschuk)
PO	Propylenoxidkautschuk
PBR	Pyridin-Butadien-Kautschuk

PMQ	Methylsiliconkautschuk mit Phenyl-Gruppen
PVMQ**	Methylsiliconkautschuk mit Phenyl- und Vinyl-Gruppen
SBR*	Styrol-Butadien-Kautschuk
SCR	Styrol-Chloropren-Kautschuk
SIR	Styrol-Isopren-Kautschuk
VMQ**	Methylsiliconkautschuk mit Vinyl-Gruppen

Zusätzliche vor die Kurzzeichen gesetzte Indices:
E- Emulsionspolymerisat; L- Lösungspolymerisat; OE- Ölgestreckter Kautschuk.

Für die Analyse von Kautschuk und Elastomeren ist es nützlich aus dem Verwendungszweck Rückschlüsse auf die Stoffklasse zu ziehen, weil diese bereits ein Indiz für die in der Probe zu suchenden Stoffe gibt. Dies setzt jedoch erhebliche kautschuk-technologische Erfahrung voraus.

Naturgemäß können nicht alle Monomeren, Polymerisationshilfsstoffe, Vulkanisationschemikalien und Zuschlagstoffe in jedem Kautschuk- bzw. Elastomer-Typ vorhanden sein; so sind in Lösungspolymeren keine Emulgatoren und umgekehrt in Emulsions-Typen keine Lösungsmittelreste zu erwarten.

In allen gesättigten Kautschuk-Typen wird kein Schwefel als Vernetzungsmittel eingesetzt. In stark polaren Kautschuk-Sorten werden unpolare Weichmacher und in unpolaren Kautschuken synthetische Weichmacher kaum eine Rolle spielen.

Die Bestimmung der Kautschukart erfolgt zweckmäßig durch Infrarot-Spektroskopie oder Pyrolyse-Gaschromatographie mit extrahiertem Material. Hieraus gewinnt man einen Überblick über zu suchende Restmonomere, sowie einen Hinweis auf andere, evtl. zu erwartende Hilfsmittel (Lösungsmittel, Emulgatoren, Art der Aktivatoren und dgl.). In den Extrakten können die übrigen Polymerisations-Chemikalien bestimmt werden.

Die nachfolgenden Kautschuk-Typen können beispielsweise auf folgende von ihrer Herstellung her stammenden Stoffklassen untersucht werden:

Kautschuk-Art	Stoffklasse	Extraktionsmittel
IR, L-BR, L-SBR	Monomere, Lösungsmittel-Reste	Organische Lösungsmittel
	Metallaktivatoren	Wasser
	Stabilisatoren	Organische Lösungsmittel
E-BR, E-SBR, NBR, CR	Monomere	Organische Lösungsmittel
	Emulgator-Rest	Wasser
	Peroxide u. organ. Aktivatoren, Regler, Stabilisatoren	Organische Lösungsmittel
IIR, EPM, EPDM, EVAC	Monomere, Lösungsmittel-Reste	Organische Lösungsmittel
	Metallaktivatoren	Wasser
	organ. Aktivatoren, Lösungsmittel-Reste	Organische Lösungsmittel

Da die Mengen der in einer Kautschukprobe enthaltenen Stoffe sehr klein sein können, wird es nicht immer möglich sein, sie einzeln zu bestimmen. Es ist deshalb vielfach erforderlich, sie gruppenmäßig zu erfassen [92].

2 Proben-Vorbereitung

Der Analytiker muß sicher sein, daß seine Probe repräsentativ für das zu untersuchende Material ist. Die Oberfläche des Materials soll einwandfrei sauber sein. Alle Verunreinigungen sowie Lackschichten werden vorsichtig mechanisch entfernt. Die an der Oberfläche nicht festhaftenden Einpuderungen wie Talkum, China Clay, Stärkepuder, werden durch leichtes Abklopfen oder vorsichtiges Abstauben mit einem weichen Haarpinsel beseitigt.

Der ausgeblühte Schwefel oder Ausschwitzungen von Paraffinkohlenwasserstoffen, Wachsen, Ölen und dgl., die aus der Mischung stammen, dürfen dagegen nicht entfernt werden. Besteht der Prüfgegenstand aus verschiedenen Gummischichten, so sind diese mechanisch zu trennen und jede Schicht ist für sich zu analysieren. Für die Probenahme haben DIN, ASTM und British Standard (BS) besondere Arbeitsvorschriften ausgearbeitet.

Die Probennahme kann z.B. für Kautschuk nach DIN 53525 Teil 1, für Elastomere und Hartgummi nach DIN 53551 erfolgen. Die entsprechende entnommene Laboratoriumsprobe wird zerkleinert. Dazu wird der Kautschuk oder die Weichgummi-Probe mit einer Schere in Teilchen von etwa 1,5 mm (maximale Kantenlänge) zerschnitten, oder auf einem kalten Laborwalzwerk bei engem Spalt zu einem dünnen, krümeligen Fell ausgezogen. Das Fell wird durch Zerreiben oder Zerschneiden zerkleinert zu Stücken von etwa 2 mm Kantenlänge.

Duromere (Hartgummi, Ebonit, IT-Platten und dgl.) werden in einer Mühle (Zahnscheiben-, Zentrifugenmühle) soweit zerkleinert, daß sie durch ein Prüfsieb mit Drahtsiebboden 0,8 nach DIN 4188 abgesiebt werden können. ASTM schreibt Prüfsiebe mit einer Maschenweite von 1,4 mm und BS mit 1,68 mm vor.

Proben von gummiertem Tuch werden in Stücke von etwa 1,5 mm^2 geschnitten. Bei Schläuchen, Platten usw. mit Stoffeinlagen ist darauf zu achten, daß der Gummi jeder Schicht vom Gewebe abgetrennt und für sich analysiert wird.

Gummikitte und Lösungen werden zunächst im Vakuum getrocknet (z.B. nach ASTM bei 30 °C) und der Rückstand wie unvulkanisierter Kautschuk behandelt. Latexproben werden in einem Vakuumtrockenschrank bei 60 Torr und 70 bis 100 °C (NR-Latex) oder bei 100 bis 125 °C (Latices synthetischer Kautschuk) bis zur Gewichtskonstanz getrocknet (DIN 53563).

3 Extraktionen [120]

3.1 Übersicht

Die Extraktion mit Lösungsmitteln soll die vollständige Abtrennung aller löslicher Bestandteile vom Kautschuk erreichen. In Extrakten aus Kautschuk, Kautschuk-Mischungen, Elastomeren und deren Regeneraten sowie aus Hartgummi, befinden sich die ursprünglich vorhandenen sowie evtl. zugesetzten natürlichen bzw. künstlichen Harze, Mineralöle, Paraffin- bzw. andere Wachse, Stearinsäure, Weichmacher und/oder Streckmittel, Beschleuniger, Alterungsschutzmittel, Schwefel und Schwefelspender.

Für die Extraktion wurden einige Extraktionsgeräte vorgeschlagen. Nach DIN 53553 benutzt man ein Extraktionsgerät nach Soxhlet mit (= bessere Temperaturkonstanz) oder ohne Mantel sowie nach Twisselmann (wenn besonders heiß extrahiert werden muß). Gemäß ISO 1407 wird eine Ganzglas-Apparatur empfohlen.

Weniger empfehlenswert erscheint uns ein Extraktionsgefäß mit einem Metallkondensor.

3.2 Wahl des Extraktionsmittels

Zur Bestimmung extrahierbarer Bestandteile aus Naturkautschuk, seinen Rohmischungen und Elastomeren eignet sich am besten Aceton und evtl. Chloroform für die Nachextraktion bitumenhaltiger NR-Elastomere. Für die Extraktion synthetischer Kautschuk-Typen, ihrer Mischungen und Elastomeren sind andere Lösungsmittel vorteilhafter.

Das zur Extraktion verwendete Aceton sollte für alle genauen Untersuchungen vorher frisch destilliert werden. Einige Beschleuniger werden durch Aceton zersetzt (z.B. Thiuram-Beschleuniger). Zur quantitativen Abtrennung von Beschleunigern extrahieren wir mit Methylenchlorid.

Je nach der Art des Polymeren und Zweck der Extraktion werden nach DIN 53553 folgende Extraktionsmittel empfohlen:

Für Naturkautschuk und Polyisopren im unvulkanisierten Zustand Aceton. Für die entsprechenden Elastomere Aceton und anschließend Chloroform*.

Zur Extraktion von Synthesekautschuk wie SBR (einschließlich ölgestreckten Typen), BR und EPDM eignet sich ein bei 76,7 °C siedendes azeotropes Gemisch aus 68 Vol.-% Ethanol und 32 Vol.-% Toluol. Die Vulkanisate dieser Kautschuke

---

* Vor der Anwendung von Gemischen Aceton/Chloroform oder Aceton/Dichlormethan wird gewarnt, da sie explosiv sein können.

können mit Aceton und anschließend Chloroform* extrahiert werden. Für eine vollständige Extraktion von anvulkanisiertem, mit Alaun gefälltem SBR wird ein azeotropes Gemisch aus 67 Vol.-% Ethanol, 24 Vol.-% Toluol und 9 Vol.-% Wasser (Siedepunkt 74,4 °C) eingesetzt.

Zur Herstellung des azeotropen Gemisches mit dem Siedepunkt 76,7 °C destilliert man ein Gemisch aus 70 Vol.-% wässerigem (96 %igen) Ethanol und 30 Vol.-% Toluol und verwendet die Mittelfraktion.

Der Vorlauf enthält Wasser als ternäres Gemisch mit Ethanol und Toluol (Siedepunkt 74,4 °C).

Zur Extraktion von Butyl-, Chlorbutyl- und Brombutylkautschuk und ihrer Vulkanisate eignen sich Butanon (Methylethylketon) und Aceton.

Chlor- und fluorhaltige Kautschuke wie CR, CSM und FPM lassen sich mit Isopropanol und Methanol vollständig extrahieren. Für ihre Vulkanisate wird Methanol empfohlen, Polymere mit Kohlenstoff-, Sauerstoff- und Stickstoff- oder Schwefel-haltigen Ketten sowie ihre Vulkanisate werden mit n-Pentan extrahiert.

Vulkanisate aus Polymeren mit siliciumhaltigen Ketten werden mit Methanol extrahiert.

Für Nitrilkautschuk (NBR) und seine Vulkanisate eignen sich am besten Isopropanol oder Methanol.

3.3 Die Extraktion

Der Gehalt an extrahierbaren Bestandteilen kann indirekt durch Bestimmung des Gewichtsverlusts der Probe nach der Extraktion (Differenzwägung) oder durch direkte Wägung des eingedampften und getrockneten Extraktes ermittelt werden. Bei der Differenzwägung wird der Anteil aller extrahierbaren Substanzen erfaßt, bei der direkten Wägung erfaßt man nicht die flüchtigen Anteile. Der Trockenrückstand des Extraktes kann für die weitere Analyse der extrahierbaren Bestandteile benutzt werden.

Die Dauer der Extraktion hängt von der Art der Probe, vom Extraktionsmittel und von der Menge des Extraktionsmittels ab, mit der die Probe während der Extraktion in Berührung kommt, d. h. bei Verwendung des Soxhlet-Extraktors von der Zahl der Entleerungen und beim Twisselmann-Gerät von dem Durchsatz an Lösungsmittel pro Zeiteinheit.

Wenn die Extraktionsbedingungen der Abschnitte 7.1 und 7.2 der DIN 53553 eingehalten werden, benötigt man für eine erschöpfende Extraktion mit den erwähnten Extraktionsmitteln etwa 8 h. Die Dauer der Nachextraktion mit Chloroform zur Entfernung der bituminösen Stoffe beträgt etwa 4 h (mit Chloroform extrahiert man so lange, bis das Lösungsmittel klar abläuft).

3.4 Bestimmung chloroformlöslicher Bestandteile in Elastomeren

Chloroform löst aus mit Aceton extrahierten Vulkanisaten evtl. vorhandene bituminöse Substanzen, zu deren Bestimmung diese Extraktion ausgeführt wird. Außerdem gehen erhebliche Kautschukanteile in Lösung, wenn stark depolymerisierter Kautschuk vorhanden ist. Die Apparatur soll gleich der für den Aceton-Extrakt sein. Das mit Aceton extrahierte Material wird, ohne das anhaftende Aceton zu vertreiben, mit Chloroform so lange extrahiert, bis das Lösungsmittel klar in den gewogenen Kolben abläuft (mindestens jedoch 4 h). Nachdem man das Lösungsmittel abdestilliert hat (evtl. unter Anwendung eines Rotationsverdampfers), wird der Kolben mit dem Extrakt bis zur Gewichtskonstanz bei 75°C getrocknet, abgekühlt und gewogen. Da vulkanisierter Kautschuk stets geringe Mengen chloroformlösliche Anteile enthält, ist es üblich, einen Chloroform-Extrakt bis zu 4 % auf die Einwaage berechnet, als normal zu bezeichnen. Zeigt der Chloroform-Extrakt eine Fluoreszenz, oder ist er dunkler als strohgelb gefärbt, so waren in der Probe bituminöse Substanzen vorhanden. Zur Bestimmung des Gehaltes an Hartasphalt wird der Kolbeninhalt mit Waschbenzin (Kp: 100 bis 140 °C) aufgekocht, 12 h verschlossen stehengelassen, die Lösung abfiltriert und der Kolben sowie Filter mit kleinen Mengen Waschbenzin nachgewaschen. Der Filterrückstand wird mit warmem Toluol in den Kolben zurückgelöst, das Lösungsmittel verdampft, der Rückstand, der als Hartasphalt anzusprechen ist, getrocknet und gewogen.

Überschreitet die Menge des Chloroform-Extraktes die oben angegebene Grenze, ohne durch seine Farbe auf die Anwesenheit von bituminösen Substanzen hinzuweisen, so sind Kautschukbestandteile in Lösung gegangen. Dies deutet darauf hin, daß das Material entweder schlecht vulkanisiert war, Regenerate enthielt oder durch mechanische Beanspruchung bzw. durch Alterung stark depolymerisiert wurde.

Sind bituminöse Substanzen in einer unvulkanisierten Mischung zu bestimmen, so ist das Material zuvor einer Vulkanisation zu unterwerfen.

3.5 Erfassung von Faktis in Elastomeren durch die Bestimmung der in 1 N ethanolischer Kalilauge löslichen Bestandteile

Die Probe wird mit n-Hexan extrahiert und mit 1 N ethanolischer Kalilauge verseift.

Die Verseifungslösung wird angesäuert und die frei werdenden Fettsäuren nach Extraktion mit Ether gravimetrisch bestimmt. Aus der Fettsäuremenge kann unter Anwendung eines empirischen Korrekturfaktors der Faktisgehalt errechnet werden.

3.5.1 Durchführung

Die genaue Arbeitsweise ist in DIN 53588 beschrieben. Weitere Normen sind ASTM D-297, Nr. 21, BS 903/5 (1958).

2 g der fein zerkleinerten Probe werden 8 Stunden mit n-Hexan extrahiert und der prozentuale Gehalt an extrahierbaren Anteilen errechnet. Die mit n-Hexan extrahierte Probe wird 4 Stunden unter Rückfluß in 50 ml eines Gemisches gleicher Volumina Toluol und 1 N ethanolischer Kalilauge gekocht. Die Lösung wird anschließend von unlöslichen Anteilen durch Filtration getrennt, der Rückstand zweimal mit je 25 ml heißem 96%-igem Ethanol und dreimal mit je 25 ml heißem Wasser nachgewaschen. Das Filtrat und die Waschflüssigkeiten werden vereinigt und auf einige ml eingeengt. Der Rückstand wird mit Wasser quantitativ in einen Scheidetrichter übergeführt und mit Salzsäure auf etwa pH 3 eingestellt. Die Lösung wird fünfmal mit je 25 ml Diethylether e weils genau 3 min lang ausgeschüttelt. Die vereinigten Etherauszüge werden dreimal mit je 25 ml Wasser gewaschen, in einer Glasschale auf dem Wasserbad eingedampft und bei 105°C 3 h lang getrocknet und gewogen. Die ermittelte Auswaage ergibt die Fettsäuremenge. Daraus wird der Fettsäuregehalt in % errechnet. Durch Multiplizieren des Fettsäuregehaltes in % mit dem Faktor 1,18 errechnet man den Faktisgehalt in % der Probe.

Dieser Faktor ist in DIN 53588 angegeben und wurde in einem Rundversuch durch den Arbeitsausschuß FNM 431 „Chemische Prüfverfahren für Kautschuk und Elastomere“ ermittelt.

Der Korrekturfaktor ist deshalb größer als 1, weil Glycerin aus den verseiften Triglyceriden in der wässerigen Phase verbleibt und mit Hexan niedermolekulare Faktis-Anteile abgetrennt werden, die damit der Bestimmung des Fettsäuregehaltes entzogen sind.

4 Untersuchung der extrahierten Bestandteile

4.1 Weichmacher [125]

Neben den Füllstoffen kommt in Kautschuk-Mischungen den Weichmachern mengenmäßig die größte Bedeutung zu. In vielen Fällen haben sie vor allem den Zweck, den Preis einer Mischung bzw. eines Vulkanisates zu erniedrigen. Sie ermöglichen eine Erhöhung der eingesetzten Füllstoffmenge und die Einstellung der notwendigen Verarbeitungsviskosität der Mischungen, bzw. eine Erniedrigung der Vulkanisathärte auf den technologisch erforderlichen Bereich der betreffenden Elastomeren. In anderen Fällen finden Weichmacher Anwendung zur Erziehung spezieller Eigenschaften. So ist es möglich, die Füllstoffdispergierung, Klebrigkeit, Spritzbarkeit der Mischungen und in den Vulkanisaten die Elastizität, Tieftemperaturflexibilität und Brennbarkeit durch Auswahl geeigneter Weichmacher wesentlich zu beeinflussen. Bei der Vielzahl der Gründe, aus denen Weichmacher in Natur- und Synthesekautschuk eingesetzt werden, sowie der außerordentlich unterschiedlichen chemischen Konstitution der verschiedenen Kautschuktypen ist es verständlich, daß der chemische Aufbau der Weichmacher sehr verschieden sein kann und ihre Anzahl außergewöhnlich groß ist. Sie übertrifft zweifellos die Typenzahl, die in den verschiedenen Kunststoffen, speziell in Polyvinylchlorid, zur Anwendung gelangt. Zwei große Gruppen sind bei einer Einteilung der Weichmacher für Natur- und Synthesekautschuk zu unterscheiden, nämlich aus Naturprodukten gewonnene und synthetische Weichmacher.

4.1.1 Weichmachertypen

4.1.1.1 Aus Naturprodukten gewonnene Weichmacher

In diese Gruppe gehören in erster Linie die Mineralöl-Weichmacher. Ihnen kommt mengenmäßig die größte Bedeutung zu, da sie als billige Streckmittel mit den meisten Kautschuktypen gut verträglich sind.

Jedoch sind auch hier verschiedene Untergruppen zu unterscheiden, die durch die Relation ihrer prozentualen Gehalte an aromatischen, naphthenischen und paraffinischen Kohlenwasserstoffen charakterisiert sind. Eine einfache Klassifizierung stellt die Bestimmung des Anilinpunktes [26] dar. Heute setzt sich jedoch die genauere Methode der Bestimmung der sogenannten Viskositäts-Dichte-Konstante [54] (Abkürzung = VDK) durch.

Man unterscheidet hierbei:

Klassifizierung der Kohlenwasserstoffe	Viskositäts-Dichte-Konstante
hocharomatisch	über 1,050
aromatisch	0,951–1,000
relativ aromatisch	0,901–0,950
naphthenisch	0,851–0,900
relativ naphthenisch	0,821–0,850
paraffinisch	0,791–0,820

Einen noch genaueren Aufschluß über die Konstitution bringt die Bestimmung der Kohlenstoffverteilung nach der Methode von Kurtz und Ward [70].

Die Mengen Mineralöl, die Kautschuk-Mischungen zugesetzt werden, liegen im allgemeinen zwischen etwa 5 bis 30 Gew.-Teilen, bezogen auf 100 Gew.-Teile Kautschuk. In geringerem Umfang werden größere Mengen bis zu etwa 100 Gew.-Teile/100 Gew.-Teile Kautschuk verwendet.

Cumaron- und Cumaron-Indenharze, die aus Steinkohlenteer gewonnen werden, haben gegenüber den Mineralölen mengenmäßig eine wesentlich geringere Bedeutung. Sie finden Anwendung entweder als Klebrigmacher für Synthesekautschuk oder als Dispergatoren für hochgefüllte Mischungen. Sie werden charakterisiert durch ihren Erweichungspunkt und den Helligkeitsgrad. Die Dosierung liegt im allgemeinen bei etwa 1 bis 5 Gew.-Teilen/100 Gew.-Teilen Kautschuk.

Die Verwendung von Terpen-Derivaten spielt mengenmäßig eine nicht unbedeutende Rolle. In erster Linie handelt es sich um Fichtenteer, der als Klebrigmacher und Dispergator in Kautschuk-Mischungen Anwendung findet. Die Mengen liegen im allgemeinen bei etwa 3 bis 5 Gew.-Teilen/100 Gew.-Teile Kautschuk. Häufige Anwendung finden spezielle Typen von Harzsäuren, die aus Fichtenteer gewonnen werden, als Emulgatoren bei der Herstellung von Synthesekautschuktypen in wäßriger Emulsion. Jedoch auch Kautschuktypen, die in Lösung hergestellt werden, erhalten meist Zusätze von Harzsäuren und zwar zunächst zur Zerstörung der Aktivatoren, jedoch auch zur Verbesserung der Klebrigkeit. Da die Harzsäuren beim Auswaschen und Aufarbeiten des Synthesekautschuks nur teilweise ausgewaschen werden, sind sie praktisch immer in fertigen Polymeren vorhanden und deshalb auch in den Gummiartikeln zu finden.

Die von der Herstellung im Synthesekautschuk vorhandene Menge Harzsäure beträgt im allgemeinen etwa 1 bis 7 Gew.-Teile/100 Gew.-Teile Kautschuk und liegt in manchen Fällen, wenigstens teilweise, als Metallsalz (z. B. Na-, K-, NH_4-) vor.

Geringe Mengen von Fettsäuren, in der Hauptsache Stearinsäure, sind in den meisten Kautschuk-Mischungen mit 0,5 bis 3 Gew.-Teilen/100 Gew.-Teile Kautschuk enthalten. Sie finden als Füllstoffdispergatoren oder zur Verminderung der Klebrigkeit der Mischungen Anwendung und werden meist unter dem Begriff der Weichmacher angeführt.

4.1.1.2 Synthetische Weichmacher

Der Anwendung von synthetischen Weichmachern in Natur- und Synthesekautschuk kommt im Vergleich zu den Mineralölen mengenmäßig eine wesentlich geringere Bedeutung zu. Die Ursache liegt in erster Linie in ihrem deutlich höheren Preis.

Infolgedessen werden synthetische Weichmacher nur verwendet, wenn sie der Erzielung spezieller Eigenschaften von Mischungen und Vulkanisaten dienen sollen oder weil die aus technologischen Gründen benötigte Kautschuktype nicht mit Mineralölen verträglich ist und deshalb einen synthetischen Weichmacher erfordert.

Die Anzahl der synthetischen Weichmacher, die in Natur- und Synthesekautschuk-Mischungen zur Anwendung gelangen, ist außergewöhnlich groß. Sie umfaßt praktisch alle handelsüblichen PVC-Weichmacher sowie eine Reihe von Produkten, die speziell nur in Kautschuk eingesetzt werden. Außerdem findet man diverse synthetische Harztypen, die jedoch außerordentlich schwer zu definieren und nachzuweisen sind.

Phthalsäureester. Als billige Weichmacher zur Verbesserung der Elastizität und Tieftemperaturbeständigkeit sind Phthalsäureester vielfach in Elastomerartikeln zu finden. In der Hauptsache handelt es sich dabei um Dibutylphthalat und Dioctylphthalat (Di-2-ethylhexylphthalat).

Höhermolekulare Ester sind meist von geringerem Interesse, da die niedrige Flüchtigkeit des Dioctylphthalats im allgemeinen ausreichend ist und die Tieftemperaturflexibilität mit steigender Kettenlänge ungünstiger wird.

Die zugesetzten Mengen bewegen sich im allgemeinen zwischen 5 und 30 Gew.-Teilen auf 100 Gew.-Teile Kautschuk.

Adipinsäureester. Im wesentlichen gilt dasselbe, was bei den Phthalsäureestern gesagt wurde. Jedoch ist aus preislichen Gründen ihre Verwendung im allgemeinen nur dann gerechtfertigt, wenn extreme Verbesserungen im elastischen Verhalten gewisser Kautschuktypen erzielt werden müssen.

Sebazinsäureester. In höherem Maße als manchmal preislich und technologisch gerechtfertigt ist, findet man in Elastomerartikeln Dioctylsebazat.

Dieses Produkt wird praktisch immer wegen seiner guten Tieftemperaturflexibilisierung und geringen Flüchtigkeit in Elastomerartikeln eingesetzt. Die Dosierung entspricht den Angaben bei den Phthalsäureestern.

Phosphorsäureester. Entsprechend den Anwendungen in Kunststoffen werden Phosphorsäureester auch im Kautschuk wegen der Herabsetzung der Brennbarkeit beigemischt. In erster Linie sind sie in chlorierten Synthesekautschuktypen zu finden, die selbst schon schwer brennbar sind und den Zusatz von nicht brennbaren Weichmachern erfordern. Dabei handelt es sich meist um Trikresylphosphat und Diphenylkresylphosphat. In selteneren Fällen findet man die Ester des Xylenols oder Mischester von Xylenol und Kresol oder Phenol sowie Trioctylphosphat. Die Dosierungen liegen im allgemeinen zwischen 5 und 15 Gew.-Teilen Phosphorsäureester auf 100 Gew.-Teile Kautschuk.

Chlorkohlenwasserstoffe. Chlorkohlenwasserstoffe vom Typ chlorierter Paraffine und Naphthaline finden Anwendung in Dosierungen bis etwa 20 Gew.-Teile auf 100 Gew.-Teile nicht chlorhaltiger Kautschuktypen, sofern daraus schwerbrennbare Artikel hergestellt werden sollen. In chlorhaltigen Kautschuktypen liegt die zugesetzte Menge im allgemeinen niedriger und überschreitet meist nicht 10 Gew.-Teile auf 100 Gew.-Teile Polymerisat.

Emulsionsweichmacher. Emulsionsweichmacher finden in gewissem Umfang in Synthesekautschuk-Mischungen zur Verbesserung der Verarbeitbarkeit, insbesondere der Spritzbarkeit und des Kalandrierverhaltens Anwendung. Im allgemeinen handelt es sich um Derivate des Tallöls, die chemisch modifiziert wurden und in wäßriger Emulsion mit etwa 5% Wassergehalt vorliegen. Ihre Dosierung beträgt im allgemeinen bis zu 5 Gew.-Teile auf 100 Gew.-Teile Kautschuk.

Ether. In ihrer chemischen Konstitution als Ether oder Thioether anzusprechen sind verschiedene Weichmacher, die speziell auf dem Kautschuksektor Verwendung finden. Der Dibenzylether wurde früher in größerem Umfang zur Verbesserung der Verarbeitbarkeit von Synthesekautschuk eingesetzt, hat jedoch heute seine Bedeutung verloren. Andererseits finden Polyether und Polyether-thioether, deren Konstitution chemisch nicht genau definiert ist, heute je nach Typ entweder als Antistatika oder als außerordentlich wirksame Weichmacher zur Erzielung guter Tieftemperaturflexibilität von Elastomerartikeln Anwendung. In diese Gruppe fallen auch Produkte, die durch Umsetzung von Formaldehyd mit Kohlenwasserstoffen entstehen und eine gewisse Bedeutung als harzartige Klebrigmacher in Synthesekautschuk haben.

Thioether-ester. Größere Bedeutung als sehr wirksame Weichmacher zur Verbesserung des elastischen und Tieftemperaturverhaltens von Elastomerartikeln kommt Produkten zu, die als Thioether-ester anzusprechen sind.

Im einzelnen handelt es sich um Methylen-bis- (thioglykolsäurebutylester), Thiobuttersäurebutylester, usw. Die Dosierung dieser Weichmacher liegt im allgemeinen zwischen 5 und 30 Gew.-Teilen auf 100 Gew.-Teile Kautschuk.

Polymerweichmacher. In Natur- und Synthesekautschuk kommt den Polymerweichmachern vom Typ der Polyester und Polyetherester usw. nur eine sehr begrenzte Bedeutung zu. Ihre Dosierung überschreitet meist nicht 10 Gew.-Teile auf 100 Gew.-Teile Kautschuk.

Sonstige synthetische Weichmacher. Aus der großen Gruppe anderer synthetischer Weichmacher findet man in Einzelfällen die relativ teuren Azelainsäureester, außerdem Butyl- und Glycerinester von Ölsäuren sowie Paraffinsulfonsäureester des Phenols. Für Sonderzwecke werden auch synthetische Harze auf Basis von Phenol, Kresol, Naphthalin usw. verwendet. Meist handelt es sich dabei um Formaldehyd-Umsetzungsprodukte.

4.1.2 Anwendung der Weichmacher in den verschiedenen Kautschuktypen

Jeder handelsübliche Elastomerartikel kann durch ein bestimmtes technologisches Eigenschaftsbild charakterisiert werden. Um dieses zu erreichen, ist eine geschickte Auswahl von Kautschuktype und Mischungsaufbau unter Berücksichtigung preislicher Gegebenheiten notwendig. Das bedeutet, daß im allgemeinen für die Herstellung eines bestimmten Elastomerartikels nur ein einzelner oder nur wenige unterschiedliche Kautschuktypen aus technologischen und preislichen Gründen in Frage kommen. Aus der Kautschuktype und der Art des Elastomerartikels lassen sich schon oft Schlüsse auf die verwendeten Weichmacher ziehen. Aus diesem Grund sollen im folgenden die einzelnen Kautschuktypen und ihre Hauptanwendungsgebiete, sowie die dabei im wesentlichen eingesetzten Weichmacher behandelt werden.

Naturkautschuk (NR). Der mengenmäßig größte Anteil von NR wird im Reifensektor verwendet. Hier spielen ausschließlich Mineralöle und Harzsäuren eine wesentliche Rolle als Weichmacher. Weiterhin ist NR sehr weit verbreitet in technischen Artikeln und Kabelummantelungen. Auch hier sind meist Mineralöle im Einsatz. Lediglich in technischen Artikeln, die besonderen Ansprüchen in Elastizität usw. genügen, findet man die verschiedensten synthetischen Weichmacher vom Ester- oder Ethertyp. In schwer brennbaren Artikeln (z. B. Transportbändern) aus NR sind meist Chlorkohlenwasserstoffe, jedoch kaum Phosphorsäureester anzutreffen.

Styrol-Butadien-Kautschuk (SBR). Die größten Mengen dieses Synthesekautschuks finden ebenfalls im Autoreifen ihre Anwendung. Dabei werden hauptsächlich Mineralöle, jedoch auch gewisse Mengen von klebrigmachenden Weichmachern (Harze usw.) eingesetzt. In technischen Artikeln aus SBR werden synthetische Weichmacher häufiger verwendet als bei NR, trotzdem spielen hier, wie auch bei Kabelummantelungen, die Mineralöle die größte Rolle. Wie beim NR sind in schwer brennbaren Artikeln zumeist Chlorkohlenwasserstoffe zu finden.

Alle Fertigartikel, die aus SBR hergestellt wurden, enthalten gewisse Mengen Harzsäuren und ihre Alkalisalze, die aus der Produktion dieses synthetischen Kautschuks stammen.

Butadien-Kautschuk (BR). Butadien-Kautschuk findet bisher praktisch ausschließlich im Reifensektor im Verschnitt mit NR oder SBR Verwendung. Es gelten praktisch die Angaben von Styrol-Butadien-Kautschuk.

Chloropren-Kautschuk (CR). Chloropren-Kautschuk stellt einen chlorhaltigen Kautschuk dar, der hauptsächlich für die Fertigung von technischen Artikeln und Kabelummantelungen Verwendung findet. In letzterem findet man Mineralöle als Weichmacher, während in technischen Artikeln (Dichtungen, Profilen usw.) dagegen häufig synthetische Weichmacher zur Verbesserung der Tieftemperaturflexibilität gebräuchlich sind. Es handelt sich dabei meist um Phthalsäureester und in geringem Umfang um Ölsäureester sowie andere synthetische Ester-, Ether- bzw. Etherester-Weichmacher. In manchen Fällen finden Klebrigmacher (Harze) und Emulsions-Weichmacher Anwendung.

Da Chloropren-Kautschuk von sich aus schon flammwidrig ist, findet man in schwerbrennbaren technischen Artikeln sowie Kabelmänteln neben Mineralölen Phosphorsäureester und in geringem Umfang Chlorkohlenwasserstoffe als Weichmacher.

Butadien-Acrylnitril-Kautschuk (NBR). NBR ist aufgrund seiner chemischen Konstitution wenig verträglich mit Mineralöl-Weichmachern. Allenfalls finden relativ geringe Dosierungen von aromatischen Typen Anwendung als Streckmittel für NBR-Mischungen. Die größte Bedeutung als Weichmacher für NBR kommt den synthetischen Typen zu, die in allen Variationen in NBR-Vulkanisaten anzutreffen sind. In manchen Fällen ist ihre Verwendung nicht nach technologischen Gesichtspunkten erfolgt, sondern lediglich in Hinsicht auf betrieblich vorhandene Produkte. Aus diesen Gründen muß sich eine Analyse von Weichmachern in NBR auf die Berücksichtigung möglichst vieler Produkte erstrecken.

Abgesehen von Phthalsäure-, Adipin- und Sebazinsäureestern kommen zahlreiche Spezialweichmacher in Frage, wie Methylen- bis-(thioglykolsäurebutylester), Thiobuttersäurebutylester, Alkylsulfonsäureester (C_{12}–C_{20}) des Phenols, Ether,

Thioether usw. Als Klebrigmacher finden Formaldehyd-Umsetzungsprodukte und Harze verschiedenster Art eine weitverbreitete Anwendung. Auch Emulsionsweichmacher als Verarbeitungshilfsmittel sind in manchen NBR-Vulkanisaten enthalten. Die Anwendung von Chlorkohlenwasserstoffen ist in schwerbrennbaren NBR-Artikeln notwendig.

Isobutylen-Isopren-Kautschuk (Butylkautschuk, IIR). IIR wird in größerem Umfang als wetter- und hitzebeständiger, preislich günstiger Kautschuk zur Herstellung von Kabelisolationen, Profilen und anderen technischen Artikeln sowie zur Gewebebeschichtung und Herstellung von sogenannten Heizschläuchen (zur Vulkanisation von Autoreifen) verwendet. Als Weichmacher finden praktisch ausschließlich Mineralöle vom paraffinischen und napththenischen Typ wegen ihrer guten Verträglichkeit Anwendung.

An synthetischen Weichmachern wird hauptsächlich Phosphorsäuretributoxyethylester zur Verbesserung der Elastizität von IIR-Vulkanisaten angewandt.

Ethylen-Propylen-Co- und Terpolymere (EPM und EPDM). EPM und EPDM finden in steigendem Maße für gewisse technische Artikel wie Profile und Kabelisolationen Anwendung. Als Weichmacher werden hier praktisch ausschließlich Mineralöle, meist vom paraffinischen Typ, eingesetzt. Synthetische Weichmacher sind im allgemeinen technologisch nicht erforderlich und auch meist nicht verträglich. Eine gewisse Bedeutung besitzen Harze als Klebrigmacher, jedoch ist ihre chemische Konstitution außerordentlich heterogen.

Sulfochloriertes Polyethylen (CSM). CSM wird als schwerbrennbarer, hitzebeständiger Kautschuk in gewissem Umfang zur Herstellung technischer Artikel, Gewebebeschichtungen und Kabelummantelungen usw. angewandt. Vielfach enthalten die Vulkanisate lediglich Harzsäuren in Form von Kolophonium-Derivaten und Epoxidharzen, die für die Vulkanisation eingesetzt werden. Weniger verbreitet ist die Verwendung von Mineralölweichmachern oder synthetischen Produkten (Ester, Ether) in CSM.

Sonstige Kautschuktypen. Außer den vorgenannten Kautschuktypen gibt es noch eine Anzahl von Elastomeren, die nur eine geringe Bedeutung haben, jedoch im Einzelfall von großem technologischem Interesse sein können. Diese Typen seien bezüglich ihrer Weichmacher im folgenden nur kurz abgehandelt:

Siliconkautschuk enthält aus technologischen Gründen nur in Einzelfällen Weichmacher und zwar in Form von Siliconölen.

Urethanelastomere werden manchmal zusammen mit Esterweichmachern (meist Phthalsäureestern) verarbeitet.

Acrylsäureester-Mischpolymerisate (Acrylatkautschuk) finden praktisch immer ohne Weichmacher Anwendung.

Ethylen-Vinylacetat-Copolymere enthalten bei Verarbeitung als Kautschukmaterial manchmal Zusätze von Phthalsäureestern.

4.1.3 Weichmacherextraktion aus Kautschuk

Wie in Kapitel 3.2 beschrieben, werden für die Extraktion unterschiedliche Lösungsmittel, je nach dem Kautschuktyp gewählt. Aus NR-Mischungen und Vulkanisaten lassen sich alle Weichmacher mit Aceton extrahieren.

Weder mit Aceton noch mit n-Pentan werden Polymerweichmacher aus Synthesekautschuk-Mischungen quantitativ extrahiert. Um sie quantitativ herauszulösen, wird Methanol oder Isopropanol verwendet.

4.1.4 Identifizierung der Weichmacher

Die Einheitlichkeit eines extrahierten Weichmachers kann auf dünnschichtchromatographischem Wege geprüft werden. Auch das IR-Spektrum läßt darüber häufig eine Aussage oder sogar eine direkte Identifizierung zu. Phthalate, Adipate und Phosphate lassen sich zumeist auf der Dünnschichtplatte trennen und spezifisch anfärben. Azelainsäureester werden bei der direkten DC-Analyse als halbmondförmige Komponente über dem Hauptfeld erkannt.

Die einzelnen Weichmacher der genannten Gruppen lassen sich meist durch ihre Rf-Werte unterscheiden, sofern es sich um Ester mit niederen Alkoholkomponenten handelt. Lediglich die Ester höherer Alkohole zeigen voneinander wenig verschiedene Rf-Werte und werden besser gaschromatographisch über die entsprechenden Säuren und Alkohole charakterisiert.

Ist eine eindeutige Identifizierung mit den erwähnten Methoden nicht möglich, so wird man den Weichmacherextrakt mit Methanol in Gegenwart von p-Toluolsulfonsäure umestern und zunächst die Carbonsäure über den entsprechenden Methylester, sowie die dabei frei gewordenen Alkohole bzw. Phenolkomponenten gaschromatographisch nachweisen. Bei einem Weichmachergemisch ist nun allerdings nicht geklärt, welcher Alkohol mit welcher Säurekomponente in den verschiedenen Estern gebunden war. Bei Kenntnis der aus den Weichmachern stammenden Carbonsäuren kann nun die direkte GC-Analyse diese Frage klären. Bei Weichmachern mit Polyesterstruktur ist zum gaschromatographischen Nachweis der polyfunktionellen Alkohole die alkalische Verseifung in Ethanol und zum Nachweis der Säuren die Umesterung mit Methanol anzuwenden.

4.1.4.1 Identifizierung von Weichmachern mit Hilfe der Dünnschichtchromatographie

Begriffe und allgemeine Grundlagen der DC-Analyse sind in DIN 53622 Teil 1 enthalten.

Die Dünnschichtchromatographie eignet sich gut zum direkten Nachweis von Weichmachern. Durch eine spezifische Anfärbung auf der DC-Platte ist meist eine nähere Charakterisierung bezüglich der Weichmacherklasse möglich. Die Ester niederer Alkohole lassen sich allgemein gut trennen, während die Ester mit längerkettigen Alkoholen nur wenig unterschiedliche Rf-Werte besitzen. Ester isomerer, linearer und verzweigter Alkohole sind ebenfalls dünnschichtchromatographisch nicht zu unterscheiden.

Polymere Weichmacher bleiben meistens am Start zurück.

Der direkte dünnschichtchromatographische Nachweis von Weichmachern wurde in der Literatur ausführlich von Peereboom [95], Braun [12] und Wandel, Tengler, Ostromow [126] beschrieben. Zur DC-Trennung werden Kieselgel-G-Platten empfohlen. Peereboom benutzte als Fließmittel Mischungen aus Isooctan und Ethylacetat oder Benzol und Ethylacetat bzw. Dibutylether und Hexan. Zum Erkennen der Flecken setzte er den Schichten bei der Herstellung eine kleine Menge eines wasserlöslichen Fluoreszenzindikators zu.

Braun bevorzugt Methylenchlorid als Fließmittel. Zum Erkennen der Flecken empfiehlt er das Besprühen mit einer Lösung von Antimonpentachlorid in Tetrachlorkohlenstoff, wodurch beim anschließenden Erwärmen der Platten auf 120 °C, dunkle Flecken auf hellem Grund hervortreten.

Es sind auch andere Reagentien zum Besprühen geeignet (z. B. Jod, Diazoniumreagenz, Resorcinlösung), die zum Teil charakteristisch gefärbte Flecken hervorrufen.

Tabelle 1. Erkennung von Weichmachern auf Kieselgel-G-Platten

Reagenz	Zusammensetzung	Bemerkung
Antimonpentachlorid	20 Volum-% $SbCl_5$ in CCl_4	Erwärmen auf 120 °C; braune Flecken auf hellem Grund, eventuell im UV betrachten; unspezifisch
Jod	Dampf von einigen Körnchen Jod im Glastrog	Einige Minuten eintauchen; braune Flecken; unspezifisch
Diazoniumreagenz	0,8 g p-Nitroanilin in 250 ml Wasser, dann 20 ml 25%-ige HCl dazu und mit 5%-igem $NaNO_2$ bis zur Farblosigkeit diazotieren	Platten besprühen mit 0,5 N alkoholischer KOH, 15 min bei 60 °C trocknen, dann mit Reagenz besprühen. Gelbe bis orangefarbene Flecken auf hellem Grund; besonders für Phosphorsäureester
Resorcinlösung	20%-ige alkoholische Resorcinlösung, der etwas $ZnCl_2$ zugesetzt ist	Nach Besprühen 10 min auf 150 °C erhitzen, mit 4 N H_2SO_4 besprühen, wieder 20 min auf 120 °C erwärmen, dann mit 40%-iger KOH besprühen; orangefarbene Flecken auf gelbem Grund; besonders für Phthalsäureester

Neben dem Methylenchlorid als Fließmittel verwenden wir ein Gemisch aus Diisopropylether/Petrolether (Kp: 40 bis 60 °C). Der Nachweis erfolgt mittels UV-Licht (254 und/oder 366 nm) in Gegenwart von Blankophor* DCB als Fluoreszenzindikator in der Kieselgel-G-Schicht, sonst Sichtbarmachung durch Joddampf.

Für den Nachweis der getrennten Adipate kann neben der Betrachtung unter der UV-Lampe eine charakteristische Farbreaktion angewandt werden. Die Platte mit der Trennschicht Kieselgel-G ohne Blankophor DCB wird nach dem Entwickeln mit einer 20%igen ethanolischen Resorcinlösung, die 1% Zinkchlorid enthält, besprüht, 10 min auf 100 °C erwärmt, anschließend mit 4 N H_2SO_4 besprüht und 20 min auf 120 °C erhitzt. Nach dem Erhitzen geben sich Adipinsäureester, mit

* Optischer Aufheller, Hersteller: Bayer AG.

Tabelle 2. Dünnschichtchromatographie wichtiger Weichmacher auf Kieselgel-G, aufsteigend Fließmittel: Methylenchlorid

	Rf		Rf
Dimethylphthalat	0,51	Dinonyladipat	0,44
Dibutylphthalat	0,69	Adipinsäurepolyester	0,02
Dihexylphthalat	0,80	Dibutylsebazat	0,41
Dioctylphthalat	0,86	Dioctylsebazat	0,61
Di-2-ethylhexylphthalat	0,85	Di-2-ethylhexylsebazat	0,61
Didecylphthalat	0,85	Sebazinsäurepolyester	0,02
Diisodecylphthalat	0,84	Triethylcitrat	0,12
Trioctylphosphat	0,23	Tributylcitrat	0,14
Diphenyloctylphosphat	0,42	Acetyltriethylcitrat	0,15
Triphenylphosphat	0,47	Acetyltributylcitrat	0,24
Diphenylkresylphosphat	0,51	Acetyltri-2-ethylhexyl-citrat	0,46
Dioctyladipat	0,42		
Di-2-ethylhexyladipat	0,44	Glycerintriacetat	0,13

Ausnahme der Adipinsäurepolyester, als orangefarbene Flecken zu erkennen. Phthalate werden zitronengelb angefärbt.

Azelate, Sebazate, Citrate und Phosphate geben dabei keine Farbe.

Azelainsäureester werden auf der Trennschicht aus Kieselgel-G mit Blankophor DCB getrennt und unter UV-Licht sichtbar. Wobei neben dem Hauptfleck ein halbmondförmiger kleiner Fleck zu beobachten ist.

Sebazinsäureester sieht man unter der UV-Lampe als helle Flecken auf bläulichem Untergrund.

Phthalsäureester lassen sich mit dem Fließmittel aus Diisopropylether/Petrolether im Volumenverhältnis 70:30 bis zu Estern des Octanols gut trennen. Bei höheren Alkoholen ist die eindeutige Identifizierung der Ester nicht mehr möglich. Durch Besprühen mit Resorcin und Schwefelsäure lassen sie sich auf Kieselgel-Platten als gelbe Flecken auf hellbraunem Untergrund gut nachweisen. Unter der UV-Lampe auf Kieselgel-Platten mit Blankophor DCB sieht man sie als dunkle Flecken. In dieser Beziehung lassen sie sich gut von Adipaten unterscheiden, die als hellfluoreszierende Flecken unter der UV-Lampe erscheinen. Phosphorsäureester werden unter Verwendung von Methylenchlorid allein oder Diisopropylether/Petrolether im Volumenverhältnis 50:50 auf einer Kieselgel-Schicht mit oder ohne Blankophor DCB getrennt. In Gegenwart des Fluoreszenzindikators erscheinen sie unter der UV-Lampe als hellfluoreszierende Flecken auf den Platten. Ohne Blankophor DCB können sie durch Besprühen mit einer Ammoniummolybdat-(I) und Hydrazinsulfatlösung (II) sichtbar gemacht werden, wobei die getrennten Phosphate als weiße bis braune Flecken auf bläulichem Untergrund zu erkennen sind. Lösung (I): 3 g Ammoniummolybdat, 20 ml 40%ige Perchlorsäure und 5 ml Salzsäure werden in 200 ml Wasser gelöst.

Lösung (II): Hydrazinsulfatlösung: 5 g Hydrazinsulfat werden in einem 100 ml Meßkolben in Wasser gelöst und zur Marke aufgefüllt.

Die entwickelten Platten werden mit Lösung I besprüht. 10 min auf 100 °C erhitzt, anschließend mit Lösung II besprüht und 20 min auf 110 °C gehalten.

Wir empfehlen die Herstellung Blankophor DCB-haltiger Trennschichten selbst vorzunehmen. Die käuflichen Sorbentien mit Leuchtstoffen haben oft den Nachteil, daß lediglich Weichmacher mit aromatischen Bestandteilen, wie z. B. Phthalsäureester nachweisbar sind, wobei aliphatische Dicarbonsäureester meist unsichtbar bleiben.

Zur Beschichtung von Glasplatten von 20×20 cm löst man etwa 1 g Blankophor DCB in 40 ml Aceton, filtriert den ungelösten Rückstand über ein Faltenfilter ab und mischt das Filtrat mit einer wäßrigen Suspension von 30 g Kieselgel-G in 40 ml Wasser. Das Gemisch wird etwa eine Minute geschüttelt oder besser mit einem elektrischen Schnellrührer homogenisiert und gleich anschließend aus einem Streichgerät über die Glasplatten verteilt.

Die beschichteten Platten bleiben etwa 10 min liegen, bis das Aceton abgedampft ist und ihre Oberfläche matt geworden ist. Dann bringt man sie in das Trockengestell und erhitzt in einem Trockenschrank 30 min auf 110 °C.

4.1.4.1.1 Auftragen der Substanzen. Zum Chromatographieren werden die Extraktionsrückstände in Ethylalkohol gelöst (1 bis 10%ige Lösung) und mit einer Spezialpipette mit einem Fassungsvolumen von 10 μl Lösung auf die Startlinie aufgetragen. Der Abstand der Startlinie vom unteren Rand der Platte soll etwa 2,5 cm betragen, derjenige der nebeneinanderliegenden Auftragspunkte etwa 1,5 cm.

4.1.4.1.2 Entwicklung des Chromatogramms. Die Trennkammer, die der Größe der Platte angepaßt ist, wird soweit mit einem Fließmittel gefüllt, daß die Platte etwa 1 cm tief eintaucht. Um die Kammer mit Lösungsmitteldampf zu sättigen, legt man einen Streifen Filterpapier, das mit Lösungsmittel getränkt ist, an die Innenseite der Kammerwand. Dann wird die vorbereitete Platte in die Kammer gebracht und so lange darin belassen, bis die Lösungsmittelfront die gewünschte Laufhöhe von 10 bis 17 cm erreicht hat.

Bei den hier beschriebenen dünnschichtchromatographischen Weichmacheranalysen beträgt die Laufhöhe meist 16,5 cm. Die dazu erforderliche Laufzeit liegt normalerweise bei 20 bis 60 min.

4.1.4.1.3 Tabellarische Zusammenstellung einzelner Weichmachertypen mit der Angabe von Rf-Werten

Tabelle 3. DC-Analyse von Adipinsäureestern auf Kieselgel-G (mit Blankophor DCB); Fließmittel: Diisopropylether/Petrolether 20:80

Weichmacher	Rf-Wert		
Dibutyladipat	0,48		
Dinonyladipat	0,62		
Di-(2-ethylhexyl)-adipat	0,68		
Di-(isononyl)-adipat	0,68		
Benzylbutyladipat	0,23	0,45	
Benzyloctyladipat	0,23	0,45	0,69
Adipinsäurepolyester	0		

Tabelle 4. DC-Analyse von Azelainsäureestern auf Kieselgel-G (mit Blankophor DCB); Fließmittel: Diisopropylether/Petrolether (Kp: 40 bis 60 °C) (10:90)

Weichmacher	Rf-Wert
Dibutylazelat	0,38
Dihexylazelat	0,47
Di-(2-ethylbutyl)-azelat	0,51
Di-(2-ethylhexyl)-azelat	0,60

Tabelle 5. Rf-Werte von Sebazinsäureestern auf Kieselgel-G-Platten (mit Blankophor DCB); verschiedene Fließmittel

Weichmacher	Rf-Werte von Sebazinsäureestern	
	mit Methylenchlorid als Fließmittel	mit Diisopropylether/ Petrolether 20:80 als Fließmittel
Dimethylsebazat	0,23	0,27
Diethylsebazat	0,23	0,32
Dibutylsebazat	0,38	0,58
Di-(2-ethylhexyl)-sebazat	0,48	0,75
Dibenzylsebazat	0,41	0,41
Sebazinsäurepolyester	0	0

Tabelle 6. Rf-Werte von Citronensäureestern auf Kieselgel-G-Platten (mit Blankophor DCB); verschiedene Fließmittel

Weichmacher	Rf-Werte von Citronensäureestern	
	mit Methylenchlorid als Fließmittel	mit Diisopropylether/ Petrolether (30:70) als Fließmittel
Citronensäuretriethylester	0,09	0,07
Citronensäuretributylester	0,13	0,20
O-(Acetyl)-citronensäure-triethylester	0,25	0,21
O-(Acetyl)-citronensäuretributylester	0,27	0,42
O-(Acetyl)-citronensäure-(2-ethylhexyl)-ester	0,52	0,84

4.1.4.2 Identifizierung von Weichmachern anhand der Dünnschichtchromatographie ihrer verseifbaren Bestandteile [13]

Der direkte dünnschichtchromatographische Nachweis eignet sich nicht immer zur eindeutigen Entscheidung über die chemische Natur eines unbekannten Weichmachers. Hier hilft die Analyse der Verseifungsprodukte auf dünnschicht- oder gaschromatographischem Wege weiter. Säuren und Phenole können als solche dünnschichtchromatographisch erkannt werden, während die Alkoholkomponenten als ihre 3,5-Dinitrobenzosäureester dünnschichtchromatographisch nachgewiesen werden.

Wir empfehlen den gaschromatographischen Nachweis der verseifbaren Bestandteile.

Tabelle 7. Rf-Werte von Phthalsäureestern auf Kieselgel-G-Platten mit verschiedenen Fließmitteln

Weichmacher	Rf-Werte von Phthalsäureestern			
	mit Methylenchlorid als Fließmittel		mit Diisopropylether/ Petrolether (70:30) als Fließmittel	
Phthalsäureethylenglykolester	0		0	
Di-(methoxyethyl)-phthalat	0,15		0,09	
Dimethylphthalat	0,46		0,43	
Diethylphthalat	0,49		0,58	
Dibutylphthalat	0,60		0,76	
Benzylbutylphthalat	0,67	0,65	0,70	0,75
Di-(methylcyclohexyl)-phthalat	0,68		0,78	
Di-(isononyl)-phthalat	0,72		0,82	
Di-(isodecyl)-phthalat	0,73		0,83	
Di-(2-ethylhexyl)-phthalat	0,79		0,83	

Tabelle 8. Rf-Werte (Blankophor DCB) von Phosphatweichmachern auf Kieselgel-G-Platten mit verschiedenen Fließmitteln
Detektion UV-Lampe

Weichmacher	Rf-Werte von Phosphatweichmachern				
	mit Methylenchlorid als Fließmittel		mit Diisopropylether/ Petrolether (50:50) als Fließmittel		
Tri-(chlorethyl)-phosphat	0,09		0		
Tributylphosphat	0,13		0,15		
Tri-(2-ethylhexyl)-phosphat	0,32		0,51		
Di-(phenyl)-(2-ethylhexyl)-phosphat	0,48		0,57		
Triphenylphosphat	0,41		0,45		
Di-(phenyl)-kresylphosphat	0,54		0,48		
Trikresylphosphat	0,59		0,58		
Di-(phenyl)-xylenylphosphat	0,62	0,43	0,51	0,60	0,71
Trixylenylphosphat	0,72		0,73		

4.1.4.3 Untersuchung von Weichmacher-Gemischen mit Hilfe der Hochdruck-Flüssigkeitschromatographie [47]

Groß und Strauß untersuchten Phthalate, Phosphate, Adipate sowie Alkylsulfonate, Citrate, einige Sebazate und Trimellitate mit Hilfe der Hochdruck-Flüssigkeitschromatographie. Gemische stark polarer Ester, aromatischer Phosphate und niederer Homologe lassen sich an einer Kieselgel-Säule mit Heptan-Diisopropylether trennen.

Ester mit einer höhermolekularen Alkoholkomponente lassen sich vorteilhaft durch die Anwendung von Umkehrphasen (reserved phase) und Methanol-Wasser-Gemischen als Fließmittel unterscheiden. Andere Weichmacher-Gemische werden durch Gradienten-Elution voneinander getrennt. Bei der Untersuchung von Weichmacher-Gemischen zeigt sich die Hochdruck-Flüssigkeitschromatographie vor allem bei Verwendung einer Umkehrphasen-Säule der Gaschromatographie und der Dünnschichtchromatographie überlegen. Sie kann auch mit Erfolg für die quantitative Bestimmung angewandt werden.

4.1.4.4 Gaschromatographische Trennung und Bestimmung von Weichmachern [126]

Die direkte gaschromatographische Bestimmung von Weichmachern ist nur bei relativ einfachen Weichmacher-Gemischen möglich. Hierzu ist allerdings eine Vorinformation (z.B. durch die Dünnschicht-Chromatographie) unbedingt erforderlich.

Wegen der kürzeren Analysendauer und der häufig besseren Trennung ist bei der Identifizierung eines Weichmacher-Gemisches mit weitauseinanderliegenden Siedepunkten die programmierte Arbeitsweise der isothermen vorzuziehen.

Zur sicheren Identifizierung der Weichmacher ist die relative Retentions-Zeit als Größe gut geeignet.

Die Ergebnisse der Untersuchungen an handelsüblichen Weichmacher-Mustern werden im folgenden beschrieben:

4.1.4.4.1 Adipinsäureester lassen sich auf einer Silicongummi-Säule gut analysieren. Die Abbildung zeigt deutlich gut voneinander getrennte symmetrische Peakflächen bei temperaturprogrammierter Arbeitsweise.

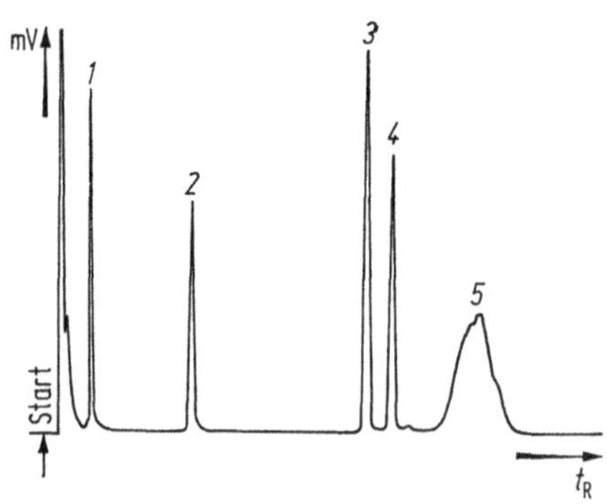

Abb. 1

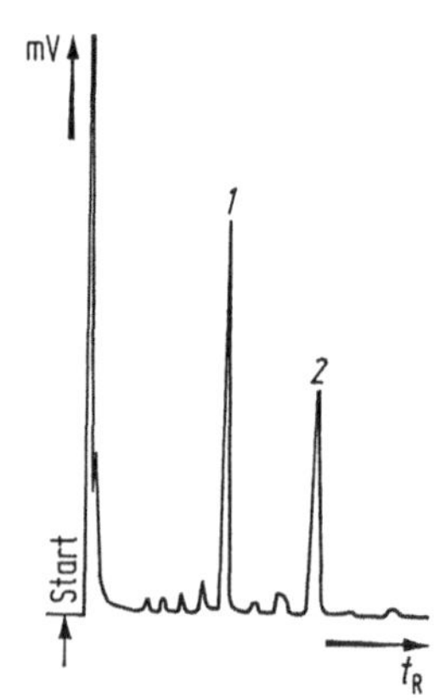

Abb. 2

Abb. 1. *1* Dimethyladipat, *2* Dibutyladipat, *3* Di-(2-ethylhexyl)-adipat, *4* Dinonyladipat, *5* Didecyladipat

Abb. 2. *1* Di-(2-ethylbutyl)azelat, *2* Di-(2-ethylhexyl)azelat

4.1.4.4.2 Azelainsäureester. Zur gaschromatographischen Trennung der Azelainsäureester eignet sich die gleiche Trennsäule wie bei der Analyse der Adipate, es wurde lediglich ein anderes Temperaturprogramm gewählt.

4.1.4.4.3 Sebazinsäureester lassen sich unter identischen Bedingungen wie die Azelate analysieren.

4.1.4.4.4 Phthalsäureester. Beim gaschromatographischen Nachweis der Phthalsäureester wird ebenfalls temperaturprogrammiert gearbeitet, da das Siedeintervall zwischen niedrigst- und höchstsiedenden Weichmachern sehr groß ist.

Einige Phthalatweichmacher haben unter diesen gaschromatographischen Bedingungen gleiche Retentionszeiten, z.B. Di-(2-ethyl-hexyl)phthalat, Butyl-(2-ethylhexyl)-phthalat und Dicaprylphthalat. Eine Unterscheidung dieser Verbindungen ist über ihre Alkohol-Komponenten möglich.

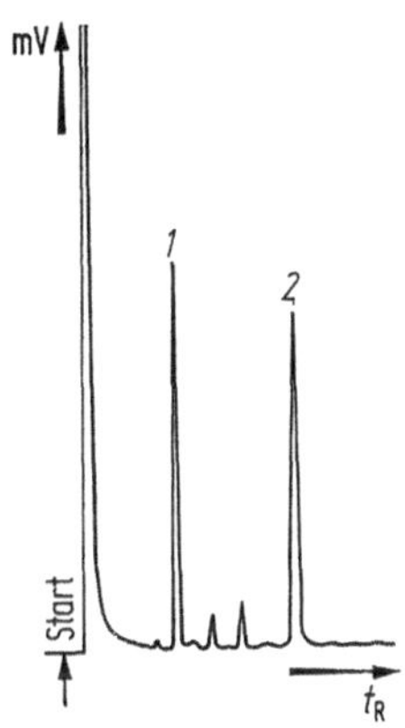

Abb. 3

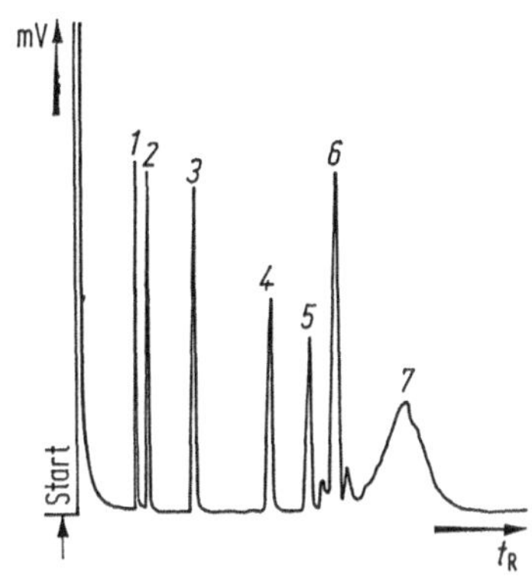

Abb. 4

Abb. 3. *1* Dibutylsebazat, *2* Di-(2-ethylhexyl)-sebazat

Abb. 4. *1* Dimethylphthalat, *2* Diethylphthalat, *3* Dibutylphthalat, *4* Benzylbutylphthalat, *5* Di-(2-ethylhexyl)phthalat/Butyl-(2-ethylhexyl)phthalat, *6* Di-iso-nonylphthalat, *7* Didecylphthalat

4.1.4.4.5 Phosphorsäureester. Der gaschromatographischen Analyse von phenolischen Verbindungen kommt bei der Untersuchung von Phosphat-Weichmachern große Bedeutung zu. Eine direkte gaschromatographische Analyse von Phosphat-Weichmacher-Mischungen ist nur bei Tributylphosphat, Trichlorethylphosphat und Tri-(2-ethylhexyl)phosphat oder Triphenylphosphat möglich. Andere Phosphate (z.B. Diphenylkresylphosphat, Diphenylxylenylphosphat) lassen sich in einem Gemisch nicht bestimmen, da die vielen Isomeren die Identifizierung erschweren. Der Nachweis erfolgt dann über die wichtigsten phenolischen Bestandteile von Phosphat-Weichmachern, nämlich Phenol, Kresol und Xylenol. Zur Abspaltung der phenolischen Komponenten wird die alkalische Verseifung herangezogen.

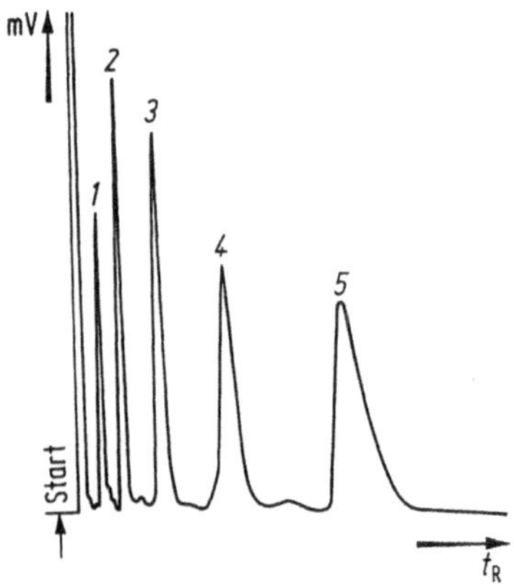

Abb. 5

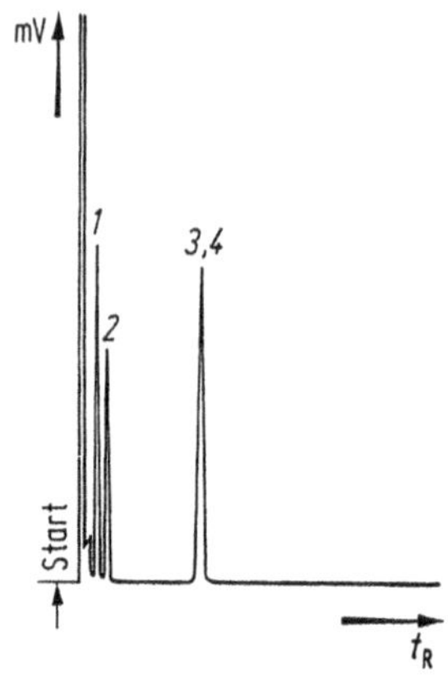

Abb. 6

Abb. 5. *1* n-Hexanol, *2* n-Heptanol, *3* n-Oktanol, *4* n-Nonanol, *5* n-Decanol

Abb. 6. *1* Tributylphosphat, *2* Trichlorethylphosphat, *3* Tri-(2-ethylhexyl)phosphat, *4* Triphenylphosphat

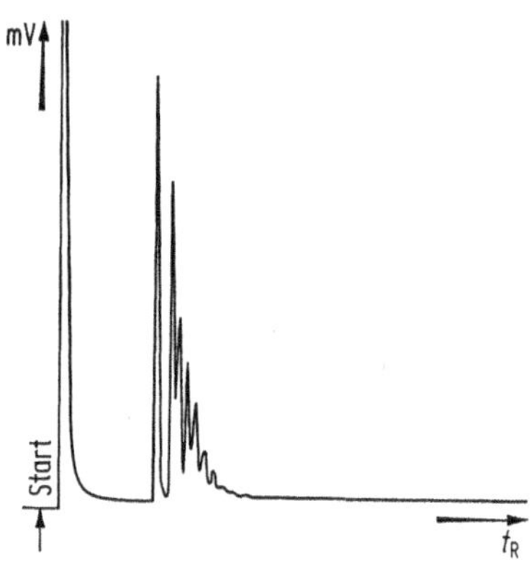

Abb. 7

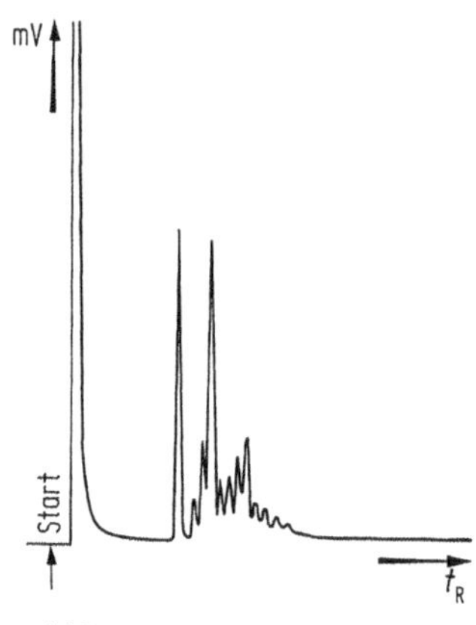

Abb. 8

Abb. 7. Diphenylkresylphosphat

Abb. 8. Diphenylxylenylphosphat

Handelsübliche Weichmacher sind meistens nicht rein. Die in ihnen enthaltenen Nebenbestandteile geben sich im Gaschromatogramm ebenfalls als Peaks zu erkennen. Chemisch gleichartige Weichmacher-Typen verschiedener Hersteller zeigen oftmals charakteristische Nebenpeaks, wahrscheinlich infolge unterschiedlicher Herstellungsmethoden oder verschiedener Herkunft der Ausgangsmaterialien, z. B. Di-(2-ethylhexyl)sebazat.

4.1.4.4.6 Alkylsulfonsäureester. Mesamoll ist ein Alkylsulfonsäureester des Phenols (Bayer AG), dessen Chromatogramm eine charakteristische Peakgruppe zeigt.

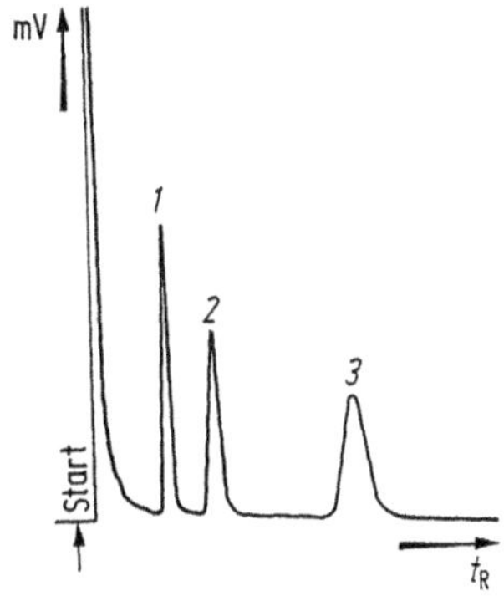

Abb. 9. *1* Phenol, *2* Kresol, *3* Xylenol

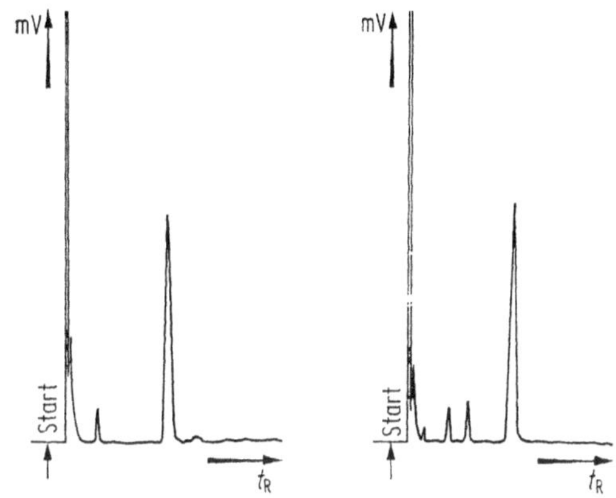

Abb. 10. Di-(2-ethylhexyl)sebazat

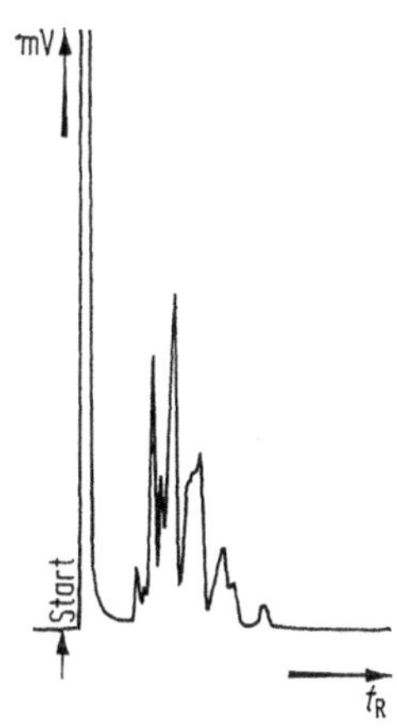

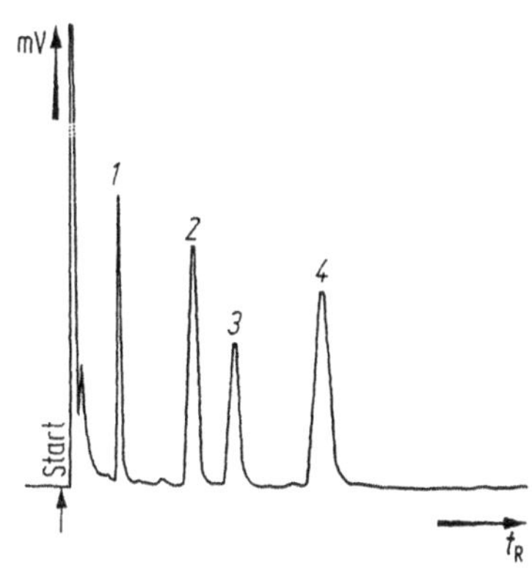

Abb. 11 Abb. 12

Abb. 11. Alkylsulfonsäureester

Abb. 12. *1* Adipinsäuredimethylester, *2* Azelainsäuredimethylester, *3* Sebazinsäuredimethylester, *4* Phthalsäuredimethylester

Gelegentlich kann man auf Grund übereinstimmender Retentionszeiten falsche Aussagen erhalten. In solchen Fällen erweist es sich als günstig die Säure- und die Alkohol-Komponente der Ester einzeln zu bestimmen. Diese Methode bietet sich auch zur Überprüfung der direkten gaschromatographischen Analyse an.

4.1.4.4.7 Die Umsetzung zu Methylestern wird in einem kleinen Einschmelzrohr mit einem Volumen von etwa 5 ml durchgeführt. Etwa 150 mg des eingeengten Weichmacher-Extraktes werden in das Glasröhrchen gebracht und mit 2 ml methanolischer p-Toluolsulfonsäure versetzt. Das Röhrchen wird abgeschmolzen und in einer metallischen Schutzhülle 3 h auf 130 °C erhitzt. Unter Kühlung wird das Reaktionsröhrchen geöffnet und die Lösung direkt in den Gaschromatographen injiziert.

4.1.4.4.8 Alkalische Verseifung. 300 mg Weichmacher werden in einem 50 ml Kolben mit 40 ml 1 N ethanolischer Kalilauge 6 h am Rückfluß gekocht.

Nach dem Erkalten werden einige Tropfen einer alkoholischen Methylrot-Lösung zugesetzt und mit etwa 2 N ethanolischer Salzsäure bis zum Umschlag des Indikators titriert. Die Lösung wird direkt in den GC eingespritzt.

4.1.4.4.9 Polyester-Weichmacher. Polyester-Weichmacher erhält man im allgemeinen aus Dicarbonsäuren und polyfunktionellen Alkoholen. Häufig verwendete Dicarbonsäuren bzw. Alkohole sind: Adipin-, Azelain-, Iso-, Tere- und Ortho-Phthalsäure bzw. Ethylenglykol, 2,3-Butandiol, 1,4-Butandiol, Diethylenglykol, Glycerin. Das Molekulargewicht der handelsüblichen Polyester liegt zwischen 2000 und 8000, so daß eine direkte gaschromatographische Analyse nicht möglich ist. Die Säurekomponente der Polyester muß also über die bereits beschriebene Methode der Umesterung bestimmt werden.

Die in Polyestern vorhandenen polyfunktionellen Alkohole lassen sich leicht auf gaschromatographischem Weg nach alkalischer Verseifung bestimmen. Die Durchführung wurde bereits beschrieben.

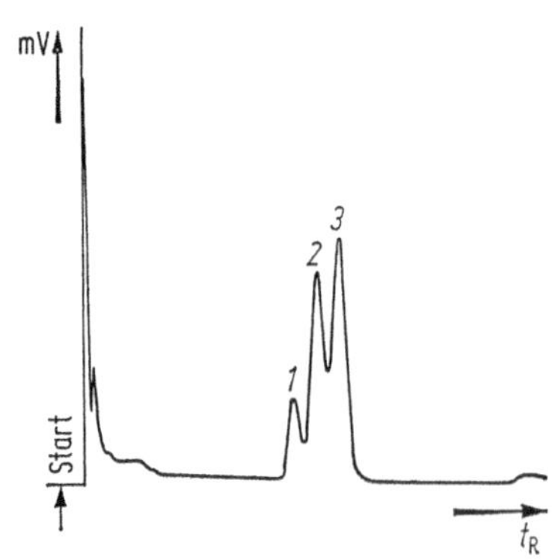

Abb. 13. *1* Terephthalsäuredimethylester, *2* Isophthalsäuredimethylester, *3* Phthalsäuredimethylester

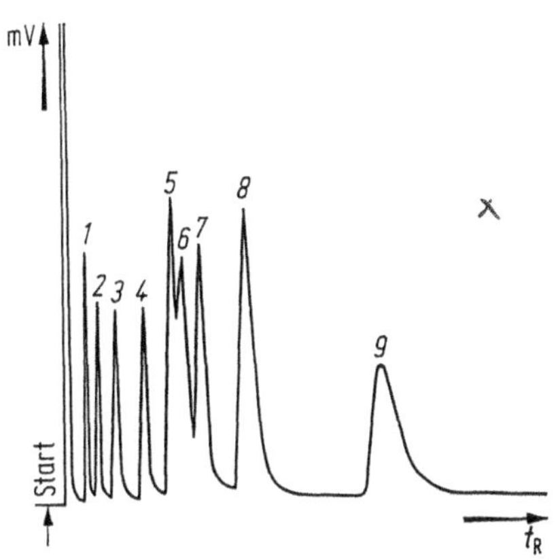

Abb. 14

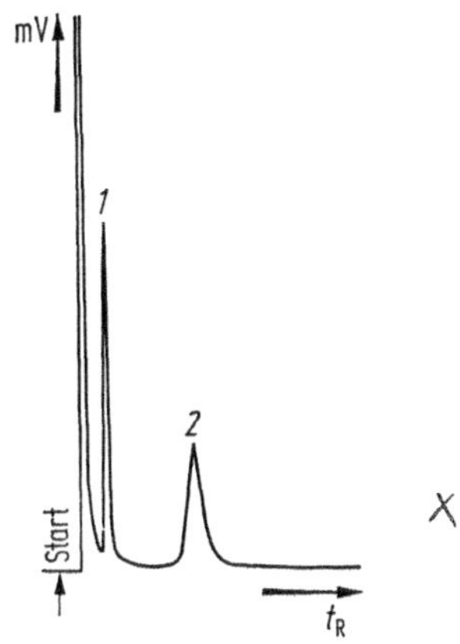

Abb. 15

Abb. 14. *1* Ethylenglykol, *2* Propandiol-1,2, *3* Propandiol-1,3, *4* Butandiol-1,3, *5* Butandiol-1,4, *6* 2,2-Dimethylpropandiol-1,3, *7* Diethylenglykol/Glycerin, *8* Hexandiol-2,5, *9* Hexandiol-1,6

Abb. 15. *1* Diethylenglykol, *2* Glycerin

Im folgenden werden die gaschromatographischen Meßbedingungen für die Abb. 1 bis 15 zusammengestellt.

Gerät:	Hewlett-Packard 5750 oder ein gleichwertiges Gerät
Detektor:	FID
Trägergas:	Helium, 35 ml/min
Wasserstoff- und Luftzufuhr:	Einstellung optimaler Bedingungen
Papiervorschub:	1 cm/min

Tabelle 9

Abb.	Säule	Säulen-füllung	Säulentemp. °C	Aufheiz-rate °C/min	Detektor-temp. °C	Einspritzblock-temp. in °C
1	A	D	180–290	8	350	300
2	A	D	250–290	6	350	300
3	A	D	250–290	6	350	300
4	A	D	215–290	8	350	300
5	B	E	220	–	280	250
6	A	D	250–290	6	350	300
7	A	D	250–290	6	350	300
8	A	D	250–290	6	350	300
9	B	E	210	–	280	250
10	A	D	280	–	350	300
11	A	D	270	–	350	300
12	A	F	180	–	250	250
13	A	F	180	–	250	250
14	B	E	180–200	4	280	250
15	C	G	140	–	250	250

In der Tabelle bedeuten A bis G:

A: 2 m Stahlsäule, ∅ innen 2 mm
B: 1 m Stahlsäule, ∅ innen 2 mm
C: 0,5 m Stahlsäule, ∅ innen 2 mm
D: 2,5% Silicongummi SE – 52 auf Chromosorb G, AW-DMCS, 80–100 mesh
E: Lewapol P 573
F: 10% DEGS auf Chromosorb W, 80–100 mesh
G: 10% Polyglykol 20000 auf Chromosorb G, AW-DMCS, 80–100 mesh

4.2 Unverseifbare Anteile

Neben den Esterweichmachern (verseifbar mit alkoholischer Kalilauge) befinden sich in Lösungsmittel-Extrakten paraffinische, naphthenische und aromatische Kohlenwasserstoffe sowie Etherweichmacher, die unverseifbar sind.

4.2.1 Bestimmung der unverseifbaren Anteile

Der eingedampfte Extrakt einer Elastomerprobe von 2 bis 3 g wird in einem Rundkolben mit 50 ml alkoholischer 1 N Kalilauge versetzt und 2 h am Rückfluß gekocht. Die Lösung wird in einer Schale zur Trockene eingedampft, der Rückstand mit 100 ml destilliertem Wasser in einen Scheidetrichter übergeführt und mehrmals mit je 25 ml Ether bis zur Farblosigkeit der Lösung ausgeschüttelt. Die Etherauszüge werden vereint und im Scheidetrichter zweimal mit Wasser gewaschen. Die Etherlösung wird in einem gewogenen Kolben abdestilliert, 3 h bei 70°C getrocknet, abgekühlt und gewogen.

Harze, Dibenzylether und Polyether können in dem unverseifbaren Anteil mit Hilfe der IR-Spektroskopie identifiziert werden.

4.2.2 Bestimmung von festen Paraffinen

Feste Paraffine sind in heißem Alkohol löslich und in kaltem Alkohol bei −5 °C unlöslich. Dadurch lassen sie sich aus dem nach 4.2.1 gewonnenen unverseifbaren Extrakt leicht isolieren und bestimmen.

Der unverseifbare Rückstand wird mit 50 ml Ethylalkohol 30 min auf einem Dampfbad erhitzt. Die Lösung wird mittels einer Eis-Kochsalz-Mischung auf mindestens −5 °C abgekühlt und weiter eine Stunde bei dieser Temperatur belassen. Ausgefallene Paraffine werden auf einem Filter im Kühltrichter bei −5 °C gesammelt, mit kaltem Ethylalkohol gewaschen und getrocknet. Das alkoholische Filtrat wird zur Bestimmung von flüssigen Paraffinen verwendet.

Die festen Paraffine werden vom Filter mit heißem Methylenchlorid gelöst, in einer gewogenen Schale eingedampft, bei 100 °C 1 h getrocknet, abgekühlt und ausgewogen.

4.2.3 Bestimmung flüssiger Paraffine, herrührend aus Mineralöl

Im alkoholischen Filtrat werden gesättigte, flüssige Kohlenwasserstoffe erfaßt, die in Methylenchlorid löslich sind und von konzentrierter Schwefelsäure nicht angegriffen werden.

Das zur Bestimmung flüssiger Paraffine verwendete Filtrat wird unter stetigem Luftstrom vorsichtig eingedampft. Der Rückstand wird mit 25 ml Methylenchlorid aufgenommen, in einen Scheidetrichter übergeführt und mehrmals mit konzentrierter Schwefelsäure (D 1,84) ausgeschüttelt, bis die Säure farblos bleibt. Die Säureauszüge werden verworfen.

Der Methylenchlorid-Lösung werden soviel Wasser und Ether zugefügt, bis sich die organische Phase über der wässerigen gesammelt hat. Die Ether-Methylenchlorid-Schicht wird mit Wasser unter Überprüfung mit Methylorange säurefrei gewaschen, anschließend in ein gewogenes Gefäß übergeführt und auf einem Dampfbad eingedampft. Das Sieden soll mittels eines stetigen Luftstromes verhindert werden. Der Rückstand wird in einem Umlufttrockenschrank bei 100 °C eine Stunde getrocknet, abgekühlt und gewogen. IR-spektrophotometrisch muß man sich davon überzeugen, daß der Rückstand frei von Etherweichmachern bzw. Chlorparaffinen (auf letztere ist auch die Beilsteinprobe anzuwenden) ist. Dies wird meist der Fall sein. Sind sie abwesend, ist die Auswaage gleich dem Gehalt an flüssigen Paraffinen.

Naphthenische oder aromatische Bestandteile des Mineralöls und Harze werden mit diesem Verfahren nicht erfaßt, da sie beim Waschen mit Schwefelsäure von ihr aufgenommen werden. Wird Wert auf den Nachweis dieser Anteile gelegt, so ist die Lösung vor dem Waschen mit Schwefelsäure IR- oder UV-spektroskopisch auf naphthenische und/oder aromatische Bestandteile des Mineralöls zu untersuchen.

4.2.4 Nachweis von freien Fett- und Harzsäuren

Durch die Bestimmung der Säurezahl im Acetonextrakt wird die Anwesenheit von Fett- und Harzsäuren nachgewiesen.

Der Rückstand des Acetonextraktes wird in 50 ml eines Gemisches aus Ethylalkohol/Toluol (1:1) gelöst und mit wässeriger 0,1 N Natronlauge gegen Phenolphthalein als Indikator titiert.

Unter Säurezahl versteht man die Menge an Kaliumhydroxid in mg, die zur Neutralisation von 1 g Substanz notwendig ist. Ist die Säurezahl größer als 1, sind freie Fett- und/oder Harzsäuren im Acetonextrakt vorhanden. Die Berechnung der Säurezahl (SZ) erfolgt nach folgender Gleichung

$$SZ = \frac{5{,}6 \cdot \text{ml } 0{,}1 \text{ N NaOH}}{\text{Einwaage}}$$

Quantitativ können die Fett- bzw. Harzsäuren gaschromatographisch bestimmt werden.

Das alkoholische Filtrat wird nach der Abtrennung der unverseifbaren Anteile eingedampft, der Rückstand mit Wasser in einen Schütteltrichter übergeführt, mit 1 N Salzsäure angesäuert und mit Ether ausgeschüttelt. Der Ether wird abdestilliert und der aus Fett bzw. Harzsäuren bestehende Rückstand zur quantitativen Bestimmung herangezogen [119].

4.3 Identifizierung und quantitative Bestimmung von Stabilisatoren und Alterungsschutzmitteln

Stabilisatoren und Alterungsschutzmittel kann man grob in zwei Hauptgruppen aufgliedern:

Erstens aromatische und alicyclische Amine und zweitens Substanzen mit phenolischen Gruppen.

Anhand von Farbreaktionen läßt sich bei den in der alkoholischen Lösung befindlichen Stabilisatoren bzw. Alterungsschutzmitteln feststellen, ob die betreffende Substanz phenolischen oder aminischen Charakters ist. Für einzelne Vertreter dieser Stoffklassen ergeben sich noch weitere spezifische Farbreaktionen, durch die sie identifiziert werden können. Eine allgemeine und sichere Trennung und Identifizierung ist dünnschichtchromatographisch möglich. Gelingt es, die betreffende zu analysierende Substanz von anderen Begleitstoffen zu trennen und in fast reiner Form zu isolieren, so ist auch eine Identifizierung mit IR- bzw. UV-Spektren möglich. Dies spielt beispielsweise bei der Aufklärung der Grundstabilisierung von Kautschuken (nicht Mischungen) eine Rolle. Die genannten Methoden sind natürlich auch zur Untersuchung von Handelsprodukten z.B. zwecks Eingangskontrolle gut geeignet.

4.3.1 Qualitativer Nachweis von Stabilisatoren und Alterungsschutzmitteln

4.3.1.1 Farbreaktionen [101]

4.3.1.1.1 Reaktionen von Substanzgruppen. Aminische und phenolische Alterungsschutzmittel können durch folgende Gruppenreaktionen voneinander unterschieden werden:

4.3.1.1.2 Nachweis von aminischen Alterungsschutzmitteln. Die Mehrzahl der aminischen Alterungsschutzmittel gehört zur Klasse der sekundären aromatischen Amine und kann durch direktes Kuppeln mit Diazoniumsalzen im neutralen und sauren Medium identifiziert werden. Als Kupplungsreagenzien können entweder eine frisch hergestellte 0,1%ige Lösung von Diazobenzolsulfonsäure* in 25%iger Essigsäure oder eine frisch zubereitete 1%ige Lösung von 4-Nitrobenzoldiazoniumfluoroborat (Echtrotsalz GG der Hoechst AG) in Methanol, die einige Tropfen konzentrierte Salzsäure enthält, dienen.

Eine kleinere Menge des zu untersuchenden Alterungsschutzmittels wird in Aceton gelöst und in einem Reagenzglas mit einem der beiden Reagenzien bei Zimmertemperatur versetzt (gekuppelt). In Anwesenheit von sekundären aromatischen Aminen entstehen rot, blau oder violett gefärbte Lösungen. Die gleichen Nachweisreaktionen können auch direkt mit Acetonextrakten aus Kautschukmischungen oder Vulkanisaten, d.h. ohne Eindampfen durchgeführt werden.

4.3.1.1.3 Nachweis von phenolischen Alterungsschutzmitteln. Phenolische Alterungsschutzmittel kuppeln mit Diazobenzolsulfonsäure und Echtrotsalz GG bei Zimmertemperatur im alkalischen Medium unter Bildung von gefärbten Umsetzungsprodukten.

Die Acetonlösung des zu untersuchenden Alterungsschutzmittels oder der Acetonextrakt einer Kautschukmischung oder eines Vulkanisates wird mit 1 N Natronlauge alkalisch eingestellt und entweder mit einer 1%-igen methanolischen Lösung von Echtrotsalz GG oder mit einer frisch bereiteten 0,1%-igen Lösung von Diazobenzolsulfonsäure in 0,05 N NaOH versetzt. Die dabei eintretende Verfärbung zeigt die Anwesenheit von kupplungsfähigen phenolischen Substanzen an.

---

* Diazobenzolsulfonsäure wird wie folgt hergestellt: 5 g Sulfanilsäure werden, evtl. unter Erwärmen, in 25 ml 10%iger Kalilauge gelöst. Nach dem Abkühlen gibt man 20 ml einer 10%igen Natriumnitrit-Lösung hinzu. Diese Lösung wird dann in eine eisgekühlte Mischung von 16 ml konz. Salzsäure und 8 ml Wasser langsam eingetropft. Die dabei ausgefallene Diazobenzolsulfonsäure wird abgesaugt, mit Eiswasser, eisgekühltem Alkohol und Ether nachgewaschen und vorsichtig an der Luft getrocknet. Das trockene Präparat verpufft beim Berühren mit einer Flamme heftig. Es ist ratsam, nicht auf einmal größere Mengen herzustellen und aufzubewahren (höchstens 3 bis 5 g).

Phenole, die in p- bzw. o-Stellung substituiert sind, kuppeln hierbei nicht. Solche Alterungsschutzmittel können dann z.B. mit Millons Reagenz * nachgewiesen werden. Beim Erhitzen gleicher Teile einer Lösung des phenolischen Alterungsschutzmittels in Methanol und Millons Reagenz tritt eine gelblichrote oder rote Färbung mit entsprechenden Nuancierungen auf.

4.3.1.1.4 Farbreaktionen einzelner Substanzen. Einige Alterungsschutzmittel und Stabilisatoren können in reiner Form oder auch in Extrakten aus Kautschukmischungen und Vulkanisaten durch spezifische Reaktionen identifiziert werden.

Beispielsweise ergeben einige Phenylendiaminderivate wie z.B. Vulkanox 4020 und Vulkanox 4010 NA, wenn Spuren der reinen Substanzen in Chloroform gelöst werden, mit Eisen(III)-chlorid eine intensive blaue Färbung.

Spuren von Vulkanox DNP verursachen, in Chloroform gelöst, mit Eisen(III)-chlorid eine grüne und mit Dichloramin B oder Benzoylperoxid eine rote Färbung.

Wird eine Spatelspitze von Vulkanox AP mit etwa einer gleichen Menge Dichloramin B vermischt und die Mischung in 2 ml 20%ige Salzsäure eingegeben, durchgeschüttelt und mit destilliertem Wasser auf das doppelte Volumen verdünnt, so tritt eine intensive Violettfärbung ein. Bei Zugabe von wenigen Tropfen einer benzolischen 5%igen Benzoylperoxidlösung zu einer acetonischen Lösung von Vulkanox DDA erhält man eine grüne Färbung.

Wird eine Spatelspitze von Vulkanox MB in wenig 1%iger Natronlauge gelöst und dieser Lösung tropfenweise Wismutnitratlösung zugegeben, so tritt ein roter kristalliner Niederschlag auf. Bei Extraktlösungen aus Mischungen oder Vulkanisaten kann der Nachweis durch Tüpfeln ausgeführt werden. Wenige Tropfen der Lösung werden auf einen Rundfilter gegeben und 1 bis 2 Tropfen 1%iger Natronlauge und Wismutnitratlösung zugegeben. Eine rosarote Färbung zeigt Vulkanox MB an.

4.3.1.1.5 Dünnschichtchromatographischer Nachweis von Stabilisatoren und Alterungsschutzmitteln

4.3.1.1.5.1 Prinzip der Methode. Die dünnschichtchromatographische Trennung wird unter Standardbedingungen, z.B. nach Stahl [114] oder nach DIN 53622 Teil 1 und 2 in der üblichen Weise durchgeführt.

Trennschicht (stationäre Phase, Adsorbens) Kieselgel-G nach Stahl wird unter Standardbedingungen auf Glasplatten aufgetragen. Auch im Handel befindliche Fertigplatten können verwendet werden. Bis zum Gebrauch werden die beschichteten Platten vor Labordämpfen und Feuchtigkeit geschützt aufbewahrt.

Fließmittel (mobile Phase)

Sämtliche Fließmittel müssen der Qualität von Lösungsmitteln für die Chromatographie entsprechen. In der Regel kommen auch die nach DIN 53622 Teil 2 empfohlenen folgenden Lösungsmittelgemische in Frage:

A. n-Hexan/Chloroform (+1% Ethanol)/Diethylether (60:20:20)
B. n-Heptan/Ethylacetat (90:10)

---

* Zur Herstellung von Millons Reagenz werden 10 g metallisches Quecksilber unter Abkühlen in 10 g kalter rauchender Salpetersäure oder unter mäßigem Erwärmen in 20 g Salpetersäure (D 1,4) gelöst. Die erkaltete Lösung wird mit 20 ml destilliertem Wasser verdünnt.

C. n-Hexan/Toluol (50:50)
D. n-Hexan/Toluol/Methanol (30:58:12)
E. Tetrachlorkohlenstoff/Ethylacetat (50:50)

Entwicklung der Chromatogramme

Man chromatographiert aufsteigend. Die Trennstrecke (Entfernung zwischen Start und Frontlinie) beträgt 15,0 cm. Arbeitsbedingungen: Raumtemperatur (20 bis 25°C), keine Kammersättigung.

Reagenzien (Sprühmittel)

Die Reagenzien werden auf die von der mobilen Phase befreite (trockene) Schicht in fein verteiltem Zustand aufgesprüht.

A. Lösung von 0,5 g 2,6-Dichlorchinonchlorimid in 100 ml Isopropanol
B. Eisen(III)-chlorid-Kaliumhexacyanoferrat(III)
C. Lösung von 0,5 g 4-Nitrobenzoldiazonium-fluorborat in 100 ml 5%iger Essigsäure
D. Lösung von 0,5 g Diazobenzolsulfonsäure (Pauly's Reagenz) in 100 ml 5%iger Essigsäure

Testlösungen (Vergleichssubstanzen) und Auftragsmenge

Die aufzutragende Menge von Stabilisatoren bzw. Alterungsschutzmitteln muß mit ihrer Nachweisempfindlichkeit abgestimmt werden. Letztere ist von dem verwendeten Nachweisreagenz und der Art des zu bestimmenden Stoffes abhängig. Beispielsweise wird von dem Phenyl-β-naphthylamin noch 1 μg mit 4-Nitrobenzoldiazoniumfluoroborat sehr leicht erkannt, wogegen die Nachweisgrenze von Bis-(3-cyclohexyl-5-methyl-2-hydroxy-phenyl)-methan mit 2,6-Dichlorchinonchlorimid bei 5 μg liegt.

Von aminischen Stabilisatoren bzw. Alterungsschutzmitteln werden 0,2 g in 100 ml Methylenchlorid gelöst. Die Lösungen dienen als Standardlösungen. Die günstigste Auftragsmenge liegt bei 2 bis 4 μg Substanz, entsprechend 1 bis 2 μg einer 0,2%igen Lösung.

Von phenolischen Stabilisatoren bzw. Alterungsschutzmitteln wird 1 g in 100 ml Methylenchlorid gelöst.

Ausführung. Entwicklung der Chromatogramme mit den Reagenzien A bis D

A. Lösung von 0,5 g 2,6-Dichlorchinonchlorimid in 100 ml Isopropanol

Mit diesem Reagenz werden die entwickelten und an der Luft getrockneten Chromatogramme besprüht. Während des Besprühens bzw. innerhalb der nächsten Minuten entstehen farblich differenzierte Flecken. Durch Erwärmen auf etwa 90° C findet eine Farbvertiefung statt. In manchen Fällen werden alle Flecken erst nach dem Erwärmen sichtbar.

Die Beobachtung der Farbe der Flecken ist bei diesem Sprühmittel besonders wichtig, weil das Reagenz nicht selektiv auf aminische bzw. phenolische Alterungsschutzmittel und Stabilisatoren wirkt; so werden etwa alle Mercaptoverbindungen ebenfalls angefärbt. Andere Reagenzien, z.B. die alkalischen Lösungen von Diazoniumsalzen, reagieren zum Teil überhaupt nicht, wie im Falle des Vorliegens sterisch gehinderter Phenole; in anderen Fällen entstehen nur wenig charakteristische gelbe Farben. Die Anfärbung mit 2,6-Dichlorchinonchlorimid ist dagegen auf alle phenolischen Stabilisatoren und Alterungsschutzmittel anwendbar. Die Farbreaktionen dieses Reagenzes mit aminischen Stabilisatoren und Alterungsschutzmitteln sind kaum mit denen der phenolischen Gruppe zu verwechseln; sie ermöglichen einige nützliche Differenzierungen und sollten zur Orientierung neben der Anfärbung mit essigsaurer 4-Nitrobenzol-diazoniumfluoroborat-Lösung ausgeführt werden. Beispielsweise erscheinen Phenyl-α-naphthylamin und Phenyl-β-naphthylamin mit 4-Nitrobenzoldiazoniumfluoroborat violett, mit 2,6-Dichlorchinonchlorimid dagegen wird Phenyl-α-naphthylamin braun und Phenyl-β-naphthylamin violett gefärbt.

B. Eisen(III)-chlorid-Kaliumhexacyanoferrat(III)

Lösung I: 0,5 g $K_3[Fe(CN)_6]$ werden in 50 ml 50%igem Ethylalkohol gelöst
Lösung II: 0,5 g $FeCl_3$ werden in 50 ml destilliertem Wasser gelöst.

Man besprüht zuerst mit der Lösung I und anschließend mit der Lösung II.

Phenolische Stabilisatoren und Alterungsschutzmittel erscheinen als blaue Flecken auf zunächst fast weißem Grund, der sich dann bald blau färbt. Deshalb sollte die Auswertung der angefärbten Chromatogramme schnell erfolgen. Nach dieser Methode können phenolische Stabilisatoren und Alterungsschutzmittel sowie 2-Mercaptobenzimidazol nachgewiesen werden.

C. Lösung von 0,5 g 4-Nitrobenzoldiazoniumfluoroborat in 100 ml 5%iger Essigsäure

Beim Besprühen der Dünnschichtchromatogramme erscheinen Stabilisatoren und Alterungsschutzmittel mit einer Aminogruppe sofort als unterschiedliche violette bis gelbe Farbflecke. Wenn mit der Anwesenheit sehr geringer Mengen aminischer Alterungsschutzmittel zu rechnen ist, sollte man etwa 15 min lang bis zur Verstärkung der Farbintensität warten.

D. Diazobenzolsulfonsäure (DBS) (Pauly's Reagenz)

Mit ähnlichem Erfolg kann DBS, in 5%iger Essigsäure gelöst, eingesetzt werden. Im Gegensatz zu 4-Nitrobenzoldiazoniumfluoroborat wird hiermit das Alterungsschutzmittel Phenyl-α-naphthylamin violett, und das Alterungsschutzmittel Phenyl-β-naphthylamin rot gefärbt.

Anwendung auf Extrakte von Synthesekautschuk und Elastomeren

Zur Isolierung der Stabilisatoren und Alterungsschutzmittel werden 2 g der fein zerkleinerten Probe (maximale Kantenlänge etwa 1 mm) eine Stunde lang in Aceton unter Rückflußkühlung gekocht. Für den qualitativen Nachweis ist eine erschöpfende Extraktion (16 h Soxhlet-Extraktion) nicht erforderlich.

Die Acetonlösung wird heiß dekantiert, die abgekühlte Lösung filtriert und auf einem Wasserbad eingedampft, wobei über die Abdampfschale ein schwacher Luftstrom geleitet wird. Der Rückstand wird nach dem Abkühlen in 2 bis 4 ml eines Gemisches aus Aceton und Methanol (1:1) durch intensives Rühren gelöst, die Lösung in ein Mikroreagenzglas filtriert und auf dem Wasserbad unter Rühren oder Durchleiten eines Luftstromes mittels einer Kapillarröhre wieder auf etwa 0,5 bis 1 ml eingeengt. Ausfällungen oder Abscheidungen irgendwelcher Extraktanteile werden durch Zugabe einiger Tropfen Toluol oder Methylenchlorid gelöst. Der zur Trockne eingedampfte Acetonextrakt kann auch zur Abtrennung störender Paraffine und von Stearinsäure mit 5 ml 96%igem Ethanol, 3 Tropfen 20%iger Strontiumchloridlösung und 3 Tropfen 4 N Ammoniak-Lösung versetzt, kurz aufgewärmt, auf etwa 10°C abgekühlt und filtriert werden.

Verschieden große Mengen dieser Lösung werden punktförmig auf die Startlinie einer DC-Platte aufgebracht. Nach dem Entwickeln mit n-Hexan/Toluol/Methanol oder n-Hexan/Chloroform (1% Ethanol)/Diethylether und anschließendem Trocknen wird die eine Hälfte der Platte mit 2,6-Dichlorchinonchlorimid-Lösung und danach die andere Hälfte der Platte mit essigsaurer 4-Nitrobenzoldiazoniumfluoroborat-Lösung besprüht. Die Farben der entstandenen Flecken zeigen an, welche Alterungsschutzmittel vorliegen. Gleichzeitig ist zu erkennen, ob die Entwicklung durch Wachse, Öle oder Weichmacher gestört ist. Ist dies der Fall, dann ist die zu untersuchende Probe chromatographisch zu reinigen. Dazu wird die Probelösung strichförmig auf die Startlinie der DC-Platte aufgetragen. Nach dem Chromatographieren und Trocknen der DC-Platte wird zur Lokalisierung der Alterungsschutzmittelzone ein schmaler Randstreifen der Platte mit einem Nachweisreagenz besprüht. Die obere und untere Grenze des ausgebildeten Flecks dient zur Markierung der Zone, in der sich auf der ganzen Breite der Platte das Alterungsschutzmittel befindet. Diese Zone der Kieselgelschicht wird von der Platte abgeschabt, in ein Reagenzglas übergeführt und mit Aceton extrahiert. Die Extraktlösung wird bis auf wenige Tropfen eingedampft. Dieses Isolat wird nun im Vergleich zu Testsubstanzen chromatographiert. Aus der Identität der Rf-Werte und den Farbreaktionen der Probe mit einer oder mehreren Vergleichssubstanzen kann auf den Stabilisator oder das Alterungsschutzmittel der Probe geschlossen werden.

4.3.2 Quantitative Bestimmung von Stabilisatoren und Alterungsschutzmitteln

Zur quantitativen Bestimmung von Stabilisatoren und Alterungsschutzmitteln können Aceton- oder Methanolextrakte aus Kautschuk und Elastomeren verwendet werden.

Der zur Trockene eingedampfte Acetonextrakt wird zur Eliminierung störender Paraffine und Fettsäuren mit 5 ml Methanol, 3 Tropfen 20%iger Strontiumchloridlösung und 3 Tropfen

4 N Ammoniak-Lösung versetzt, kurz aufgewärmt, auf etwa 10°C abgekühlt und filtriert. Die methanolische Lösung kann dann zur quantitativen Bestimmung von Stabilisatoren bzw. Alterungsschutzmitteln verwendet werden.

Wird eine der weiter unten beschriebenen Bestimmungsmethoden durch Vorhandensein anderer oder auch gleichartiger Stoffe gestört, so muß vorher eine dünnschichtchromatographische Reinigung bzw. Trennung vorgenommen werden. Hierzu muß die Lösung strichförmig auf die Startlinie einer Dünnschichtplatte aufgetragen und in bekannter Weise chromatographiert werden. Nach der Trennung und Trocknung wird die Sorptionsschicht in der Höhe, in der sich die gesuchte Substanz befindet (das kann in einem separaten Versuch qualitativ ermittelt werden), in der ganzen Länge abgeschabt. Das erhaltene Pulver wird mit Methanol extrahiert und zur quantitativen Bestimmung verwendet.

In den Eindampfrückständen der Extrakte erfolgt die quantitative Bestimmung gaschromatographisch, UV-spektrophotometrisch, photometrisch oder dünnschichtchromatographisch. Für eine grobe Bestimmung genügt manchmal ein Vergleich von Fleckengrößen (Vergleich zwischen einer bekannten Substanzmenge und der zu bestimmenden Substanz) in dem Dünnschichtchromatogramm.

4.3.2.1 Gaschromatographische quantitative Bestimmung von Stabilisatoren und Alterungsschutzmitteln

Die Methode eignet sich nur für Substanzen, die beim Chromatographieren nicht zersetzt werden. Die zerkleinerten Proben aus Kautschuk oder Elastomeren werden 16 h lang mit Methanol extrahiert. Die methanolischen Extrakte werden zur gaschromatographischen quantitativen Bestimmung der Stabilisatoren und Alterungsschutzmittel verwendet.

Nach der unten beschriebenen Methode lassen sich z.B. folgende Stabilisatoren und Alterungsschutzmittel in Extrakten aus Kautschuk und Elastomeren bestimmen.

2,6-Di-tertiär-butyl-4-methyl-phenol

2,6-Di-tertiär-butyl-4-methoxy-methyl-phenol

Phenol und/oder Methylphenole, umgesetzt mit Styrol bzw. α-Methylstyrol und/oder Olefinen der Kettenlänge C_3–C_{12} (z.B. Vulkanox KSM und TSP).

Vor der quantitativen Bestimmung wird die Probe erst dünnschichtchromatographisch qualitativ untersucht.

Reagenzien

Stabilisatoren und Alterungsschutzmittel, technische Waren, Methanol p.a. 2-Hydroxy-1,3-diisopropyl-benzol (innerer Standard)

Gaschromatographische Untersuchungsmethoden

Gaschromatograph; temperaturprogrammiert Hewlett-Packard 5750 oder ein gleichwertiges Gerät

Säule: 0,5 m Stahlsäule, Durchmesser (innen) etwa 4 mm, 5% Silicongummi SE 52 * auf silanisiertem Chromosorb W** 80/100 (Mesh) 160 bis 300°C, 30°C/min, anschließend 4 min isotherm

---

* Lieferant: Bodenseewerk Perkin-Elmer & Co. GmbH, Überlingen (Bodensee); Bestell-Nr. 158-00-036.

** Lieferant: Bodenseewerk Perkin-Elmer & Co. GmbH, Überlingen (Bodensee); Bestell-Nr. 158-00-907.

Einspritzblock: 300 °C
Detektor: FID, 280 °C
Trägergas: Helium
Injizierte Probemenge: 2 µl

Ausführung

10 g Kautschuk oder Elastomeres werden in Form von Schnitzeln von etwa 2 mm Durchmesser 16 Stunden lang im Soxhletapparat mit 100 ml Methanol extrahiert.

Um ein Zusammenhaften der Kautschuk-Partikel und damit eine ungenügende Benetzung mit Methanol zu vermeiden, wird die zerkleinerte Probe zuvor auf chemisch reiner Watte ausgebreitet und dann eingerollt. Dem Extrakt wird eine ausreichende Menge einer methanolischen Lösung von 2-Hydroxy-1,3-diisopropylbenzol (innerer Standard) zugesetzt. Die Menge des hinzuzusetzenden inneren Standards richtet sich nach der Menge des Stabilisators (auch Alterungsschutzmittels) im Extrakt. Beide sollen ungefähr in gleichen Mengen vorliegen (50 bis 250 mg).

Die Lösung kann nun zu gaschromatographischen Untersuchungen verwendet werden. Die in der Lösung unter Umständen vorhandenen Paraffine, Stearinsäure, Weichmacher und Beschleuniger stören die Bestimmung der Stabilisatoren und Alterungsschutzmittel nicht.

Auswertung

Zur Auswertung der Fraktogramme muß die Peak-Fläche herangezogen werden.

Die Höhenauswertung ist nicht zulässig. Für die Korrekturfaktor-Bestimmung werden auch die Testgemische (innerer Standard + jeweils in der Probe nachgewiesene Stabilisatoren und Alterungsschutzmittel) unter den gleichen Bedingungen chromatographiert.

4.3.2.2 UV-spektrophotometrische quantitative Bestimmung von Stabilisatoren und Alterungsschutzmitteln in Synthesekautschuk und Elastomeren

Im Gegensatz zur Identifizierung mit Hilfe der Gaschromatographie, die nur bei solchen Stabilisatoren und Alterungsschutzmitteln angewendet werden kann, welche zwischen 160 und 300 °C ohne Zersetzung flüchtig sind, eignet sich die UV-spektrophotometrische Bestimmung für alle Stabilisatoren und Alterungsschutzmittel mit phenolischen Hydroxylgruppen. Zur Bestimmung verwendet man Methanolextrakte aus Kautschuk oder Elastomeren, die nach 4.3.2.1 gewonnen werden.

Prinzip der Methode

Die Menge der extrahierten Stabilisatoren und Alterungsschutzmittel wird UV-spektrophotometrisch durch eine Differenzmessung einer alkalisch eingestellten Meßlösung gegen eine saure Meßlösung gleicher Konzentration ermittelt. Das Differenzspektrum der Stabilisatoren und Alterungsschutzmittel resultiert aus der unterschiedlichen Absorption der Phenolat- und der Phenolform. Begleitsubstanzen, deren UV-Spektren nicht pH-abhängig sind, stören die Bestimmung nicht.

Reagenzien

Stabilisatoren und Alterungsschutzmittel (technische Ware)
Methanol, für UV-Spektrophotometrie geeignet
NaOH-Lösung, frisch angesetzt (40 g NaOH p.a. + 150 ml Wasser)
Schwefelsäure (D 1,84) p.a., 1:1 mit Wasser verdünnt

Geräte

Beispielsweise Unicam-Spektralphotometer SP 700 oder ein anderes entsprechendes Gerät.

Herstellung der Eichlösung

Man wiegt 0,2 bis 0,5 g des Stabilisators bzw. Alterungsschutzmittels auf 1 mg genau ab, löst in einem 250 ml-Meßkolben in Methanol und füllt damit bis zur Marke auf. Aus dieser Lösung wird durch Verdünnen mit Methanol die Eichlösung hergestellt, deren Extinktion zwischen 0,8 und 1,3 liegen soll. Zu diesem Zweck pipettiert man die erforderliche Menge der Ausgangslösung in einen 50 ml-Meßkolben und nochmals die gleiche Menge in einen zweiten 50 ml-Meßkolben. Vor dem Auffüllen mit Methanol gibt man in den einen Kolben 5 ml der NaOH-Lösung und in den anderen 2 ml der verdünnten Schwefelsäure. Da die meisten Stabilisatoren und Alterungsschutzmittel in alkalischer Lösung unbeständig sind, müssen die Lösungen vor jeder Untersuchung frisch hergestellt werden.

Ausführung

Eine 1 cm-Küvette wird mit der alkalischen, eine andere mit der sauren Meßlösung gefüllt.

Nachdem man die alkalische Lösung in den Meßstrahl und die saure Lösung in den Vergleichsstrahl gebracht hat, registriert man das Differenzspektrum im Bereich von 250 bis 333 nm.

Berechnung der Eichfaktoren

Man entnimmt dem Differenzspektrum die Extinktion im Absorptionsmaximum bei der größten Wellenlänge und subtrahiert davon die meist geringfügige Extinktion bei 333 nm. Bei der quantitativen Bestimmung in Extrakten wird häufig durch trübende Partikel in der alkalischen Lösung die gesamte Absorptionskurve etwas angehoben. Die Subtraktion des dann etwas höheren Extinktionswertes bei 333 nm eliminiert den durch die Streuung hervorgerufenen Fehler weitgehend.

Mit dem so gemessenen Differenzwert E berechnet man den Eichfaktor F, der die Extinktion für 1 mg Stabilisator bzw. Alterungsschutzmittel in 1 ml Meßlösung bei einer Schichtdicke d von 1 cm angibt:

$$F = \frac{E}{c \cdot d}$$

Hierbei ist c die Konzentration des Stabilisators bzw. Alterungsschutzmittels in der alkalischen oder sauren Meßlösung, gemessen in mg/ml, und d die Schichtdicke in cm.

In der folgenden Aufstellung sind die Wellenlängen und orientierenden Eichfaktoren für einige Stabilisatoren bzw. Alterungsschutzmittel, an frischen Substanzen gemessen, angegeben.

Alterungsschutzmittel	Wellenlänge nm	Eichfaktor *F*
2,6-Di-tertiär-butyl-4-methyl-phenol	304	3,9
Bis(3-tertiär-butyl-5-methyl-hydroxy-phenyl)-methan	306	18
Phenol und/oder Methylphenole, umgesetzt mit Styrol bzw. α-Methylstyrol und/oder Olefinen und Kettenlänge (C_3-C_{12})	301	15
Bis(3-cyclohexyl-5-methyl-2-hydroxy-phenyl)-methan	304	16
2,6-Di-tertiär-butyl-4-methoxy-methylphenol	298	14

Anwendung auf Extrakte

Zur quantitativen Bestimmung von Stabilisatoren (auch Alterungsschutzmittel) werden die Methanolextrakte aus Kautschuk oder Elastomeren verwendet.

Messung

Jeweils 25 ml des Methanolextraktes werden in zwei 50 ml-Kolben einpipettiert. Vor dem Auffüllen mit Methanol p.a. wird der eine Kolben mit 5 ml NaOH-Lösung, der andere mit 2 ml verdünnter Schwefelsäure versetzt. Dann wird das Differenzspektrum registriert und der Differenzwert *E* ermittelt.

Berechnung

Man errechnet die Gesamtmenge *G* des im Extrakt befindlichen Stabilisators bzw. Alterungsschutzmittels in mg nach der Formel

$$G = \frac{E \cdot 500}{F \cdot d}$$

4.3.2.3 Photometrische Bestimmung phenolischer Alterungsschutzmittel

Außer der direkten UV-spektrophotometrischen Bestimmungsmethode lassen sich phenolische Alterungsschutzmittel indirekt photometrisch bestimmen, indem man sie mit Eisen(III)-Salzen zur Reaktion bringt und das gebildete zweiwertige Eisen in Form der roten Dipyridylverbindung photometriert. Als Beispiel soll die Bestimmung von Vulkanox BKF und Vulkanox KB ausführlich beschrieben werden.

Prinzip der Methode

Die Methode basiert auf der Fähigkeit der beiden Alterungsschutzmittel, dreiwertiges Eisen zu zweiwertigem zu reduzieren; letzteres ist als rote Komplexverbindung mit 2,2'-Dipyridyl photometrisch quantitativ auswertbar. Zur Untersuchung wird die Methanollösung der Extrakte von Kautschuk- bzw. Gummiproben herangezogen. Die Acetonextrakte aus Kautschukmischungen oder Elastomeren werden, wie in Kapitel 4.3.2 beschrieben, zur quantitativen Bestimmung vorbehandelt. Die Methode ist jedoch nicht zur Identifizierung der genannten Antioxidantien geeignet, da deren Reduktionsvermögen nicht charakteristisch genug ist, um darauf ein qualitatives Verfahren aufzubauen.

Reagenzien

Methanol p.a.
Lösung von 1 g 2,2'-Dipyridyl in 100 ml Methanol
Lösung von 0,4 g $FeCl_3 \cdot 6\,H_2O$ in 100 ml Methanol

Apparatur

Spektralphotometer mit Monochromator z.B. Metrohm 1009
Küvetten: 1 cm Schichtdicke
Meßkolben: 100 ml

Durchführung der Bestimmung

0,5 g Kautschuk oder 1 g Elastomeres werden 5 Stunden mit 200 ml Methanol extrahiert und die Lösung danach auf 250 ml aufgefüllt. 25 ml dieser Lösung werden zunächst mit 3 ml der 2,2'-Dipyridyl-Lösung, dann mit 6 ml der Eisenchloridlösung versetzt, mit Methanol auf 100 ml aufgefüllt und sofort ins Dunkle gestellt. Die Lösung bleibt nun 15 bis 17 h im Dunkeln bei Zimmertemperatur stehen. Parallel dazu wird eine Blindwertlösung angesetzt, die 3 ml 2,2'-Dipyridyl-Lösung und 6 ml Eisenchloridlösung in 100 ml methanolischer Gesamtlösung enthält und die gleichfalls 15 bis 17 h im Dunkeln aufbewahrt wird.

Die Messung der gebildeten Komplexlösung erfolgt bei etwa 20° C im Spektralphotometer.

Das Maximum der Extinktion wird bei 520 nm (1 cm Schichtdicke der Küvette) gemessen. Da die Blindwertlösung sehr empfindlich gegen Lichteinwirkung ist, muß diese zuerst gemessen werden; ihr Wert wird von den Extinktionen der Untersuchungslösungen abgezogen.

Berechnung

Die Berechnung des Gehaltes an Alterungsschutzmittel aus der Extinktionsmessung der Komplexlösung erfolgt nach der Gleichung

% Alterungsschutzmittel C

$$= \frac{E}{E+} \cdot C+ \text{ Alterungsschutzmittel } (\%).$$

Es bedeuten:

- E gemessener Extinktionsunterschied zwischen Meß- und Blindwertlösung bei 520 nm und 1 cm Schichtdicke
- $E+$ Extinktionsdifferenz zwischen Eichlösung und Blindwertlösung bei 520 nm und 1 cm Schichtdicke
- $C+$ Alterungsschutzmittelkonzentration in der Eichlösung

4.3.2.4 Photometrische Bestimmung von Alterungsschutzmitteln auf Aminbasis

Die Bestimmung von aminischen Alterungsschutzmitteln läßt sich am einfachsten photometrisch durchführen, da die meisten Vertreter dieser Klasse sekundäre aromatische Amine sind und sich leicht durch Kuppeln mit Diazoniumsalzen zu Farbstoffen umwandeln lassen. Als Beispiel sei die Bestimmung von Vulkanox PBN, 4020, 4010 NA und DDA näher beschrieben.

Bestimmung von Vulkanox PBN

Prinzip der Methode

Alterungsschutzmittel PBN (Phenyl-β-naphthylamin) wird mit Echtrotsalz GG (4-Nitrobenzoldiazoniumfluorborat der Hoechst AG) gekuppelt. Die Farbstofflösung wird in einer 1 cm-Küvette bei 546 nm photometriert.

Reagenzien

1 N Salzsäure
Methanol (rein)
Kupplungsreagenz: 250 mg Echtrotsalz *GG* werden in Wasser gelöst, mit 2 ml 1 N Salzsäure versetzt und mit Wasser auf 250 ml aufgefüllt. Diese 0,1 %ige Lösung muß täglich frisch hergestellt werden.

Apparatur

Als Photometer kann verwendet werden z.B. lichtelektrisches Photometer „Eppendorf“ der Netheler und Hinz GmbH, Hamburg; dazu das Filter Hg 546 nm und 1 cm-Küvetten.

Eichlösung

100 mg Vulkanox PBN werden in einem 100 ml-Meßkolben in Methanol gelöst und aufgefüllt (Lösung A). 5 ml der Lösung A werden auf 100 ml aufgefüllt (Lösung B). 1 ml der Lösung B enthält 0,05 mg Vulkanox PBN

$$\frac{100 \cdot 5}{100 \cdot 100} = 0{,}05$$

Eichkurve

1 bis 10 ml der Lösung B (entsprechend 0,05–0,5 mg Vulkanox PBN) werden aus einer Mikrobürette in einen 50 ml-Meßkolben abgemessen und mit Methanol auf 35 ml verdünnt. Für die Kompensationslösung werden 35 ml reines Methanol vorgelegt.

Alle Volumina werden nun mit 2 ml 1 N Salzsäure versetzt. Auf 1 bis 6 ml Lösung B und die Kompensationslösung werden 2 ml Kupplungsreagenzien bürettiert. Auf 7 bis 10 ml der Lösung B entfallen jeweils 5 ml Kupplungsreagenz. Nach gründlicher Durchmischung werden die Lösungen mit Methanol aufgefüllt. Nach 30 min erfolgt die photometrische Bestimmung der Extinktion der rotvioletten Farbstofflösungen. Die Farbstofflösungen sind mindestens 90 min stabil.

Extinktionswerte

Die nachfolgenden Eichwerte wurden mit einer umkristallisierten Probe des technischen Alterungsschutzmittels Vulkanox PBN erhalten.

ml Lösung B	mg Vulkanox PBN/50 ml	Extinktion	Faktor $F = \frac{\text{mg Vulk. in 50 ml}}{\text{Extinktion}}$
1	0,05	0,094	0,532
2	0,10	0,187	0,535
3	0,15	0,280	0,536
4	0,20	0,375	0,533
5	0,25	0,468	0,534
6	0,30	0,560	0,536
7	0,35	0,655	0,534
8	0,40	0,750	0,533
9	0,45	0,840	0,536
10	0,50	0,935	0,535

Mittlerer Faktor $Fm = 0{,}535$

Berechnung

Die Menge von Vulkanox PBN erhält man durch Multiplikation der Extinktion mit dem mittleren Faktor $Fm = 0{,}535$: Extinktion. Fm = mg Vulkanox PBN/50 ml

Bestimmung von Vulkanox PBN in Kautschukmischungen und Elastomeren

Für die quantitative Bestimmung von Vulkanox PBN in Kautschukmischungen und Elastomeren wird der trockene Acetonextrakt verwendet.

Der trockene Rückstand wird mit 5 ml Methanol, 3 Tropfen 20%iger Strontiumchloridlösung und 3 Tropfen 4 N Ammoniaklösung versetzt, kurz aufgewärmt, auf etwa 10° C abgekühlt, in einen 50 ml-Meßkolben filtriert und mit 3 ml Methanol verdünnt. Die weitere Behandlung erfolgt wie unter „Eichkurve" angegeben. Die gefundene Menge (mg/50 ml) kann dann auf die Vulkanisateinwaage bezogen und in % berechnet werden.

Bestimmung von Vulkanox 4020 und 4010 NA Prinzip der Methode

Vulkanox 4020 bzw. 4010 NA wird in salzsaurer Methanollösung mit Echtrotsalz GG zu einem orangeroten Farbstoff umgesetzt, der bei 366 nm photometriert wird.

Reagenzien

1 N Salzsäure
Methanol (rein)
destilliertes Wasser
Echtrotsalz *GG*-Lösung: 1 g Echtrotsalz *GG* wird zu 100 ml in Wasser gelöst und aufgefüllt. Diese Lösung wird stets frisch hergestellt, da sie sich bald gelb verfärbt.

Apparatur

Als Photometer kann verwendet werden z. B. lichtelektrisches Photometer „Eppendorf" der Netheler und Hinz GmbH, Hamburg; dazu das Filter Hg 366 nm und 1 cm-Küvetten.

Eichlösung

50 mg Vulkanox 4020 bzw. 4010 NA werden in einen 100 ml-Meßkolben eingewogen, in Methanol gelöst und bis zur Marke aufgefüllt: Lösung A
5 ml der Lösung A werden in einen 100 ml-Meßkolben pipettiert und mit Methanol bis zur Marke aufgefüllt: Lösung B.

Diese Lösungen verfärben sich allmählich innerhalb der folgenden Tage infolge Bildung farbiger Oxidationsprodukte. 1 ml Lösung B enthält:

$$\frac{50 \text{ mg} \cdot 5}{100 \cdot 100} = 0{,}025 \text{ mg } 4020 \text{ bzw. } 4010 \text{ NA}$$

Eichkurve

1, 2, 3, 4 und 5 ml der Lösung B werden in je einen 20 ml-Meßkolben bürettiert und mit Methanol auf 15 ml verdünnt. Dann werden 1 ml 1 N Salzsäure und nach kurzem Schütteln jeweils 1,5 ml Echtrotsalz-Lösung zugefügt. Diese Ansätze und eine gleichzeitig hergestellte Blindwertprobe mit den Reagenzien werden mit Methanol bis zur Marke aufgefüllt.

Diese Lösungen werden nach Ablauf von 30 min photometriert, wobei 4 cm-Küvetten und das Filter Hg 366 nm verwendet werden. Es ergibt sich eine für Vulkanox 4010 und 4010 NA unterschiedslose Eichkurve.

Extinktionswerte

ml Lösung B	µg 4020 bzw. 4010 NA	Extinktion	Faktor $F = \frac{\mu\text{g Vulkanox}}{\text{Extinktion}}$
1	25	0,25	100
2	50	0,49	102
3	75	0,73	103
4	100	0,98	102
5	125	1,20	104

Mittlerer Faktor $Fm = 103$

Berechnung

Die Menge von Vulkanox 4020 bzw. 4010 NA erhält man durch Multiplikation der Extinktion mit dem mittleren Faktor Fm = 103:
Extinktion · Fm = µg Vulkanox 4020 bzw. 4010 NA

Bestimmung von Vulkanox 4020 und 4010 NA in Kautschukmischungen und Elastomeren

Extraktion und Verarbeitung des Acetonextraktes erfolgen wie bereits bei Vulkanox PBN beschrieben.

Bestimmung von Vulkanox DDA

Prinzip der Methode

Vulkanox DDA wird mit Echtrotsalz GG (4-Nitrobenzoldiazoniumfluorborat der Hoechst AG) gekuppelt. Die Farbstofflösung wird in einer 1 cm Küvette bei 546 nm photometriert.

Reagenzien

1 N Salzsäure

Methanol (rein)

Kupplungsreagenz: 250 mg Echtrotsalz GG werden in Wasser gelöst, 2 ml 1 N Salzsäure zugesetzt und die Lösung auf 250 ml aufgefüllt. Diese 0,1 %ige Lösung muß täglich frisch angesetzt und für die Lagerung von einigen Stunden kühl gestellt werden.

Apparatur

Als Photometer kann verwendet werden: Lichtelektrisches Photometer „Eppendorf" der Netheler und Hinz GmbH, Hamburg; dazu das Filter Hg 546 nm und 1 cm Küvetten.

Eichlösung

100 mg Vulkanox DDA werden in einem 100 ml-Meßkolben in 5 ml Aceton gelöst und mit Methanol aufgefüllt (Lösung A). 10 ml der Lösung A werden auf 100 ml aufgefüllt (Lösung B). 1 ml der Lösung B enthält

$$\frac{100 \cdot 10}{100 \cdot 100} = 0{,}1 \text{ mg Vulkanox DDA}$$

Eichkurve

1 bis 10 ml der Lösung B (entsprechend 0,1 bis 1,0 mg Vulkanox DDA) werden aus einer Mikrobürette in einen 50 ml-Meßkolben abgemessen und mit Methanol auf 35 ml verdünnt.

Für die Kompensationslösung werden 35 ml reines Methanol vorgelegt. Alle Volumina werden nun mit 5 ml 1 N Salzsäure und nach kurzem Schütteln mit 5 ml 0,1 %iger Echtrotsalz-*GG*-Lösung versetzt. Die bis zur Marke mit Methanol aufgefüllten Lösungen werden nach guter Durchmischung 2 h stehengelassen und dann (unter Verwendung von 1 cm-Küvetten und Filter Hg 546 nm) photometriert.

Extinktionswerte

ml der Lösung B	mg Vulkanox DDA/50 ml	Extinktion	Faktor $F = \frac{\text{mg} \cdot \text{Vulk.}}{\text{Extinktion}}$
1	0,1	0,06	1,67
2	0,2	0,125	1,67
3	0,3	0,185	1,63
4	0,4	0,245	1,63
5	0,5	0,31	1,61
6	0,6	0,37	1,62
7	0,7	0,43	1,63
8	0,8	0,49	1,63
9	0,9	0,555	1,64
10	1,0	0,615	1,63

Mittlerer Faktor $Fm = 1{,}63$

Berechnung

Die Menge von Vulkanox DDA erhält man durch Multiplikation der Extinktion mit dem mittleren Faktor $Fm = 1{,}63$:

Extinktion $\cdot$ Fm = mg Vulkanox DDA

Bestimmung von Vulkanox DDA in Kautschuk

2,5 g Kautschuk in Form von Schnitzeln von etwa 2 mm Durchmesser werden 24 h im Soxhlet mit Methanol extrahiert. Um das Zusammenbacken der Kautschukpartikel und damit eine mangelhafte Benetzung mit Methanol zu vermeiden, wird die zerkleinerte Probe auf chemisch reiner Watte ausgebreitet und dann eingerollt. Der Extrakt wird in einen 250 ml-Meßkolben übergeführt und mit Methanol aufgefüllt. In der Regel werden 5 ml dieses Volumens in einen 50 ml-Meßkolben pipettiert, in bekannter Weise verdünnt und mit 4-Nitrobenzoldiazoniumfluorborat gekuppelt. Enthält die auf 250 ml aufgefüllte Extraktlösung Schwebeteilchen, so wird deren Absetzen abgewartet, oder die benötigten Milliliter werden durch ein Papierfilter des Typs Schleicher & Schüll, Nr. 1575, geklärt.

Bestimmung von Vulkanox DDA in Elastomeren

Für die Bestimmung von Vulkanox DDA wird der Acetonextrakt aus Elastomeren verwendet, der wie unter 4.3.2 beschrieben, gereinigt wird.

Vulkanox 4010 A	N-isopropyl-N′-phenyl-p-phenylendiamin
Vulkanox 4020	N(1,3-dimethyl-butyl)-N′-phenyl-p-phenylendiamin
Vulkanox 4030	N,N′-di(1,4-dimethylphenyl)-p-phenylendiamin
Vulkanox AFS	Benzofuranderivat
Vulkanox AP	Kondensationsprodukt aus Aldol und α-Naphthylamin
Vulkanox BKF	2,2′-Methylen-bis-(4-methyl-6-tert.butyl-phenol)
Vulkanox DDA	Styrolisiertes Diphenylamin
Vulkanox DN	Gemisch alkyl- und aralkylsubstituierter Phenole
Vulkanox EC	2,2,4-Trimethyl-1,2-dihydro-6-ethoxychinolin
Vulkanox HS	2,2,4-Trimethyl-1,2-dihydrochinolin, polymerisiert
Vulkanox KB	2,6-Di-tert. butyl-p-kresol
Vulkanox KSM	Gemisch alkylierter Phenole
Vulkanox MB	2-Mercaptobenzimidazol
Vulkanox NKF	Sterisch gehindertes Bisphenol
Vulkanox OCD	Octyliertes Diphenylamin
Vulkanox PAN	Phenyl-α-naphthylamin
Vulkanox PBN	Phenyl-β-naphthylamin
Vulkanox TSP	Gemisch alkyl- und aralkylsubstituierter Phenole
Vulkanox ZKF	2,2′-Methylen-bis-(4-methyl-6-cyclohexyl-phenol)
Vulkanox ZMB	Zinksalz des 2-Mercaptobenzimidazols

4.4 Identifizierung und quantitative Bestimmung von Vulkanisationsbeschleunigern

4.4.1 Qualitative Analyse

Vulkanisationsbeschleuniger kann man nach ihrem chemischen Aufbau in zwei Hauptgruppen aufgliedern:

Saure und basische Substanzen

Zu den sauren Beschleunigern gehören z. B.

Thiurame
Dithiocarbamate
Xanthogenate
2-Mercaptobenzothiazol

Basische Beschleuniger sind beispielsweise:

Guanidine
Amine
Reaktionsprodukte von Aminen mit Aldehyden
Thiocarbanilid

Basische Beschleuniger werden bekanntlich mit Säuren, saure Beschleuniger mit Basen in eine wasserlösliche Form umgesetzt. Wenn man den trockenen Rückstand des Acetonextraktes beispielsweise mit verdünnter Salzsäure behandelt, so kann man basische Beschleuniger als wasserlösliche Hydrochloride von anderen Bestandteilen des Acetonextraktes (z. B. Weichmachern, Harzen) abtrennen und zum Gruppennachweis oder zum Nachweis einzelner Vertreter benutzen. Andererseits kann man den Acetonextrakt mit wässerigem Ammoniak oder Natriumalkoholat behandeln und auf diese Weise saure Beschleuniger in Lösung bringen, abtrennen und zur qualitativen Analyse benutzen.

4.4.1.1 Farbreaktionen

Seit längerem sind verschiedene Farb- und Fällungsreaktionen — insbesondere mit Metallsalzen — bekannt, die sich für die Identifizierung einiger Gruppen von Vulkanisationsbeschleunigern bzw. einzelnen Vertretern dieser Gruppen eignen. Diese Reaktionen sind sowohl für die Eingangskontrolle der reinen Substanzen als auch für ihren Nachweis in Mischungen und Vulkanisaten geeignet.

4.4.1.1.1 Farbreaktionen von Dithiocarbamaten (zum Beispiel: Vulkacit P, 774, WL, ZP, L, LDA, LDB, P extra N, DB 1; ferner Vulkacit MT/C und MDA/C).

4.4.1.1.2 Nachweis der reinen Substanzen

Eine Spatelspitze der Substanz wird in 2 bis 3 ml Chloroform gelöst. Nach Zugabe von 2 bis 3 Tropfen einer Lösung von Kupferoleat in Chloroform (1 g Kupferoleat in 100 ml Chloroform) tritt durch das sich bildende Kupferdithiocarbamat eine dunkelbraune Färbung oder Fällung auf. Dieser Nachweis ist sehr empfindlich und spezifisch für alle Dithiocarbamate. Eine Unterscheidung der genannten Beschleuniger kann entweder direkt mit Hilfe der Dünnschichtchromatographie erfolgen oder durch eine Zersetzung der Dithiocarbamate und anschließende Chromatographie der Amine.

Vulkacit MDA/C und MT/C zeigen ebenfalls eine positive Reaktion mit der Kupferoleat-Lösung, da das erstere Zink-N-diethyldithiocarbamat (= Vulkacit LDA) enthält und das im zweiten enthaltene Tetramethylthiuramdisulfid (= Vulkacit Thiuram) durch 2-Mercaptobenzothiazol (= Vulkacit Merkapto) reduziert wird, wenn Vulkacit MT/C in organischen Lösungsmitteln wie Chloroform, Aceton, Alkohol u. a. gelöst wird (siehe 4.4.1.1.5.1).

4.4.1.1.3 Nachweis in Kautschukmischungen. 4 bis 5 g der Mischung werden zerkleinert und mit wenigen ml eines Gemisches aus Ethanol/Chloroform (2:1 bis 5:1) übergossen. Nach 2 bis 3 h — bei höherem Beschleunigergehalt der Mischung bereits nach wenigen Minuten — tritt bei Zugabe von Kupferoleat-Lösung eine topas- bis dunkelbraune Färbung ein, wenn Dithiocarbamate anwesend sind.

Zusätzlich muß die Extraktionslösung auf die Anwesenheit von 2-Mercaptobenzothiazol (= Vulkacit Merkapto) geprüft werden.

Fällt diese Prüfung negativ aus, so ist kein Vulkacit MDA/C in der Mischung. Eine weitere Probe muß mit alkoholischer Natronlauge extrahiert und auf 2-Mercaptobenzothiazol geprüft werden. Ist kein Vulkacit Merkapto zugegen, scheidet auch Vulkacit MT/C aus.

4.4.1.1.4 Nachweis in Elastomeren. Es wird wie unter 4.4.1.1.3 verfahren. Eine Unterscheidung zwischen Thiuramderivaten und Dithiocarbamaten in Vulkanisaten ist meistens nicht möglich, da das Tetramethylthiuramdisulfid während der Vulkanisation rasch zerfällt und zum größten Teil in Zink-dimethyldithiocarbamat übergeht. Das bedeutet, daß man bei einer positiven Reaktion auf Dithiocarbamat nicht sagen kann, ob es als solches, als Thiuramdisulfid oder als Thiurammonosulfid plus Schwefel der Mischung zugesetzt wurde.

Das gleiche gilt naturgemäß für Vulkacit MDA/C und MT/C. Bei Überdosierung der Thiuramderivate oder Untervulkanisation können Reste von Thiuramen als solche nachgewiesen werden.

4.4.1.1.5 Farbreaktionen von Thiuram-Derivaten (zum Beispiel Vulkacit Thiuram, Vulkacit Thiuram MS, Vulkacit I).

4.4.1.1.5.1. Nachweis der reinen Substanz

Eine Spatelspitze der reinen Substanz wird 2 bis 3 ml Chloroform gelöst und mit 2 bis 3 Tropfen der Kupferoleat-Lösung versetzt. In Anwesenheit von Thiuram-Derivaten ergibt sich eine gelbgrüne Färbung; bei Zusatz einiger Tropfen chloroformhaltiger Lösung von 2-Mercaptobenzothiazol tritt ein Farbwechsel von gelbgrün nach topasfarben oder dunkelbraun ein.

4.4.1.1.5.2 Nachweis in Kautschukmischungen. Die Extraktion wird wie unter 4.4.1.1.3, der Nachweis wie unter 4.4.1.1.5.1 beschrieben vorgenommen. Enthält die Mischung 2-Mercaptobenzothiazol (= Vulkacit Merkapto) im Überschuß, so ist ein Nachweis von Thiuram-Derivaten auf diese Weise nicht möglich; liegen jedoch Thiuram-Derivate im Überschuß vor, so muß man der Kupferoleat-Lösung einige Tropfen der Extraktionslösung zugeben. Die entstehende Topas-Färbung wird durch Zugabe von einigen Tropfen chloroformhaltiger 2-Mercaptobenzothiazol-Lösung dunkelbraun.

4.4.1.1.5.3 Nachweis in Elastomeren. Hier gilt das gleiche wie unter 4.4.1.1.1, es kann nur ein Dithiocarbamatnachweis durchgeführt werden. Bei eventuellen Resten von Thiuram-Derivaten kann nach Zugabe einiger Tropfen der Extraktionslösung zur Kupferoleatlösung und weiterer Zugabe von 2-Mercaptobenzothiazollösung eine Vertiefung der Topas- oder Braunfärbung beobachtet werden.

4.4.1.1.6 Farbreaktionen von 2-Mercaptobenzothiazol (zum Beispiel Vulkacit Merkapto)

4.4.1.1.6.1 Nachweis der reinen Substanz

4.4.1.1.6.1.1 Prüfung unter UV-Licht

Eine Spatelspitze der Substanz wird in Chloroform gelöst, und einige Tropfen dieser Lösung werden auf Filterpapier aufgetragen. Unter dem UV-Licht, das durch ein Nickeloxid-Glas gefiltert wird, tritt eine karminrote Fluoreszenz des Filterpapiers auf, die für Vulkacit Merkapto spezifisch ist.

4.4.1.1.6.1.2 Prüfung mit Kupferoleat

Die Chloroform-Lösung von Vulkacit Merkapto wird nach Zugabe einiger Tropfen der Kupferoleatlösung gelb gefärbt, wobei nach längerem Stehen ein gelber Niederschlag gebildet werden kann.

Bei Zusatz von einigen Tropfen frisch zubereiteter Lösung von Tetramethylthiuramdisulfid (= Vulkacit Thiuram) in Chloroform tritt eine Braunfärbung oder ein brauner Niederschlag auf.

4.4.1.1.6.1.3 Prüfung mit Wismutnitrat

Eine Spatelspitze der Substanz wird in wenigen Tropfen 1%iger Natronlauge und Ethanol gelöst und mit wenigen Tropfen einer stark salpetersauren Wismutnitratlösung versetzt. In Anwesenheit von Vulkacit Merkapto tritt ein gelber Niederschlag auf.

Eine gleiche Reaktion erhält man auch mit Vulkanox MB, das aber von Vulkacit Merkapto dünnschichtchromatographisch sicher unterschieden werden kann. Dieser Nachweis kann auch als Tüpfelreaktion auf einfachem Filterpapier durchgeführt werden. Eine Tüpfelreaktion mit einer Chloroformlösung oder einem Chloroformextrakt ist auch möglich, wenn man nach Verdunsten des Lösungsmittels die betüpfelte Stelle des Filterpapiers alkalisiert und auf die so behandelte Stelle salpetersaure Wismutnitratlösung gibt.

4.4.1.1.6.2 Nachweis in Kautschukmischungen

4 bis 5 g der Mischung werden fein zerkleinert und mit 1%iger Natronlauge plus Ethylalkohol im Verhältnis 1:3 übergossen und etwa 12 h bei Raumtemperatur extrahiert. Die Prüfung geschieht zweckmäßig durch Tüpfelung mit Wismutnitratlösung auf Filterpapier.

4.4.1.1.6.3 Nachweis in Elastomeren

Extraktion und Nachweis erfolgen wie in Kautschukmischungen. Bei Abwesenheit von Thiuramdisulfid kann auch mit Chloroform extrahiert werden und mit Kupferoleat geprüft werden. Es ist zu beachten, daß Vulkanisate, die Vulkacit ZM, DM, F, AZ, CZ, MOZ oder DZ enthalten, ebenfalls eine positive Reaktion auf Vulkacit Merkapto ergeben können, da aus diesen bei der Vulkanisation 2-Mercaptobenzothiazol abgespalten wird.

4.4.1.1.7 Farbreaktionen des Zinksalzes von 2-Mercaptobenzothiazol, von Dibenzothiazyldisulfid und Sulfenamiden (zum Beispiel Vulkacit ZM, DM, F, AZ, CZ, MOZ, DZ)

4.4.1.1.7.1 Nachweis der reinen Substanz

Eine Spatelspitze der Substanz wird im Reagenzglas mit verdünnter Salzsäure unter Zusatz von einigen Tropfen Alkohol (zwecks Benetzung der Substanz) mit Zink-Granalien unter leichtem Erwärmen reduziert. Nach Entfernung der Zink-Granalien wird die behandelte Substanz in Chloroform gelöst. Die wässerige Phase wird abgetrennt und die Chloroformschicht mit verdünnter Natronlauge ausgeschüttelt. In der wässerigen, alkalischen Lösung wird mit salpetersaurer Wismutnitratlösung, wie unter 4.4.1.1.6.1.3 beschrieben, auf 2-Mercaptobenzothiazol geprüft. Vulkacit ZM kann nach Veraschen und Prüfung auf Zink von Vulkacit DM, F, AZ, CZ, MOZ und DZ unterschieden werden.

4.4.1.1.7.2 Nachweis in Kautschukmischungen. Etwa 5 bis 10 g der Mischung werden je nach Mischungsaufbau mit einem organischen Lösungsmittel oder einem Lösungsmittelgemisch extrahiert. Enthält die Mischung 2-Mercaptobenzothiazol (= Vulkacit Merkapto), so muß dieses durch Ausschütteln mit verdünnter Natronlauge und Chloroform vor der Reduktion abgetrennt werden.

4.4.1.1.7.3 Nachweis in Elastomeren. Da die Beschleuniger während der Vulkanisation in verschiedenartige Produkte zerfallen, u.a. in 2-Mercaptobenzothiazol, läuft die Prüfung auf einen Nachweis von 2-Mercaptobenzothiazol hinaus. Extrahiert werden etwa 5 g des zerkleinerten Vulkanisats mit Chloroform oder alkoholischer Natronlauge. 2-Mercaptobenzothiazol wird zweckmäßig durch eine Tüpfelreaktion nachgewiesen. Enthält die Mischung zusätzlich Vulkacit Merkapto, so kann nach der Vulkanisation nicht entschieden werden, woher das 2-Mercaptobenzothiazol stammt.

Dies erfordert einen größeren apparativen Aufwand, wie er z.B. bei einem Trennungsgang benötigt wird, und einen papier- bzw. dünnschichtchromatographischen Nachweis der reinen Substanzen oder entsprechender Spaltprodukte bzw. Bestandteile. Bei Einsatz von Vulkacit DM kann im Falle seiner vollständigen Umsetzung in Vulkanisaten chemisch nicht zwischen diesem Beschleuniger und Vulkacit Merkapto unterschieden werden. Da der Umsatz jedoch zumeist nicht vollständig ist, kann in der Regel neben der Hauptmenge 2-Mercaptobenzothiazol eine kleine Menge Vulkacit DM nachgewiesen werden.

4.4.1.1.8 Farbreaktionen von Guanidin-Beschleunigern sowie Vulkacit 576 (zum Beispiel Vulkacit D [auch aus Vulkacit F], DOTG, 1000)

4.4.1.1.8.1 Nachweis der reinen Substanz

Eine Spatelspitze der Substanz wird in Chloroform gelöst und nach Zugabe von 2 bis 3 ml Wasser und einigen Tropfen einer 6%igen Natriumhypochloritlösung kräftig durchgeschüttelt. Dabei färbt sich die Chloroformschicht bei Anwesenheit von Diphenylguanidin (= Vulkacit D) und bei Anwesenheit von Di-o-tolylguanidin (= Vulkacit DOTG) rotbraun, während die wässerige Phase farblos bleibt; bei o-Tolylbiguanid (= Vulkacit 1000) ist die Chloroformschicht farblos und die wässerige Phase gelb. Eine Tüpfelreaktion auf Filterpapier läßt sich nur mit Vulkacit D und DOTG einwandfrei durchführen. Eine größere Menge von Vulkacit 576 gibt mit einer Natriumhypochloritlösung eine schwache Braunfärbung der Chloroformschicht. Vulkacit 576 ist jedoch im Unterschied zu Vulkacit D und DOTG nicht in verdünnter Salzsäure löslich.

4.4.1.1.8.2 Nachweis in Kautschukmischungen

Da Chloroform in den meisten Fällen nicht als Extraktionsmittel verwendet werden kann, muß das zur Extraktion benutzte organische Lösungsmittel abgedampft werden. Der Rückstand wird mit Chloroform aufgenommen und nach 4.4.1.1.8.1 geprüft.

4.4.1.1.8.3 Nachweis in Elastomeren

4 bis 5 g des zerkleinerten Vulkanisates werden mit Chloroform übergossen und einige Stunden extrahiert. Der Nachweis erfolgt nach 4.4.1.1.8.1.

4.4.1.1.9 Farbreaktionen von Hexamethylentetramin (zum Beispiel Vulkacit H 30 [auch aus Vulkacit F])

4.4.1.1.9.1 Nachweis der reinen Substanz

4.4.1.1.9.1.1 Prüfung mit alkoholischer Jodlösung

Eine Spatelspitze der Substanz wird in Wasser gelöst und tropfenweise alkoholische, nicht zu stark verdünnte Jodlösung zugegeben. Es bildet sich sofort oder nach kurzer Zeit ein grüngelber, kristalliner Niederschlag. Bei Überschuß von Jod tritt ein fast roter, kristalliner Niederschlag auf, der zumeist mit gelbem Niederschlag vermischt ist. Die Kristalle sind in Alkohol unlöslich. Wenn bei sehr geringen Mengen kein Niederschlag zu erkennen ist, bringt man einen Tropfen der Lösung auf einen Objektträger und läßt das Lösungsmittel bei Raumtemperatur verdunsten. Bei Anwesenheit von Hexamethylentetramin (= Vulkacit H 30) treten immer grünlichgelbe, nadelige Kristalle auf, die sich unter dem Mikroskop deutlich und charakteristisch von den violetten oder schwarzen Kristallen des Jods unterscheiden.

4.4.1.1.9.1.2 Prüfung mit Fuchsinsulfit-Lösung

Einige Tropfen einer Fuchsinsulfit-Lösung aus 0,25 g p-Fuchsin, 11,25 g 40%iger Natriumhydrogensulfit-Lösung, 5 ml Salzsäure (D 1,16) und 250 ml Wasser werden einer salzsauren, wässerigen Lösung von Hexamethylentetramin (= Vulkacit H 30) zugegeben. Nach 10 bis 15 min, beim Erwärmen fast momentan, tritt eine intensive karminrote Färbung auf, die über mehrere Tage stabil ist. Es können sehr geringe Mengen Hexamethylentetramin (= Vulkacit H 30) nachgewiesen werden. Die Reaktion ist aber nicht spezifisch für Vulkacit H 30, da alle Aldehyde diese Farbreaktion geben, auch Vulkacit F und FP.

4.4.1.1.9.1.3 Prüfung mit Chromotropsäure (1,8-Dihydroxy-naphthalin-3,6-disulfonsäure) oder dem Natriumsalz

2 bis 3 Tropfen einer wässerigen, sehr verdünnten Vulkacit-H 30-Lösung oder eine Spur des festen Pulvers und eine Spatelspitze des Natriumsalzes der Chromotropsäure werden etwa 70%iger Schwefelsäure zugesetzt. Beim Erwärmen auf 60 bis 70 °C tritt nach einigen Minuten eine violette Färbung auf, die nur spezifisch für Formaldehyd oder formaldehydabgebende Substanzen ist. Vulkacit F zeigt die gleiche Reaktion wie Vulkacit H 30, da es Hexamethylentetramin enthält. Bei nicht wasserlöslichen Beschleunigern, die aber Formaldehyd abspalten können, z.B. Vulkacit FP, findet diese Reaktion nur statt, wenn es in fester Form der Schwefelsäure zugesetzt wird.

4.4.1.1.9.2 Nachweis in Kautschukmischungen

2 bis 5 g der Mischung werden etwa 60 min mit warmem Wasser extrahiert. Wenige Tropfen dieser Lösung werden mit alkoholischer Jodlösung oder mit Chromotropsäure geprüft. Hexamethylentetramin (= Vulkacit H 30) kann bei positiver Reaktion auch aus Vulkacit F stammen.

4.4.1.1.9.3 Nachweis in Elastomeren

Extraktion und Nachweis erfolgen wie beschrieben. Zweckmäßigerweise werden aber 5 bis 10 g des Elastomeren extrahiert.

4.4.1.1.10 Farbreaktionen von Anhydroformaldehyd-p-toluidin (zum Beispiel Vulkacit FP)

4.4.1.1.10.1 Nachweis der reinen Substanz

70%iger Schwefelsäure werden einige Körnchen Vulkacit FP und Chromotropsäure zugegeben. Beim Erwärmen färbt sich die Lösung nach einiger Zeit violett. Da Vulkacit FP nicht wasserlöslich ist und auch keine Reaktion mit alkoholischer Jodlösung gibt, kann die Chromotropsäure-Reaktion als Nachweis verwendet werden.

Ein spezifischer Nachweis solcher Beschleuniger in Kautschukmischungen bzw. Elastomeren ist mit Hilfe der Farbreaktionen nicht möglich.

4.4.1.1.11 Farbreaktion von p-Chinondioxim

4.4.1.1.11.1 Nachweis der reinen Substanz

4.4.1.1.11.1.1 Prüfung mit Kaliumferricyanid

Eine Spatelspitze der Substanz wird mit wenig Aceton gelöst, filtriert und mit 1 %iger Natronlauge alkalisch eingestellt. Bei Zugabe von wässeriger Kaliumferricyanidlösung bildet sich ein goldgelber, feinkristalliner Niederschlag, der teilweise unzersetzt sublimiert und wenig löslich in den üblichen organischen Lösungsmitteln ist.

4.4.1.1.11.1.2 Prüfung mit Dichloramin B (N,N-Dichlor-benzolsulfosäureamid) oder Eisen(III)-chlorid

Eine Spatelspitze der Substanz wird mit salzsaurerZinn(II)-chlorid-Lösung etwa 5 bis 10 min lang reduziert. Die Lösung wird alkalisch eingestellt. und mit Chloroform ausgeschüttelt. Bei Zugabe von einigen Körnchen Dichloramin B oder einem Tropfen chloroformhaltiger Eisen(III)-chlorid-Lösung zur Chloroformlösung tritt eine intensive Blaufärbung auf, die nach kurzer Zeit verschwindet.

Ein spezifischer Nachweis solcher Beschleuniger in Kautschukmischungen bzw. Elastomeren ist mit Hilfe der Farbreaktionen nicht möglich.

4.4.1.2 Papierchromatographische Identifizierung

Über die allgemeinen Grundlagen der Papierchromatographie wurde vom Verfasser in den Bayer-Mitteilungen für die Gummi-Industrie Nr. 39, S. 68, ausführlich berichtet.

4.4.1.2.1 Arbeitsweise. Für eine chromatographische Trennung der Vulkanisationsbeschleuniger auf nicht vorbehandeltem, hydrophilem Cellulosepapier müssen sie in eine ionisierte wasserlösliche Form gebracht werden. Um dieses zu erreichen und auch gleichzeitig eine von vornherein angestrebte Trennung in die sauren und basischen Komponenten zu erzielen, schlagen Miksch und Proelss [78] eine unterschiedliche Behandlung des Acetonextraktes vor.

Für die Isolierung der sauren Beschleuniger (Dithiocarbamat-, Thiuram-, Mercaptobenzothiazol-Derivate) wird der Acetonextrakt mit einer Natriummethylat-Lösung behandelt. Dabei werden die sauren Beschleuniger in die wasserlöslichen Natriumsalze übergeführt und von anderen Bestandteilen des Acetonextraktes abgetrennt. Die weitere Identifizierung erfolgt mit Hilfe der Rundfilterchromatographie. Als Trennflüssigkeit wird ein Gemisch aus Isopropanol, Ammoniak und Chlorbenzol vorgeschlagen. Aus dem ermittelten Rf-Wert und der Farbreaktionen auf dem Ringchromatogramm (je 1/4 des Chromatogramms wird mit einem anderen selektiven Entwickler besprüht:

nämlich Kupfersulfat, Wismutnitrat, Kalium-jodobismutat und Diazobenzolsulfonsäure) kann auf das Vorhandensein einzelner Beschleuniger der sauren Gruppe geschlossen werden. Die basischen Beschleuniger (Guanidin-, Amin-Derivate) werden von Miksch und Proelss durch Behandeln des Acetonextraktes mit Flußsäure in die wasserlöslichen Hydrofluoride übergeführt und mit einem Gemisch aus n-Butanol, Flußsäure und Wasser chromatographiert. Als selektive Entwickler verwenden sie Bromphenolblau, Ninhydrin und p-Dimethylaminobenzaldehyd. Die im Acetonextrakt gleichzeitig vorhandenen Alterungsschutzmittel und Weichmacherreste stören die chromatographische Bestimmung der Beschleuniger nicht, da sie bei den gewählten Bedingungen mit der Lösungsmittelfront wandern.

Auch Zijp [129] hält eine direkte papierchromatographische Untersuchung von Beschleunigern im Acetonextrakt für ungeeignet, weil Paraffin und andere Weichmacher stören. Die Auftrennung des Acetonextraktes in saure und basische Beschleuniger wird von Zijp durch die Behandlung mit wässerigem Ammoniak bzw. verdünnter Salzsäure erzielt. Die beiden Auszüge werden dann papierchromatographisch (unter Anwendung von Papierstreifen) mit Hilfe geeigneter Trennflüssigkeiten getrennt, und nach dem Trocknen werden die Flecken durch geeignete Farbreaktionen identifiziert, worauf weiter unten ausführlich eingegangen wird. Innerhalb einer Gruppe von chemisch verwandten Beschleunigern, welche die gleichen Farbreaktionen zeigen, können dann die einzelnen Beschleuniger durch ihren Rf-Wert oder durch den Vergleich mit den parallel chromatographierten bekannten Substanzen identifiziert werden.

4.4.1.2.2 Papierchromatographie des salzsauren Auszuges. Die nachfolgenden Ausführungen geben unsere eigenen Erfahrungen wieder; die Arbeitsweise lehnt sich weitgehend an die von Zijp vorgeschlagene an.

Im salzsauren Auszug des Acetonextraktes können sich befinden:

Guanidine (Vulkacit 1000, D, DOTG, Triphenylguanidin)
Cyclohexylethylamin (Vulkacit HX)

Aliphatische und aromatische sekundäre Amine als Zersetzungsprodukte, die unter Einwirkung der Salzsäure gebildet werden: Aus Dithiocarbamaten (z.B. Dimethylamin aus Vulkacit L, Diethylamin aus Vulkacit LDA, Dibutylamin aus Vulkacit LDB, N-Ethylcyclohexylamin aus Vulkacit 774, Piperidin aus Vulkacit P, N-Ethylanilin aus Vulkacit P extra N), aus Thiuram-Derivaten (z.B. Dimethylamin aus Vulkacit Thiuram, N-Methylanilin aus Vulkacit J), aus Sulfenamiden (z.B. Cyclohexylamin aus Vulkacit CZ, Diethylamin aus Vulkacit AZ, Morpholin aus Vulkacit MOZ, Dicyclohexylamin aus Vulkacit DZ).

4.4.1.2.3 Papierchromatographie von Guanidin-Beschleunigern. Der eingedampfte Acetonextrakt aus etwa 5 g Kautschukmischung oder Vulkanisat wird mit 10 ml 2 N Salzsäure auf dem Wasserbad 15 min lang erhitzt. Nach dem Abkühlen wird die Lösung vom ungelösten Rückstand abfiltriert und mit 5 ml 2 N Salzsäure nachgewaschen. Die vereinigten Extrakte werden in einer Porzellanschale eingedampft. Der trockene Rückstand wird mit 2 ml Aceton aufgenommen und zum Chromatographieren benutzt.

Die Trennung erfolgt auf 13 $\times$ 56 cm großen Streifen von gepuffertem Schleicher- und Schüll-Papier 2043 b (pH 4, Pufferlösung aus: 61,45 ml 0,1 mol Citronensäure +38,55 ml 0,2 mol sek. Natriumphosphat) mit wassergesättigtem n-Butanol als Fließmittel. Die Flecken werden durch Besprühen mit 4 %igem Natriumhypochlorit sichtbar gemacht.

Beschleuniger	Fleckenfarbe	Rf-Wert
Vulkacit 1000	gelb	0,35
Vulkacit D	rotbraun	0,64
Vulkacit DOTG	rotbraun	0,73
Triphenylguanidin	gelbbraun	0,85

4.4.1.2.4 Papierchromatographie der aliphatischen sek. Amine

Der eingedampfte Acetonextrakt aus 5 g Kautschukmischung oder Vulkanisat wird mit 10 ml 2 N Salzsäure 15 min lang erhitzt.

Nach dem Abkühlen wird filtriert und mit 5 ml 2 N Salzsäure nachgewaschen. Die vereinigten Filtrate werden eingedampft, der Rückstand in 2 ml Wasser gelöst und die Lösung chromatographiert.

Es werden 13 × 56 cm große Streifen von Schleicher-und-Schüll-Papier 2043 b benutzt. Als Fließmittel dient mit 0,5 N Salzsäure gesättigtes n-Butanol.

Die Flecken werden durch Besprühen mit 0,2%iger Lösung von Ninhydrin in Ethanol und anschließendem Erwärmen im Trockenschrank bei 110 °C mit violettblauer Farbe sichtbar.

Amin	Rf-Wert
Dimethylamin	0,12
Diethylamin	0,31
Dibutylamin	0,70
Piperidin	0,29
Ethylcyclohexylamin	0,56
Cyclohexylamin	0,51

Methyl- bzw. Ethylanilin werden zunächst in Form ihrer Hydrochloride mit diazotierter Sulfanilsäure gekuppelt und die erhaltenen Farbstoffe auf Schleicher-und-Schüll-Papier 2043 b mit 2 N Ammoniak gesättigtem n-Butanol getrennt und identifiziert.

Nach Identifizierung anwesender Amine kann man auf entsprechende Beschleuniger schließen. Die Metallreste (Kationen Na, Zn u.a.) der Dithiocarbamate können im Acetonextrakt nachgewiesen werden. Läßt man diese Kationen unberücksichtigt, so ist hiernach nicht feststellbar, ob ein Dithiocarbamat, ein Thiuramdisulfid oder ein Gemisch beider im Vulkanisat vorgelegen hat, da Thiuramdisulfide während der Vulkanisation leicht zu entsprechenden Dithiocarbamaten reduziert werden. Eine klare Entscheidung ist manchmal nur durch eine direkte dünnschichtchromatographische Identifizierung der Beschleuniger möglich.

Die bei der Behandlung des Acetonextraktes mit Salzsäure verbleibenden Rückstände können noch substituierten Thioharnstoff enthalten. Wenn man den Rückstand mit Bleidioxid in ammoniakalischem Medium behandelt und auf dem Wasserbad eindampft, erhält man z.B. aus Diphenylthioharnstoff (Stabilisator C) ein entsprechendes Guanidin (Diphenylguanidin), das, wie unter 4.4.1.2.3 beschrieben, nachgewiesen werden kann.

4.4.1.2.5 Papierchromatographie des Ammoniak-Auszuges

Der eingedampfte Acetonextrakt aus etwa 5 g Kautschukmischung oder Vulkanisat wird mit 20 ml 4 N Ammoniak 15 min auf dem Wasserbad erwärmt, abgekühlt, mit 2 ml einer 5%igen

Strontiumchlorid-Lösung versetzt und filtriert. Durch Strontiumchlorid werden Salze von Fettsäuren zusammen mit kolloidal gelösten Substanzen gefällt. Das Filtrat wird eingedampft, mit verdünnter Salzsäure neutralisiert, wieder eingedampft, mit 2 ml Aceton aufgenommen und zum Nachweis von 2-Mercaptobenzothiazol (= Vulkacit Merkapto) bzw. Vulkanox MB, das seiner Struktur wegen besser an dieser Stelle identifiziert wird, benutzt.

Beide Substanzen können auf Schleicher-und-Schüll-Papier 2043 b mit wassergesättigtem n-Butanol getrennt werden und mit salpetersaurer Wismutnitrat-Lösung (5 %ig in 0,5 N Salpetersäure) als gelb-orange Flecken sichtbar gemacht werden. Geringe Mengen beider Substanzen sind besser unter der UV-Lampe zu sehen.

4.4.1.3 Nachweis von Beschleunigern, die mit Aceton in nicht ausreichendem Maße aus den Elastomeren extrahierbar sind

4.4.1.3.1 Nachweis von Dibenzothiazyldisulfid (Vulkacit DM). Die Anwesenheit von Vulkacit DM wird durch Behandlung des acetonextrahierten Vulkanisates mit naszierendem Wasserstoff (Zn/HCl), nochmalige Acetonextraktion und Nachweisführung von 2-Mercaptobenzothiazol nach 4.4.1.2.5 bestimmt, das sich bei der Reduktion aus Dibenzothiazyldisulfid gebildet hat.

4.4.1.3.2 Xanthogenate. Diese sind in organischen Lösungsmitteln fast unlöslich. Außerdem ist wahrscheinlich, daß sich diese Produkte bei der Vulkanisation zersetzten. Sie sind daher auf diese Weise nicht nachweisbar. Zu ihrer Identifizierung in reiner Substanz können z. B. die Infrarotspektren herangezogen werden.

4.4.1.3.3 Kondensationsprodukte von Aminen und Aldehyden oder Ketonen. Diese Produkte sind zu inhomogen, als daß sie einer chromatographischen Untersuchung zugänglich wären.

4.4.1.4 Dünnschichtchromatographische Identifizierung von Beschleunigern nach DIN 53622 Teil 3 und [93]

Dünnschichtchromatographisch lassen sich Guanidinbeschleuniger, Dithiocarbamate, Thiurame und Mercapto-Derivate verhältnismäßig gut trennen und identifizieren. Über die dünnschichtchromatographische Arbeitsweise wurde in DIN 53622 Teil 1 und [93] ausführlich berichtet. Die Identifizierung einzelner Verbindungen erfolgt an Hand von Vergleichssubstanzen.

4.4.1.4.1 Qualitativer dünnschichtchromatographischer Nachweis von Dithiocarbamaten und 2-Mercapto-Derivaten

Prinzip der Methode

Die dünnschichtchromatographische Trennung wird nach DIN 53622 Teil 3 unter Standardbedingungen durchgeführt [114, 115].

Trennschicht (stationäre Phase)

Kieselgel G nach Stahl wird unter Standardbedingungen auf Glasplatten aufgetragen. Es können auch fertige DC-Platten mit Kieselgel G benutzt werden.

Fließmittel (mobile Phase)

A)	Tetrachlorkohlenstoff/Ethylacetat	(50:50)
B)	n-Hexan/Toluol	(50:50)

C) n-Hexan/Toluol/Methanol (30:58:12)
D) Toluol
E) Toluol/Methanol/Essigsäure (70:30:10)
F) sek. Butanol/Ameisensäure/Wasser (75:15:10)
G) Diisopropylether
H) Diisopropylether/Essigsäure (100:1)

Entwicklung der Chromatogramme

Die Durchführung erfolgt wie beschrieben.

Reagenzien (Sprühmittel)

A) Kupfersulfat p.a. als 1%ige Lösung in Wasser
B) 2,6-Dichlorchinonchlorimid p.a. als 0,5%ige Lösung in Isopropanol
C) Wismutnitrat als 5%ige Lösung in 0,5 N Salpetersäure

Testlösungen (Vergleichssubstanzen) und Auftragsmengen

Als Vergleichssubstanzen werden folgende technische Produkte verwendet:

Zink-N-dimethyldithiocarbamat
Zink-N-diethyldithiocarbamat
Zink-N-dibutyldithiocarbamat
Zink-N-ethylphenyldithiocarbamat
Zink-N-pentamethylendithiocarbamat
Benzothiazyldisulfid
2-Mercaptobenzothiazol-Zinksalz
2-Mercaptobenzothiazol

Die Vergleichssubstanzen werden als 0,5%ige Lösungen auf die Sorptionsschichten aufgetragen. Die Dithiocarbamate werden in Methylenchlorid, die 2-Mercapto-Derivate in Aceton gelöst. Die Auftragsmenge dieser Lösungen beträgt 1 bis 2 µl (= 5 bis 10 µg Substanz).
Sichtbarmachung der Substanzflecken mit den Reagenzien A bis C

Die Schichten werden an der Luft getrocknet und zur Sichtbarmachung der Dithiocarbamate mit 1%iger Kupfersulfatlösung in Wasser (Reagenz A) besprüht.

Bei Beschleuniger-Alterungsschutzmittel-Gemischen ist es empfehlenswert, die Alterungsschutzmittel vor den Beschleunigern zu identifizieren. Das Eluens D) eignet sich hierzu am besten. Die meisten Beschleuniger (außer Aldehydkondensationsprodukte aromatischer Amine) bleiben bei Anwendung von Fließmittel D) im unteren Viertel zwischen der Startlinie und der Fließmittelfront.

Die Identifizierung der Alterungsschutzmittel bereitet so keine Schwierigkeiten. Man verfährt weiter, indem man die erkannten Alterungsschutzmittel mit den evtl. schon bekannten oder zu vermutenden Beschleunigern parallel zu dem Probengemisch aufträgt und wahlweise mit den Fließmitteln A, B oder C entwickelt und mit den Reagenzien A bis C besprüht. Mögliche Farbverfälschungen oder Rf-Wert-Verschiebungen der Beschleunigerflecken durch die diversen Alterungsschutzmittel werden somit erkannt.

Die 2-Mercapto-Derivate werden durch Besprühen mit 0,5%iger Lösung von 2,6-Dichlorchinonchlorimid in Isopropanol (Reagenz B) oder mit 5%iger Lösung von Wismutnitrat in 0,5 N Salpetersäure sichtbar gemacht. Die Flecken werden innerhalb einiger Minuten sichtbar, erreichen jedoch erst nach etwa 1/2 bis 1 h ihre volle Farbintensität.

Tabelle 10. Orientierende Rf-Werte und Farben der Flecken von Dithiocarbamaten und 2-Mercapto-Derivaten nach dem Besprühen mit den ReagenzienA–C, Sorptionsmittel: Kieselgel 60-Fertigplatten der Fa. Merck

Beschleuniger	Rf-Werte mit Fließmittel					Kupfersulfat	2,6-Dichlorchinon-chlorimid	Wismut-nitrat
	A	B	C	G	H	A	B	C
Dimethyl-Z[a]	0,57	0,10	0,66	0,26	0,32	helles grün	rotbraun	—
Diethyl-Z[a]	0,68	0,23	0,76	0,47	0,52	bis	über dunkel	—
Dibutyl-Z[a]	0,78	0,55	0,85	—	—	gelb	bis schwarzbraun	—
Ethylphenyl-Z[a]	0,70	0,16	0,79	0,58	0,66	braun	unten blau oben grünbraun	—
Pentamethylen-Z[a]	0,73	0,17	0,76	0,44	0,50	braun	dunkel-rotbraun	—
2-Mercaptobenzothiazol	0,65	0,03	—	—	—	—	orange	gelborange
Zn-2-Mercaptobenzothiazol	0,62	0,04	—	—	—	—	orange	gelborange
Dibenzothiazyldisulfid	0,67/0,60	0,07	—	—	—	—	orange	gelborange
Tetramethyl-T[b]	—	0,10	—	0,17	0,25)	gelbgrün	rost	—
Dimethyl-diphenyl-T[b]	0,70	0,10	0,76	0,55	0,64)	bis	bis	—
Tetramethyl-T[c]	0,54	0,10	—	0,10	0,15)	braun	rot-	—
Tetraethyl-T[b]	0,71	0,08	—	0,45	0,50)	—	braun	—

[a] Z = Zink-dithiocarbamat
[b] T = Thiuramdisulfid
[c] T = Thiurammonosulfid

Anwendung auf Extrakte von Elastomeren

Zur Isolierung von Vulkanisationsbeschleunigern bzw. ihrer Spalt- und Umwandlungsprodukte werden etwa 5 g der fein zerkleinerten Probe (maximale Kantenlänge etwa 1 mm) mindestens 4 h lang in einem Soxhletextraktor mit Methylenchlorid extrahiert. Der erhaltene Extrakt wird im Vakuum-Rotationsverdampfer auf etwa 5 ml eingeengt. Der Rückstand wird direkt zum chromatographischen Nachweis auf die Sorptionsschicht der Dünnschichtplatte aufgetragen.

Als Fließmittel für die Dithiocarbamate empfehlen sich die Gemische A und B, wogegen die 2-Mercaptoderivate und Dibenzothiazyldisulfid am besten mit dem Fließmittel C getrennt werden.

4.4.1.4.2 Qualitativer dünnschichtchromatographischer Nachweis von Tetramethyl- und Tetraethylthiuramdisulfid. Beide Beschleuniger lassen sich als Vergleichssubstanzen mit einem Fließmittel aus Tetrachlorkohlenstoff, Ethylacetat und n-Hexan (140:10:30) gut trennen und nach dem Besprühen mit einer 1%igen wässerigen Kupfersulfat-Lösung als gelbe Flecken identifizieren.

In Vulkanisaten sind freie Thiuramdisulfide praktisch nicht mehr vorhanden, da sie bei der Vulkanisation in Gegenwart von Zinkoxid in die Zinksalze der entsprechenden Dithiocarbaminsäuren umgewandelt werden. Zur Isolierung freier Thiuramdisulfide soll Methylenchlorid als Extraktionsmittel verwendet werden, da sie durch Aceton zerstört werden.

4.4.1.4.3 Qualitativer dünnschichtchromatographischer Nachweis von Guanidinbeschleunigern. Zum Isolieren von Guanidinbeschleunigern werden die Gummiproben zerkleinert und 2 h lang am Rückflußkühler mit Methanol p.a. gekocht. Die Lösung wird eingedampft, in Methylenchlorid aufgenommen und zum qualitativen dünnschichtchromatographischen Nachweis verwendet.

Guanidinbeschleuniger lassen sich sicher nachweisen, wenn störende Begleitstoffe vorher entfernt werden und wenn eine größere Menge des Extraktes aufgearbeitet wird. Man trägt dazu den Extrakt längs der gesamten Startlinie auf eine DC-Platte auf und entwickelt mit dem für Alterungsschutzmitteln üblichen Fließmittel. Die Guanidine wandern nicht hoch. Das Kieselgel wird längs der Startlinie abgeschabt, die Guanidine mit Ethanol extrahiert und die konzentrierte Lösung wieder auf eine DC-Platte aufgetragen.

Prinzip der Methode

Die dünnschichtchromatographische Trennung wird unter Standardbedingungen [114, 115] in üblicher Weise durchgeführt.

Trennschicht (stationäre Phase)

Kieselgel G auf selbsthergestellten oder fertigen DC-Platten

Fließmittel (mobile Phase)

Tuluol/Methanol/Essigsäure (140:60:20)

Entwicklung der Chromatographie

Die Durchführung erfolgt wie beschrieben.

Reagenzien (Sprühmittel)

5%ige Natriumhypochlorit-Lösung in Wasser (verdünnte Chlorlauge)

Testlösungen (Vergleichssubstanzen) und Auftragsmengen

Als Vergleichsubstanzen werden folgende Substanzen verwendet:

Triphenylguanidin	Diphenylguanidin
o-Tolylbiguanid	Di-o-Tolylguanidin

Die Vergleichssubstanzen werden als 0,5 %ige Lösungen in Methylenchlorid auf die Sorptionsschichten aufgetragen. Die Auftragsmenge dieser Lösungen beträgt 1 bis 2 µl (= 5 bis 10 µg Substanz).

Sichtbarmachung der Substanzflecken

Die Schichten werden an der Luft getrocknet und zur Sichtbarmachung der Guanidinbeschleuniger mit 5 %iger Lösung von Natriumhypochlorit in Wasser fein besprüht. Dabei entstehen gelbbraune bis braune Flecken.

4.4.1.4.4 Nachweis von Merkapto- und Sulfenamid-Beschleunigern. Als Zerfallprodukt dieser Beschleuniger liegt in Vulkanisaten das Zinksalz des 2-Mercaptobenzothiazols (Zn-MBT) vor, das meistens schon bei der dünnschichtchromatographischen Prüfung auf Alterungsschutzmittel erkannt wird. Läßt es sich nicht eindeutig nachweisen, so werden alle Substanzen im Extrakt, die in irgendeiner Form Mercaptobenzothiazol enthalten, durch Erhitzen mit verdünnter Natronlauge in das Natriumsalz des MBT überführt. Störende Begleitsubstanzen werden aus der wässerig-alkalischen Phase mit Chloroform extrahiert. Die wässerige Phase wird dann angesäuert, das freigesetzte MBT mit Chloroform extrahiert und die Lösung nach dem Einengen auf eine DC-Platte aufgetragen. Entwickelt wird mit Chloroform/n-Hexan/Essigsäureethylester 70:30:10 Vol.-Teile und indiziert mit 2,6-Dichlorchinonchlorimid (0,5 %ige Lösung in Isopropanol).

4.4.1.4.5 Aminische Komponente von Sulfenamiden, Thiuramen und Dithiocarbamaten. Die genannten Verbindungen werden durch Erhitzen mit verdünnter wässeriger Salzsäure gespalten. Zur Abtrennung störender Begleitsubstanzen werden die gebildeten Dialkyl- bzw. Alkyl- bzw. Alkylarylamin-hydrochloride mit NaOH zerlegt und die freigesetzten Amine mit Wasserdampf abdestilliert.

Sie werden dann entweder als Aminhydrochloride dünnschichtchromatographisch (siehe unter 4.4.1.4.7) nachgewiesen, oder in die Trifluoracetamide übergeführt, die sich gaschromatographisch nachweisen lassen.

4.4.1.4.6 Formaldehydhaltige Beschleuniger. Diese Substanzen werden nicht mittels Dünnschichtchromatographie nachgewiesen. Es wird versucht, durch Erhitzen des Vulkanisats mit etwa 70 %iger Phosphorsäure im Bombenrohr Formaldehyd abzuspalten, das mit Chromotropsäure nachgewiesen wird. Phenol-Formaldehyd-Harze u.ä. geben natürlich auch einen positiven Nachweis.

4.4.1.4.7 Nachweis aliphatischer Amine

Für die Prüfung auf aliphatische Amine, so z.B. Dimethyl-, Diethyl-, Dibutyl-, Cyclohexylethylamin, Cyclohexylamin, Piperidin, Hexamethylentetramin, die bei der Vulkanisation als Spaltprodukte entsprechender Beschleuniger (Thiuramdisulfide, Dithiocarbamate, Sulfenamide/Extrakt) entstehen können, wird der Methylenchloridextrakt mit 10 ml methanolischer Salzsäure (7 ml Methanol + 3 ml 2 N HCl) versetzt, 10 bis 15 min lang erwärmt, filtriert und eingedampft. Der Rückstand (Aminhydrochloride) wird in 2 ml destilliertem Wasser gelöst und auf die Cellulose-Dünnschichtplatte aufgetragen. Als Trennflüssigkeit wird das Fließmittel F (sek. Butanol/Ameisensäure/Wasser 75:15:10) verwendet. Nach dem Trocknen der Schichten werden die Flekken durch Besprühen mit dem Sprühreagenz, 0,2%ige Ninhydrin-Lösung in Isopropanol sichtbar gemacht. Orangerote bis rotviolette Flecken erscheinen auf rosafarbigem Grund.

Die orientierenden Rf-Werte für aliphatische Amine sind in der folgenden Tabelle aufgeführt:

Fließmittel:
sek. Butanol 75 — Laufstrecke: 17,5 cm
Ameisensäure 15 — Adsorbens: Cellulose
Wasser 10

Sprühreagenz: 0,2%ige Lösung von Ninhydrin in Isopropanol

Amin	Rf-Wert	Fleckenfarbe
Dimethylamin	0,04	
Diethylamin	0,05	orangerot bis
Piperidin	0,07	rotviolett auf
Cyclohexylamin	0,09	rosafarbigem
Cyclohexylethylamin	0,13	Grund
Dibutylamin	0,15	
Hexamethylentetramin	0,11	gelb
	0,14	

4.4.1.4.8 Nachweis aromatischer Amine als Spaltprodukte von Beschleunigern

Für die Prüfung auf aromatische Amine als Vulkanisationsspaltprodukte von Beschleunigern (z.B. Anilin, N-Methylanilin, N-Ethylanilin) wird der eingeengte Methylenchloridextrakt auf Kieselgel-Platten aufgetüpfelt und mit Fließmittel n-Hexan/Toluol 50:50 (Fließmittel C) getrennt.

Die an der Luft getrockneten Platten werden mit den Sprühreagenzien A und C besprüht.

Die orientierenden Rf-Werte für aromatische Amine sind in der folgenden Tabelle aufgeführt:

Fließmittel C — n-Hexan/Toluol 50:50
Laufstrecke: — 15 cm
Adsorbens: — Kieselgel 60-Fertigplatten

Substanz	Rf-Wert	Fleckenfarbe mit: 2,6-Dichlorchinon-chlorimid	4-Nitrobenzol-diazonium-fluoroborat
Anilin[a]	0,13	grün-braun	gelb
N-Ethylanilin[b]	0,24	dunkelblau	orange
N-Methylanilin[b]	0,26	hellblau	rotbraun
	0,38	grünblau	rotbraun
	0,58	gelb	rotbraun

[a] Als Spaltprodukt z.B. aus Thiocarbanilid
[b] Als Spaltprodukt aus Dimethyl-diphenylthiuramdisulfid bzw. Zn-N-ethylphenyldithiocarbamat

4.4.1.5 Infrarotspektroskopische Identifizierung von Beschleunigern

Zur eindeutigen Bestätigung der durch Dünnschichtchromatographie erhaltenen Befunde wird der Aceton- bzw. Methylenchloridextrakt mit Hilfe der präparativen Dünnschichtchromatographie aufgetrennt.

Von den einzelnen Komponenten werden die Infrarotspektren aufgenommen und mit den Spektren der entsprechenden reinen Substanz verglichen. Die Arbeitsmethode setzt entsprechende Erfahrung voraus und kann aus der einschlägigen Literatur entnommen werden [59].

Vulkacit 576	Kondensationsprodukt homologer Acroleine mit aromatischen Basen
Vulkacit 1000	ortho-Tolylbiguanid
Vulkacit CT-N	Tricrotonylidentetramin
Vulkacit CZ	Benzothiazyl-2-cyclohexylsulfenamid
Vulkacit D	Diphenylguanidin
Vulkacit DM	Dibenzothiazyldisulfid
Vulkacit DOTG	Di-ortho-tolylguanidin
Vulkacit DZ	Benzothiazyl-2-dicyclohexylsulfenamid
Vulkacit F/C	Kombination von Dibenzothiazyldisulfid mit basischen Beschleunigern
Vulkacit H-30	Hexamethylentetramin
Vulkacit HX	Cyclohexylethylamin
Vulkacit J	Dimethyldiphenylthiuramdisulfid
Vulkacit L	Zink-N-dimethyldithiocarbamat
Vulkacit LDA	Zink-N-diethyldithiocarbamat
Vulkacit LDB	Zink-N-dibutyldithiocarbamat
Vulkacit MDA/C	2-Mercaptobenzothiazol + Zink-diethyldithiocarbamat
Vulkacit Merkapto	2-Mercaptobenzothiazol
Vulkacit MOZ	Benzothiazyl-2-sulfenmorpholid
Vulkacit MT/C	67 Gew.-Teile Tetramethylthiuramdisulfid + 33 Gew.-Teile 2-Mercaptobenzothiazol
Vulkacit NPV/C	2-Mercaptoimidazolon
Vulkacit NZ	Benzothiazyl-2-tert.butylsulfenamid
Vulkacit P	Pentamethylen-ammonium-N-pentamethylen-dithiocarbamat
Vulkacit P extra N	Zink-N-ethylphenyldithiocarbamat
Vulkacit Thiuram	Tetramethylthiuramdisulfid
Vulkacit Thiuram MS	Tetramethylthiurammonosulfid
Vulkacit TR	Polyethylenpolyamine
Vulkacit Triacit 20	Bis-(2-ethylamino-4-diethylaminotriacin-6-yl)disulfid
Vulkacit ZM	Zinksalz von 2-Mercaptobenzothiazol
Vulkacit ZP	Zink-N-pentamethylendithiocarbamat

4.4.2 Quantitative Analyse

Die quantitative Bestimmung von Vulkanisationsbeschleunigern und deren Spaltprodukten in Elastomeren ist hauptsächlich für die Aufklärung des Reaktionsmechanismus und des Reaktionsverlaufs bei der Vulkanisation und für Untersuchungen im Rahmen des Lebensmittelgesetzes (Überwanderungsmöglichkeit aus Gummibedarfsgegenständen auf Lebensmittel) notwendig.

Die quantitative Analyse von Vulkanisationsbeschleunigern spielt ferner bei der Eingangskontrolle, d. h. bei der Untersuchung von reinen Handelsprodukten (Rohstoffprüfung), bei Zollkontrollen sowie gelegentlich bei ihrer Erfassung in Kautschukmischungen (Batches) eine Rolle.

Im Rahmen der analytischen Aufklärung der Zusammensetzung von Vulkanisaten ist die quantitative Bestimmung der Vulkanisationsbeschleuniger von verhältnismäßig geringer Bedeutung. Hinzu kommt, daß sie aus nachfolgenden Gründen besonders problematisch ist. Die für die Bestimmung von reinen Handelsprodukten ausgearbeiteten Analysenmethoden kann man nicht immer auf den extrahierbaren Anteil von Kautschukmischungen und insbesondere von -vulkanisaten anwenden. Viele Methoden, die mit reinen Verbindungen zuverlässige Ergebnisse liefern, versagen bei der Anwendung auf Gemische, wie sie in Extrakten vorliegen. Außerdem müssen die Umwandlungen von Beschleunigern sowohl während der Herstellung von Mischungen als auch bei deren Vulkanisation dem Analytiker bekannt sein. Wenn der Beschleuniger selbst nicht direkt bestimmt werden kann, müssen seine Umsetzungsprodukte quantitativ erfaßt werden. Dies ergibt aber häufig Unsicherheiten, da ein Teil der Spaltprodukte flüchtig sein oder an den Kautschukkohlenwasserstoff gebunden werden kann und somit der quantitativen Erfassung entgeht.

Für die quantitative Analyse von Vulkanisationsbeschleunigern bzw. ihren Umwandlungsprodukten werden hauptsächlich die Methoden der Konduktometrie, Polarographie und Photometrie angewandt [52, 61, 62, 73, 80–85, 96, 97, 104 bis 106].

Für die Mehrzahl der Bestimmungen im Rahmen des Lebensmittelgesetzes wird eine halbquantitative Analyse der Beschleuniger ausreichend sein. Hierfür wird beispielsweise die halbquantitative Dünnschichtchromatographie (vergleichende Abschätzung und photometrische Auswertung von Fleckengrößen) angewandt.

Ausgehend von der Tatsache, daß die Vulkanisationsbeschleuniger mit einem organischen Lösungsmittel (Aceton, Methanol, Chloroform) aus einer Kautschukmischung oder aus dem Vulkanisat isolierbar sind, werden in der Literatur auch einige analytische Verfahren beschrieben, die eine unmittelbare quantitative Bestimmung im Extraktionsmittel ermöglichen.

4.4.2.1 Konduktometrie

Prinzip der Methode [61, 62, 113]

Lösungen von Vulkanisationsbeschleunigern werden je nach deren chemischer Zusammensetzung mit Mineralsäuren, Alkalilaugen oder Salzen (Kupfersulfat, Silbernitrat usw.) portionsweise versetzt. Nach jeder Zugabe wird die Leitfähigkeit der Lösung mit Hilfe eines Leitfähigkeitsmeßgerätes gemessen. Wenn man auf der Abszisse die Reagenzmenge in ml und auf der Ordinate die entsprechende Leitfähigkeit in Ohm^{-1} aufträgt, erhält man die konduktometrische Titrationskurve. Solange der Beschleuniger im Leitfähigkeitsgefäß vorliegt, steigt die Leitfähigkeit mit dem Reagenzzusatz mäßig an. Ist die vorgelegte Beschleunigermenge verbraucht, tritt überschüssiges Reagenz auf, und die Leitfähigkeit steigt steiler an. Das bis zum Schnittpunkt der beiden linearen Äste der Titrationskurve verbrauchte Reagenz bekannten Gehaltes kann auf der Abszisse abgelesen werden und entspricht jeweils der im Leitfähigkeitsgefäß vorliegenden Menge an Beschleunigern. Im Kautschukinstitut der Technischen Hochschule Hannover wurden von W. Scheele und Mitarbeitern zahlreiche konduktometrische Methoden zur Bestimmung einzelner Beschleuniger sowie einiger Beschleunigergemische erarbeitet und publiziert [73, 96, 97].

Die Methoden sind mit reinen Substanzen entwickelt worden. Ihre Anwendung auf Extrakte aus Kautschukmischungen und -vulkanisaten setzt voraus, daß keine störenden Stoffe in der Lösung vorhanden sind. Zur Messung der Leitfähigkeit verwenden sie zwei verschiedene Meßgeräte:

a) Leitfähigkeitsmesser, Type LBR, der Wissenschaftlich-Technischen Werkstätten, Wessobrunn/Obb.
b) Leitfähigkeitsmeßgerät (nach Jander/Pfundt) der Fa. Gebr. Ruhstrat, Göttingen

Zur Messung werden alkoholische oder acetonische Standard-Lösungen der betreffenden Verbindungen (30 bis 50 ml) verwendet. Abgemessene Mengen davon werden in das Leitfähigkeitsgefäß gegeben und mit Wasser/Aceton verdünnt, wobei darauf geachtet werden muß, daß so viel Aceton vorhanden ist, daß evtl. auftretende Ausscheidungen der zu analysierenden Verbindungen vermieden werden. Über die Grundlagen der konduktometrischen Analyse wird in der einschlägigen Literatur ausführlich berichtet.

Bestimmung von Dithiocarbamaten

Konduktometrische Titration mit Salzsäure

Dithiocarbamate, beispielsweise Zinkdithiocarbamate, werden durch Einwirkung von Säuren unter Bildung von Schwefelkohlenstoff und entsprechendem Aminhydrochlorid gespalten:

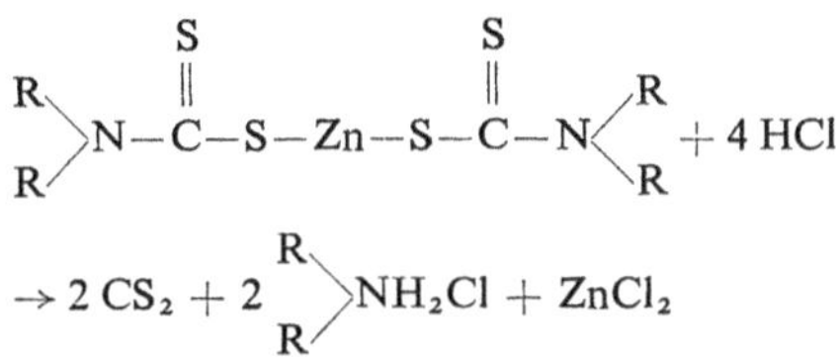

Solange Dithiocarbamat im Leitfähigkeitsgefäß vorliegt, steigt die Leitfähigkeit mit dem Säurezusatz linear an, weil Säure-Ionen sowie Dialkylammonium-Ionen in der Lösung anwesend sind. Ist alles Dithiocarbamat zersetzt, tritt überschüssige Salzsäure auf, und die Leitfähigkeit steigt wegen der schnell wandernden Wasserstoff-Ionen viel steiler an.

Das bis zum Schnittpunkt der beiden linearen Äste der konduktometrischen Titrationskurve verbrauchte Salzsäure-Volumen kann abgelesen und daraus die entsprechende Menge des Dithiocarbamats errechnet werden.

Die Untersuchungen von W. Scheele und Mitarbeitern haben gezeigt, daß die Methode bei ausreichenden Mengen von Dithiocarbamaten, d.h. bei mehr als 5 mg, sehr genau ist. Natriumdiethyldithiocarbamat in vorgelegter Menge von 4,5 mg in der Lösung kann noch mit einem mittleren Titrationsfehler von −3,6% bestimmt werden. Bei der Titration einer Lösung von 3,62 mg Zink-N-diethyldithiocarbamat kann der Fehler −0,17% betragen. Die Abweichungen werden größer, wenn die Beschleunigermengen noch kleiner werden.

Konduktometrische Titration mit alkoholischer Jod-Lösung

Dithiocarbamate werden durch alkoholische Jod-Lösung unter Bildung von entsprechenden Thiuramdisulfiden quantitativ oxydiert:

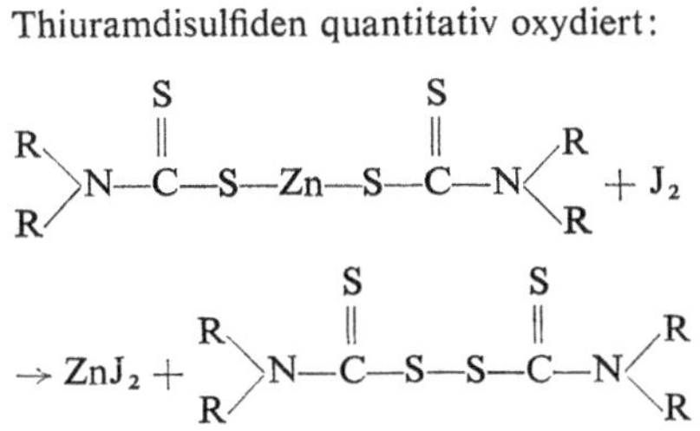

Die Titration wird unter Kühlung (0°C) ausgeführt. Mit der portionsweisen Zugabe der alkoholischen Jod-Lösung steigt die Leitfähigkeit der Lösung zunächst schwach an, weil sich Zinkjodid bildet, bis das vorliegende Dithiocarbamat vollständig in Thiuramdisulfid umgewandelt wird. Nach weiterem Zusatz der Jod-Lösung bleibt die Leitfähigkeit praktisch konstant. Der Schnittpunkt der beiden Titrationskurven zeigt das Ende der Reaktion an und gestattet, die ver-verbrauchte Menge der Jod-Lösung festzustellen und daraus die äquivalente Menge an Dithiocarbamat zu errechnen. Mit Hilfe der konduktometrischen Titration mit der alkoholischen Jod-Lösung kann man noch kleinere Mengen an Dithiocarbamat bestimmen als bei der Titration mit Salzsäure (z.B. werden nach 0,6 mg Vulkacit L in 30 ml Lösung quantitativ erfaßt).

Bestimmung von Thiuramen

Bestimmung von Tetramethylthiuramdisulfid durch konduktometrische Titration mit Kupfersulfat in Anwesenheit von Hydrochinon.

In Anwesenheit von Hydrochinon reagiert Tetramethylthiuramdisulfid in Aceton/Wasser-Lösung mit wässeriger Kupfersulfat-Lösung unter Bildung des entsprechenden Kupfer-di-thiocarbamates. Solange Tetramethylthiuramdisulfid in der Lösung vorhanden ist, nimmt die Leitfähigkeit bei Zugabe von Kupfersulfat-Lösung stark zu. Nach der Umsetzung (wenn alles Disulfid als Kupfer-dithiocarbamat niedergeschlagen ist) bleibt die Leitfähigkeit praktisch konstant. Der Schnittpunkt der beiden linearen Kurvenäste zeigt die verbrauchte Menge an Kupfersulfat bzw. die äquivalente Menge an Tetramethylthiuramdisulfid an.

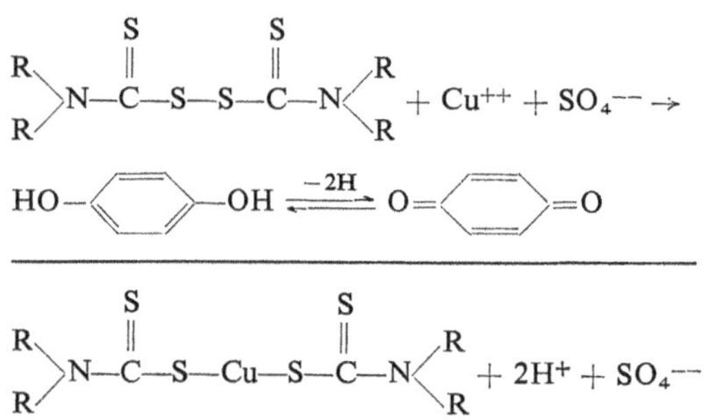

Der steile Anstieg der Leitfähigkeit im ersten Teil der Titrationskurve ist auf die frei werdenden Wasserstoff-Ionen zurückzuführen. Der weit geringere Anstieg der Titrationskurve im zweiten Teil wird durch die überschüssigen Kupfer-Ionen verursacht. Die Titration wird bei mittleren Temperaturen (z.B. bei 40°C) ausgeführt und ist auch auf kleine Mengen des Beschleunigers anwendbar (0,6 mg Vulkacit Thiuram können z.B. noch in etwa 30 ml Lösung mit einer Genauigkeit von −2% ermittelt werden).

Bestimmung von Tetramethylthiurammonosulfid durch konduktometrische Titration mit Kupfersulfat

Auch Tetramethylthiurammonosulfid reagiert mit Kupfersulfat (Hydrochinon übt dabei keinen Einfluß auf die Reaktion aus) unter Bildung eines flockigen, dunkelbraun gefärbten Niederschlages. Es wird eine ähnlich dem Thiuramdisulfid verlaufende konduktometrische Titrationskurve erhalten.

Bestimmung von 2-Mercaptobenzothiazol

Konduktometrische Titration von 2-Mercaptobenzothiazol mit Natronlauge

Beim Versetzen einer Lösung von 2-Mercaptobenzothiazol mit Natronlauge nimmt die Leitfähigkeit der Lösung linear zu. Es wird das Natriumsalz des 2-Mercaptobenzothiazols gebildet. Ist alles 2-Mercaptobenzothiazol neutralisiert, verursacht die überschüssige Natronlauge eine starke Zunahme der Leitfähigkeit. Der Endpunkt der Titration und damit die Menge der zur Neutralisation verbrauchten Natronlauge wird aus dem Schnittpunkt der beiden linearen Äste der konduktometrischen Titrationskurve ermittelt. Diese Titration ist sehr genau.

Konduktometrische Titration von 2-Mercaptobenzothiazol mit alkoholischer Jod-Lösung

Unter Einwirkung von alkoholischer Jod-Lösung wird das 2-Mercaptobenzothiazol in das entsprechende Disulfid umgewandelt.

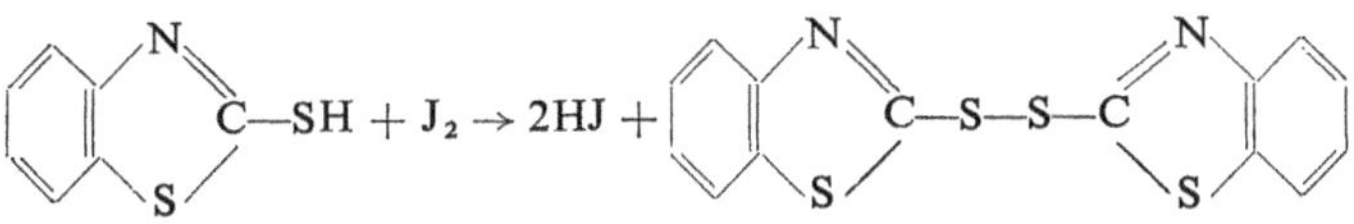

Bei der Umwandlung von 2-Mercaptobenzothiazol in das Disulfid steigt die Leitfähigkeit der Lösung steil an und bleibt praktisch konstant, sobald die Reaktion beendet ist und ein Jod-Überschuß auftritt. Auch diese Titration ist sehr genau und kann mit Erfolg zur Bestimmung auch kleiner Mengen 2-Mercaptobenzothiazols angewendet werden.

Konduktometrische Titration von 2-Mercaptobenzothiazol mit Kupfersulfat

W. Scheele und Mitarbeiter fanden, daß 2-Mercaptobenzothiazol grundsätzlich auch durch die konduktometrische Titration mit Kupfersulfat bestimmt werden kann. Jedoch ist die Methode nur zur Bestimmung kleiner Mengen 2-Mercaptobenzothiazols (unter 2 mg in 30 ml Lösung) brauchbar. Bei Einwaagen über 3 mg beträgt die Abweichung vom erwarteten Wert −15,0 %.

Konduktometrische Bestimmung des 2-Mercaptobenzothiazols mit Silbernitrat

Die Umsetzung von 2-Mercaptobenzothiazol mit Silbernitrat verläuft in Wasser/Alkohol- oder Wasser/Aceton-Lösungen unter Bildung von schwerlöslichem Silbersalz des Beschleunigers und Salpetersäure quantitativ und kann zu seiner quantitativen Bestimmung benutzt werden.

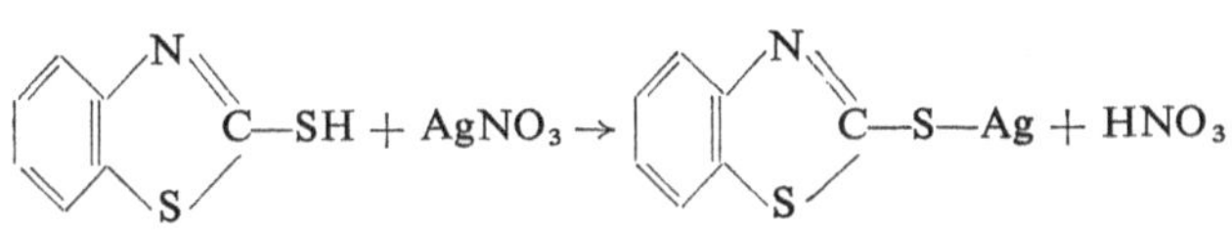

Solange das Silbersalz des 2-Mercaptobenzothiazols gebildet wird, entstehen auch freie Wasserstoff-Ionen, und die Leitfähigkeit der Lösung steigt steil an. Nach Beendigung der Titration ist der Anstieg der Leitfähigkeit durch das überschüssige Silbernitrat viel schwächer.

Der Schnittpunkt der beiden linearen Äste der konduktometrischen Titrationskurve zeigt den Endpunkt der Umsetzung an und wird zur quantitativen Berechnung herangezogen. Die Titration wird bei Zimmertemperatur durchgeführt und ist genau genug.

Bestimmung des Zink-2-mercaptobenzothiazols durch konduktometrische Titration

Eine bestimmte Menge von Zink-2-mercapto-benzothiazol wird mit Alkohol versetzt und mit einem Überschuß an 0,1 N Salzsäure 10 bis 15 min lang am Rückflußkühler erhitzt. Das dabei gebildete 2-Mercaptobenzothiazol wird, wie beschrieben, durch konduktometrische Titration mit alkoholischer Jod-Lösung bestimmt. Die Titration wird durch die überschüssige Salzsäure und das gebildete Zinkchlorid nicht gestört.

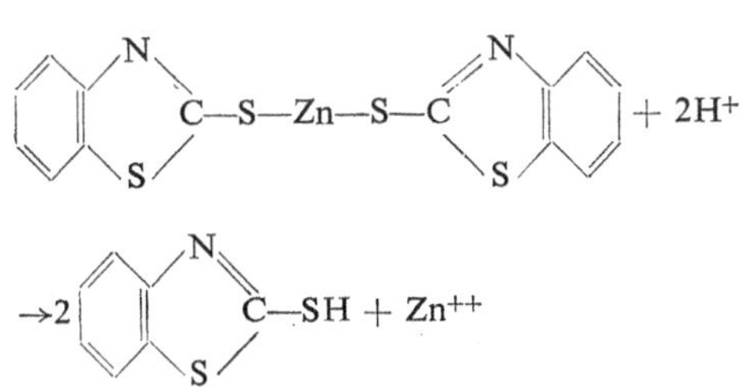

Bestimmung des Dibenzothiazyldisulfids als 2-Mercaptobenzothiazol nach Reduktion mit Zinn(II)-chlorid

Dibenzothiazyldisulfid wird in Aceton suspendiert und mit einem Überschuß einer 5%igen Lösung von Zinn(II)-chlorid in 2,5 N Salzsäure versetzt und 5 bis 10 min lang zum Sieden gebracht, bis die Suspension in eine klare Lösung übergeht. Anschließend wird das Aceton abdestilliert, die saure Suspension mit Wasser verdünnt und das durch Reduktion gebildete 2-Mercaptobenzothiazol mit Ethylacetat ausgeschüttelt. Nach sorgfältigem Abtrennen und wiederholtem Waschen der organischen Phase wird das Ethylacetat abdestilliert, der Rückstand in Alkohol gelöst und das in der Lösung enthaltene 2-Mercaptobenzothiazol konduktometrisch mit Silbernitrat bestimmt.

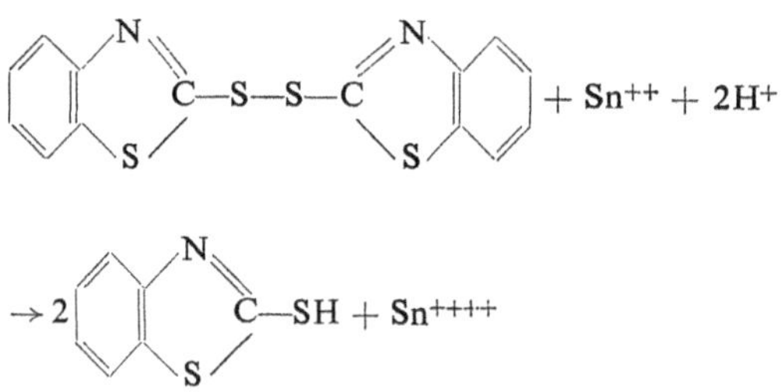

Konduktometrische Titration basischer Vulkanisationsbeschleuniger

Konduktometrische Bestimmung von Diphenylguanidin und o-Tolylbiguanid durch Titration mit Salzsäure

Diphenylguanidin und o-Tolylguanid lassen sich quantitativ konduktometrisch durch Titration mit 0,1 N Salzsäure bestimmen. Solange sich Basenhydrochloride bilden, steigt die Leitfähigkeit der Lösung mäßig an. Das Ende der Titration macht sich infolge überschüssiger Salzsäure durch einen steilen Anstieg der Leitfähigkeit bemerkbar. Der Schnittpunkt der beiden linearen Kurvenäste dient wie üblich zur Ermittlung des Verbrauchs an Salzsäure und dadurch der äquivalenten Menge an vorliegenden Basen.

Zusammenfassung

Die Untersuchungen von W. Scheele und seinen Mitarbeitern im Kautschukinstitut an der Technischen Hochschule Hannover haben gezeigt, daß mit Hilfe der Konduktometrie eine Reihe von Beschleunigern in Methanol/Wasser- bzw. Aceton/Wasser-Lösungen bestimmt werden kann. Auch in Gemischen von Beschleunigern, z.B. Dithiocarbamaten + 2-Mercaptobenzothiazol, Dithiocarbamaten + Thiuramdisulfiden, Diphenylguanidin + 2-Mercaptobenzothiazol, 2-Mercaptobenzothiazol + Zinkbenzothiazylmercaptid + Dibenzothiazyldisulfid, können einzelne Substanzen nebeneinander durch konduktometrische Titration bestimmt werden. Die konduktometrische Titration von Tetramethylthiuramdisulfid bzw. 2-Mercaptobenzothiazol wird durch die gleichzeitige Anwesenheit von Schwefel nicht gestört.

Über eine direkte konduktometrische Titration von Sulfenamiden haben wir bisher keinen Hinweis in der Literatur gefunden.

Am Beispiel von N-Cyclohexyl-2-benzothiazylsulfenamid wird aber die jodometrische Bestimmung und acidimetrische Bestimmung von Sulfenamiden beschrieben.

4.4.2.2 Polarographie [52]

In einer Reihe von Veröffentlichungen von F. Mocker und J. Old [80–85] wird die Polarographie als Analysen-Methode sowohl für die Rohstoffüberwachung als auch für die Bestimmung von Beschleunigern in Batches, unvulkanisierten Mischungen und Elastomeren beschrieben und empfohlen.

Prinzip des Verfahrens

In einer Elektrolysenzelle beobachtet man zwischen zwei Elektroden in Anwesenheit reduzierbarer Stoffe bei einer bestimmten Spannung einen sprunghaften Anstieg der Stromstärke. Dieser Anstieg ist für die in der Elektrolysen-Lösung befindlichen Substanzen charakteristisch.

Während bei anorganischen Stoffen in erster Linie die Abscheidung von Metall-Ionen an der Kathode für das Polarogramm entscheidend ist, tritt bei organischen Stoffen eine kathodische Reduktion ein, die in gleicher Weise für die Substanz charakteristisch ist.

In Abb. 16 ist ein Polarogramm schematisch dargestellt.

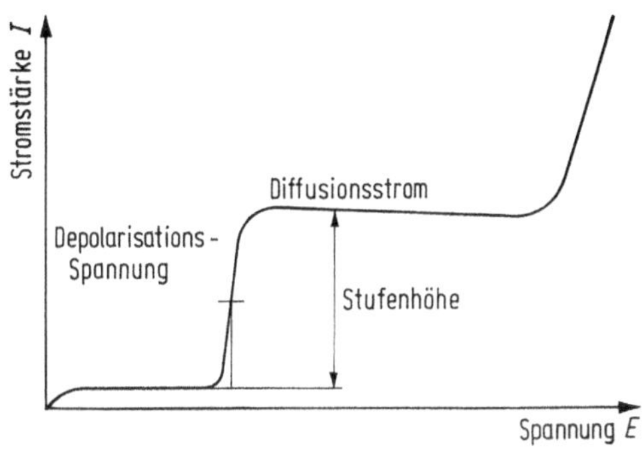

Abb. 16. Schematische Darstellung eines Polarogrammes

In diesem Diagramm ist die Spannung (Abszisse) gegen die Stromstärke (Ordinate) aufgetragen. Die Stromstärke steigt erst beim Erreichen der Depolarisationsspannung in Form einer Stufe an und erreicht einen Grenzwert (Grenzsstrom, Diffusionsstrom). Der Anstieg der Stromstärke (Stufenhöhe) ist, bei gegebener Tropfzeit der Elektrode, der Konzentration der in der Lösung anwesenden Substanz direkt proportional. Während die Depolarisationsspannung die Qualität eines Stoffes anzeigt, ist die Stufenhöhe (Änderung der Stromstärke) für seine Menge ausschlaggebend. Für die qualitative Auswertung der Polarogramme wird die Depolarisationsspannung herangezogen, bei der die Stufe ihren Wendepunkt hat (Halbstufenpotential). Für die quantitative Auswertung wird die Stufenhöhe unter Berücksichtigung der Empfindlichkeit des Galvanometers gemessen und mit der unter gleichen Bedingungen aufgenommenen Eich-Kurve aus mehreren Lösungen verglichen.

Bei der polarographischen Untersuchung muß die Lösung, von der man die Stromstärke-Spannungs-Kurven aufnehmen will, eine gute Leitfähigkeit besitzen. Das erreicht man durch Zusatz eines starken Elektrolyten (Grundlösung), dessen Ionen aber den zu untersuchenden Depolarisationsprozeß nicht durch ihre eigene Depolarisation stören dürfen.

Die Aufnahme der Stromstärke-Spannungs-Kurven erfolgt mit Hilfe von Polarographen, die mit einem selbsttätigen Schreiber ausgerüstet sind.

Polarographische Bestimmung von 2-Mercaptobenzothiazol und 2-Mercaptobenzimidazol

F. Mocker stellte fest, daß durch Anwendung von gelatinehaltigen Grundlösungen, deren pH-Wert bei 7,8 liegt, die quantitative Bestimmung der reinen Lösungen von

2-Mercaptobenzothiazol und 2-Mercaptobenzimidazol mit einer Genauigkeit von ±1% erfolgen kann.

Das Zinksalz des 2-Mercaptobenzothiazols kann nach seiner Spaltung durch Säure indirekt als 2-Mercaptobenzothiazol bestimmt werden. Sowohl 2-Mercaptobenzothiazol als auch 2-Mercaptobenzimidazol können direkt quantitativ aus den methanolischen Extrakten der Batches bestimmt werden. Magnesiumoxid und Zinkstearat stören nicht. Unter bestimmten Bedingungen ist auch die quantitative Bestimmung von 2-Mercaptobenzothiazol aus Mischungen und Elastomeren in Gegenwart von Zinkoxid möglich. Bei Anwesenheit von Zinkoxid bereitet eine direkte Bestimmung von 2-Mercaptobenzothiazol in Extrakten aus Mischungen und Elastomeren keine Schwierigkeiten.

Polarographische Bestimmung von N-Cyclohexyl-2-benzothiazylsulfenamid

Bestimmung in einer Lösung von Methanol/Chloroform (2:1)

Die polarographische Bestimmung von N-Cyclohexyl-2-benzothiazylsulfenamid beruht darauf, daß sich organische Verbindungen mit doppelt gebundenem Stickstoff elektrolytisch leicht reduzieren lassen, sofern sich auflockernd wirkende Gruppen in der Nähe der Doppelbindungen befinden.

Die von F. Mocker bei verschiedenen pH-Werten aufgenommenen Stromstärke-Spannungs-Kurven zeigen, daß die Reduktionsstufen des N-Cyclohexyl-2-benzothiazylsulfenamids bei einem pH-Wert von 5,4 den ausgeprägtesten Charakter aufweisen und daß dieser pH-Bereich für eine exakte Auswertung der Polarogramme am günstigsten ist.

Bestimmung von N-Cyclohexyl-2-benzothiazylsulfenamid in Kautschuk-Batches

Zur Isolierung dieses Beschleunigers aus einem Kautschuk-Batch wird die Probe zu einem dünnen Fell ausgezogen und in einer Soxhlet-Apparatur 16 h lang mit einem Gemisch aus Methanol/Chloroform (2:1) extrahiert. Nach Einengung des Extraktes auf 100 ml werden 20 ml davon mit 50 ml einer Grundlösung versetzt. In etwa 10 ml dieser Lösung kann der Beschleuniger mit Hilfe der polarographischen Methode direkt quantitativ bestimmt werden.

Bestimmung von N-Cyclohexyl-2-benzothiazylsulfenamid in Elastomeren

Bei der Vulkanisation wird N-Cyclohexyl-2-benzothiazylsufenamid unter Bildung von 2-Mercaptobenzothiazol und Cyclohexylamin thermisch aufgespalten. Daher ist nur eine indirekte polarographische Bestimmung über 2-Mercaptobenzothiazol, wie bereits angegeben, in Extrakten möglich.

Polarographische Bestimmung von N-Diethyl-2-benzothiazylsulfenamid

Auch N-Diethyl-2-benzothiazylsulfenamid kann ähnlich, wie beschrieben, bestimmt werden.

4.4.2.3 Photometrie

W. Scheele und Ch. Gensch [104–106] weisen darauf hin, daß Dithiocarbamate in Form ihrer gelb bis braun gefärbten Kupfersalz-Lösungen photometrisch bestimmt werden können. Da Dithiocarbamate äußerst empfindlich gegen oxydierend wirkende Mittel sind (intensiv grün gefärbte Lösungen des Kupferdithiocarbamates werden durch Oxydation unter Bildung von Thiuramdisulfid entfärbt), empfehlen sie Ether, Tetrahydrofuran oder Dioxan nicht als Lösungsmittel. Ferner fanden sie, daß Kupfer-dithiocarbamate aus wässerigen Lösungen durch Zusatz von Aceton ausfallen.

Der Niederschlag kann filtriert und noch feucht in Ethylacetat gelöst und die Lösung photometriert werden. Wegen der außerordentlichen Farbintensität dieser Lösungen können noch geringste Mengen an Carbamat auf diese Weise bestimmt werden.

Die photometrische Methode wurde bei uns zur quantitativen Bestimmung von Dithiocarbamaten in wässerigen Extrakten aus Gummibedarfsgegenständen (z. B. Babysaugern) angewandt. Da nach der Forderung der Empfehlung XXI des Bundesgesundheitsamtes die Menge an schwefelhaltigen Beschleunigern so zu begrenzen ist, daß sie in Extrakten aus Saugern nicht nachweisbar sind, spielt hier die quantitative Bestimmung der Beschleuniger oder von deren Spaltprodukten eine besondere Rolle. Aus diesem Grunde soll unser Bestimmungsverfahren etwas ausführlicher dargelegt werden. Diese Untersuchungsverfahren sind in die Analysenvorschrift des Bundesgesundheitsamtes zur Untersuchung von Gummibedarfsgegenständen im Sinne des Lebensmittelgesetzes übernommen worden.

4.4.2.3.1 Bestimmung von Dithiocarbamaten und ihren Spaltprodukten in wässerigen Extrakten aus Gummibedarfsgegenständen (Babysaugern). Gemäß Empfehlung XXI des Bundesgesundheitsamtes dürfen schwefelhaltige Beschleuniger, u. a. auch Dithiocarbamate, in wässerigen Extrakten nicht nachweisbar sein. Da sich aber die Dithiocarbamate, die als solche in den Extrakten nicht mehr nachweisbar sind, während der Vulkanisation gespalten haben können, ist die Überprüfung der Überwanderung von Spaltprodukten, z. B. von N-Ethyl-phenylamin, besonders bedeutsam. Von primären Aminen dürfen 1 ppm und von sekundären Alkylarylaminen 0,5 ppm (z. B. Anilin, N-Ethyl-phenylamin) auf Extraktionsmittel überwandern. Nachdem die Babysauger 10 min lang mit destilliertem Wasser ausgekocht wurden und das Wasser verworfen wurde (auch in der Praxis sollen Babysauger vor der Benutzung gründlich ausgekocht werden), werden sie in Form von Streifen (etwa 10 g) in destilliertem Wasser (100 ml) 24 h bei 35 bis 40 °C gelagert.

Die wässerige Lösung wird durch Filtration von den Gummistreifen abgetrennt, die Schnitzel mit 25 ml destilliertem Wasser nachgewaschen und die vereinigten Filtrate zur quantitativen Bestimmung von Dithiocarbamaten bzw. aromatischen Aminen verwendet.

4.4.2.3.1.1 Photometrische Bestimmung von Zink-N-dimethyldithiocarbamat

Zink-N-dimethyldithiocarbamat bildet mit Kupfer-Ionen eine intensiv braun gefärbte, in Chloroform gut lösliche Verbindung, die in einer 4 cm-Küvette bei 405 nm photometriert wird. Als Photometer kann das Gerät „Eppendorf" benutzt werden.

4.4.2.3.1.1.1 Reagenzien

Destilliertes Wasser
Zink-N-dimethyldithiocarbamat: Vulkacit L
Kupfersulfat-Lösung: 2 g $CuSO_4 \cdot 5\,H_2O$ p.a. werden in dest. Wasser gelöst und auf 100 ml ergänzt
Chloroform, etwa 1 % Ethanol enthaltend, Natriumsulfat p.a., wasserfrei.

4.4.2.3.1.1.2 Eich-Lösung

100 mg Vulkacit L werden in einen 100-ml-Meßkolben eingewogen, in Chloroform gelöst und zu 100 ml ergänzt (= Lösung A), 10 ml der Lösung A werden mit Chloroform auf 100 ml aufgefüllt (= Lösung B). 10 ml der Lösung B werden mit Chloroform auf 100 ml verdünnt (= Lösung C). 1 ml der Lösung C enthält 10 µg Vulkacit L.

4.4.2.3.1.1.3 Eich-Kurve

2 bis 20 ml der Lösung C (entsprechend 20 bis 200 µg Vulkacit L) werden aus einer 25-ml-Bürette in einen 50 ml-Schütteltrichter gegeben, soweit notwendig mit Chloroform auf 20 ml verdünnt und mit 5 ml Kupfersulfat-Lösung versetzt. Die beiden Schichten werden 2 min lang kräftig durchgeschüttelt. Anschließend wird die Chloroformschicht durch ein kleines Faltenfilter, das eine kleine Spatelspitze wasserfreies Natriumsulfat enthält, in einen 25 ml-Meßkolben filtriert. Das Filter wird mit 3 bis 4 ml Chloroform nachgewaschen und der Meßkolben bis zur Marke aufgefüllt. Nachdem die Farblösung durchgeschüttelt ist, wird sie gegen eine Blindlösung, die mit 20 ml reinem Chloroform statt der Lösung C hergestellt wurde, unter Verwendung von 4 cm-Küvetten und Filter Hg 405 nm photometriert.

4.4.2.3.1.1.4 Extraktionswerte

Die folgenden Werte wurden mit dem Photometer „Eppendorf" gemessen.

Lösung C ml	Zink-N-dimethyl-dithiocarbamat µg	Extinktion
2	20	0,06
4	40	0,12
8	80	0,23
12	120	0,35
16	160	0,46
20	200	0,59

4.4.2.3.1.2 Ausführung der Bestimmung von Zink-N-dimethyldithiocarbamaten in wässerigen Extrakten aus Babysaugern

Der wässerige Extrakt aus Babysaugern wird in einem 250 ml-Schütteltrichter (konisch) mit je 10 ml Chloroform zweimal ausgeschüttelt. Die vereinigten Chloroformauszüge werden in einem 50 ml-Schütteltrichter mit 5 ml Kupfersulfat-Lösung versetzt und 2 min lang intensiv durchgeschüttelt. Nach der Trennung der Phasen wird die Chloroformschicht durch ein Faltenfilter mit etwas Natriumsulfat (wasserfrei) in einen 25 ml-Meßkolben filtriert. Die Lösung wird dann mit Chloroform aufgefüllt und, wie angegeben, photometriert. Die Auswertung erfolgt mit Hilfe der Eichkurve und wird in µg Zink-N-dimethyldithiocarbamat angegeben.

4.4.2.3.1.3 Quantitative photometrische Bestimmung von N-Ethylphenylamin in wässerigen Extrakten aus Babysaugern

Aus dem in Empfehlung XXI aufgeführten Zink-N-ethylphenyldithiocarbamat kann sich bei der Vulkanisation und unter Einwirkung verdünnter Säuren N-Ethylphenylamin bilden. Untersucht wird der nach dem Abschnitt 4.4.2.3.1 erhaltene wässerige Extrakt. Durch Ausschütteln des wässerigen Extraktes mit Methylenchlorid wird N-Ethylphenylamin isoliert und in schwach essigsaurer methanolischer Lösung mit wässeriger, essigsaurer Diazobenzolsulfonsäure zu einem Farbstoff umgesetzt. Die Extinktion der Farbstofflösung wird photometrisch bei einer Wellenlänge von 366 nm gemessen. Mit Hilfe einer Eichkurve wird die Menge des N-Ethylphenylamins ermittelt.

Reagenzien

destilliertes Wasser
Methanol p.a.
Dichlormethan p.a.
Essigsäure p.a.
N-Ethylphenylamin p.a.

Diazobenzolsulfonsäure-Lösung (DBS-Lösung): 50 mg DBS werden in einem 25 ml-Meßkolben in Wasser gelöst. Nach Zusatz von 1 ml Essigsäure füllt man mit Wasser bis zur Marke auf.

Eichlösung

Man löst 100 mg N-Ethylphenylamin in einem 100 ml-Meßkolben in Methanol und füllt bis zur Marke auf (Lösung A). 2,5 ml der Lösung A werden mit Methanol auf 100 ml verdünnt (Eichlösung). 0,1 ml dieser Eichlösung enthält 2,5 μg N-Ethylphenylamin.

Eichung

0,5 bis 5,0 ml Eichlösung werden in 25 ml-Meßkolben bürettiert, jeweils 0,25 ml DBS-Lösung zugefügt, mit Methanol aufgefüllt und gründlich durchmischt.

Nach einer Reaktionszeit von 30 min werden die Extinktionen mit dem Spektralphotometer bei 366 nm gegen einen Blindwert (Methanol) gemessen.

Die Stabilität des Farbkomplexes ist begrenzt, nach 2 h verringert sich die Extinktionsmessung um 10%.

4.4.2.3.1.3.1 Anwendung auf wässerige Migrate aus Babysaugern

Das nach dem Abschnitt 4.4.2.3.1 erhaltene wässerige Migrat wird in einem Scheidetrichter zweimal mit 30 ml Methylenchlorid ausgeschüttelt. Die Methylenchloridlösung wird durch ein Faltenfilter über Natriumsulfat sicc. in einen 250 ml Rundkolben filtriert, mit 40 ml Methylenchlorid nachgewaschen und im Vakuum-Rotationsverdampfer bis fast zur Trockene eingeengt. Man spült den Rückstand mit 20 ml Methanol in einen 25 ml-Meßkolben, fügt 0,25 ml DBS-Lösung zu, füllt mit Methanol bis zur Marke auf und durchmischt gründlich. Nach einer Reaktionszeit von 30 min wird die Extinktion der gelb gefärbten Lösung mit dem Spektralphotometer bei 366 nm gegen einen Blindwert (reines Methanol) gemessen.

Bei eventuell auftretender Trübung kann die Meßlösung über Natriumsulfat sicc. filtriert und die Messung im Filtrat ohne Nachwaschen vorgenommen werden.

Der Gehalt an N-Ethylphenylamin wird durch die Eichkurve ermittelt. Die Erfassungsgrenze beträgt etwa 10 μg N-Ethylphenylamin pro 25 ml Meßlösung.

Quantitative Bestimmung von primären aromatischen Aminen in Extrakten von Bedarfsgegenständen aus Gummi

Bei einigen in der Empfehlung XXI aufgeführten Vulkanisationsbeschleunigern können bei der Vulkanisation und unter Einwirkung verdünnter Säuren primäre aromatische Amine (z.B. Anilin) abgespalten werden. Diese werden durch Diazotierung und anschließenden Kupplung zu einem Azofarbstoff nach folgender Methode bestimmt.

Reagenzien

1 N-Salzsäure
0,5%ige wässerige Lösung von Natriumnitrit
2,5%ige wässerige Lösung von Ammoniumsulfamat ($NH_4 \cdot O \cdot SO_2NH_2$) p.a.
1%ige wässerige Lösung von N-(1-Naphthyl)-ethylendiamindihydrochlorid p.a. (Kupplungs reagenz)
Anilinhydrochlorid p.a.

Ausführung

Die nach der Lagerung von Gummibedarfsgegenständen erhaltenen Extrakte mit destilliertem Wasser, 3 gew.%iger Essigsäure, 10 vol.%igem Ethylalkohol werden in einen Meßkolben von 250 ml filtriert und bis zur Marke mit destilliertem Wasser aufgefüllt. Je 10 ml dieser Lösung werden in einen 25 ml-Meßkolben pipettiert, mit 5 ml 1 N-Salzsäure und 1 ml Natriumnitritlösung versetzt und 10 min lang stehengelassen. Dann setzt man zur Beseitigung des unverbrauchten Nitrits 2 ml Ammoniumsulfamat-Lösung hinzu und schüttelt kräftig. Nach 10 min fügt man 2 ml Kupplungsreagenz hinzu. Eine rotviolette Färbung zeigt die Anwesenheit von primären aromatischen Aminen an.

Messung

Für die quantitative Bestimmung wird die Lösung im 25 ml-Meßkolben mit destilliertem Wasser bis zur Marke aufgefüllt und nach zweistündigem Stehen in einer 4 cm-Küvette bei $\lambda = 546$ nm gegen eine Blindlösung photometriert. Die Berechnung erfolgt an Hand einer Eichkurve, die unter den Veruchsbedingungen mit bekannten Mengen Anilinhydrochlorid p.a. aufgestellt wurde. Die Erfassungsgrenze beträgt 0,05 µg primäres aromatisches Amin (berechnet als Anilinhydrochlorid) in 1 ml der Meßlösung.

4.4.2.4 Abschätzung der Beschleunigermenge an Hand des Dünnschichtchromatogramms

Eine annähernd quantitative Auswertung kann durch Ausmessen der Fleckenfläche (z.B. mit Hilfe einer Schablone) erfolgen. Bekannte Beschleuniger werden in einer Menge von 10 bis 80 µg auf einer Dünnschichtplatte neben der Probe aufgetragen.

In einem Konzentrationsbereich von 10 bis 80 µg gilt die Formel

$$\sqrt{F} = a \log M + b,$$

wobei F die Fläche und M die aufgetragene Menge bedeutet; a und b sind Konstanten. Stellt man die Ergebnisse der dünnschichtchromatographischen Untersuchung mit bekannten Substanzmengen graphisch dar (auf der Abszisse werden die Logarithmen der bekannten Beschleunigermengen M, auf der Ordinate die Quadratwurzeln der Fleckenflächen aufgetragen), so erhält man eine Gerade. Mit Hilfe des Diagramms kann man für jede Fleckengröße die entsprechende Substanzmenge feststellen. Genaue quantitative Bestimmung kann durch photometrische Auswertung der Flecken erfolgen.

4.5 Quantitative Bestimmung von Vulkanisationsverzögerern in Elastomeren

Der nach Abschnitt 3 gewonnene Acetonextrakt wird in einem Rotationsverdampfer eingedampft. Der erhaltene Rückstand wird in einigen Millilitern Methanol gelöst.

Die in der methanolischen Lösung enthaltenen Vulkanisationsverzögerer Phthalsäureanhydrid, Benzoesäure und Stearinsäure werden in bekannter Weise mit Diazomethan oder in Anwesenheit von Toluolsulfonsäure unter Druck zu ihren Methylestern umgesetzt, die gaschromatographisch bestimmt werden [125] (siehe auch 4.1.4.4.7).

5 Schwefelbestimmung in Natur- und Synthesekautschukvulkanisaten

Der Gesamtschwefel einer Probe ist entsprechend dem Sinn des Wortes die vollständige Menge des vorhandenen Schwefels. Als „wahrer freier Schwefel" wird der bei der Vulkanisation nicht gebundene elementare Schwefel bezeichnet, wogegen der an den Kautschuk organisch gebundene Schwefel den Gesamtschwefel abzüglich des extrahierbaren elementaren Schwefels darstellt.

Gebundener Schwefel kann in Elastomeren in folgender Form vorliegen:

a) als sog. „Vulkanisationsschwefel" an Kautschuk gebunden
b) als Bestandteil von Vulkanisationsbeschleunigern u. dgl.
c) in organischen Füllstoffen (Faktis usw.) und Weichmachern
d) in anorganischen Füllstoffen, wie Sulfiden und Sulfaten

Organisch gebundener Schwefel ist im allgemeinen nur aus Vulkanisationsbeschleunigern, Weichmachern u. dgl. extrahierbar. Dieser Schwefelanteil wird daher vielfach bei der Bestimmung des „freien Schwefels" miterfaßt; er sollte diesem jedoch nicht zugerechnet und demgemäß vielfach separat bestimmt werden.

5.1 Bestimmung des freien Schwefels

5.1.1 Allgemeines

Der Anteil an freiem Schwefel bewegt sich in ausvulkanisierten Weichgummiqualitäten meist in Größenordnung von etwa 0,02% bis hinauf zu Werten von 0,3%. Der Gehalt an freiem Schwefel hängt von der Menge des Gesamtschwefels im Vulkanisat und vom Vulkanisationsgrad ab. Deshalb sagt die Größenordnung des freien Schwefels für ein fremdes Vulkanisat nicht viel über den Grad seiner Vernetzung aus, wenn nicht gleichzeitig der Gehalt an Gesamtschwefel und evtl. die Anzahl von Schwefelatomen pro Vernetzungsstelle bestimmt werden. Für die Betriebskontrolle eigener Vulkanisate hat der Kautschuktechnologe dagegen mit der Bestimmung des freien Schwefels eine brauchbare Handhabe zur Ermittlung des Vulkanisationsoptimums.

Mit allen der heute gebräuchlichen Methoden zur Bestimmung des freien Schwefels werden keine absoluten, sondern nur relative Werte erhalten. Sie können je nach der Art des Analysenverfahrens zu hoch oder zu niedrig ausfallen.

Zu hohe Werte erhält man, wenn neben dem elementaren Schwefel auch locker gebundener Polysulfidschwefel miterfaßt wird. Wird der elementare Schwefel nicht quantitativ unter den gegebenen Umständen aus dem Vulkanisat extrahiert, so erhält man zu niedrige Werte.

5.1.2 Bestimmung des freien Schwefels im Acetonextrakt

Die Bestimmung der löslichen Anteile durch die Extraktion mit Aceton ist im Kapitel 3 beschrieben. Der im Acetonextrakt enthaltene Schwefel kann nach folgenden Verfahren bestimmt werden:

5.1.2.1 Bestimmung des Schwefels im Acetonextrakt mit Brom-Salpetersäure [27]

Der gesamte Acetonextrakt wird im Extraktionskolben 300 DIN DENOG 12 des Normalextraktionsgerätes nach DIN 53555 mit 1 g Magnesiumoxid in 20 ml Brom-Salpetersäure (90 g HNO_3, D 1,48 und 10 g schwefelfreies Brom) übergossen und bis zur vollständigen Oxydation des Schwefels zunächst auf dem Wasserbad erwärmt und später auf dem Sandbad zum gelinden Sieden erhitzt. Der Kolbeninhalt wird zur Trockene verdampft. Nach dreimaligem Abrauchen mit je 5 ml konzentrierter Salzsäure wird der Rückstand mit Salzsäure aufgenommen und mit heißem Wasser in ein Becherglas übergeführt. Zu der Lösung von etwa 100 ml — bei Extrakten aus unvulkanisierten schwefelreichen Mischungen auch zu einem aliquoten Teil — wird in der Siedehitze heiße 0,1 N Bariumchlorid-Lösung zugefügt. Das abgeschiedene Bariumsulfat wird frühestens nach 4 h abfiltriert, ausgewaschen, geglüht und gewogen. Nach diesem Verfahren wird nicht nur der „wahre freie Schwefel", sondern auch der extrahierbare, organisch gebundene Schwefel z.B. aus Beschleunigern, Weichmachern und dgl. miterfaßt.

5.1.2.2 Bestimmung des freien Schwefels im Acetonextrakt nach Bartlett und Skoog [7]

Prinzip der Methode

Der im Aceton gelöste Schwefel setzt sich mit Natriumcyanid (NaCN) schnell und quantitativ zu Natriumthiocyanat (NaSCN) um, welches nach Zugabe einer Eisen(III)-chlorid-Lösung im Aceton photometrisch bestimmt werden kann.

Reagenzien

Aceton-Wasser-Gemisch:	50 ml Wasser werden mit Aceton zu 1 l aufgefüllt
Natriumcyanid-Lösung:	0,1 g NaCN in 100 ml Aceton gelöst; nach mehrstündigem Stehen wird die anfängliche trübe Lösung klar
Eisen(III)-chlorid-Lösung:	0,4 g $FeCl_3 + 6\ H_2O$ in 100 ml Aceton gelöst, der klare Teil der Lösung wird nach 24 h in eine trokkene Flasche dekantiert
Quecksilber-chlorid-Lösung:	etwa 20 g $HgCl_2$ und etwa 20 g KCl werden in 1 l Wasser gelöst.
Standard-Schwefel-Lösung	50 mg Schwefel werden in genau 1 l Petrolether gelöst.

Durchführung

Der schwefelhaltige Acetonextrakt wird in einen 100 ml-Meßkolben übergeführt und mit Aceton aufgefüllt. 20 ml davon werden zum Ausfällen von Sulfiden, Disulfiden oder Mercaptanen mit 50 ml der Quecksilberchlorid-Lösung versetzt, geschüttelt und filtriert.

5 ml vom Filtrat werden pipettiert und in einem 25 ml-Meßkolben mit etwas (2 bis 3 ml) Petrolether verdünnt. Anschließend werden 15 ml Natriumcyanid-Lösung zugesetzt, geschüttelt und 2 min abgewartet. Von dem bis zur Marke mit Aceton-Lösung aufgefüllten Gemisch werden 5 ml entnommen, in einer Küvette mit 5 ml Eisen(III)-chlorid-Lösung versetzt und gegen eine in gleicher Weise hergestellte Blindprobe bei 465 nm photometriert. Mittels der Standard-Schwefel-Lösung wird die Eichkurve aufgenommen.

5.1.2.3 Konduktometrische Methode

Aufbauend auf der Grundlage der Methode von Bartlett und Skoog beschreiben Scheele und Mitarbeiter [106] eine konduktometrische Titration von Schwefel mit Kaliumcyanid zu Kaliumthiocyanat. Die Umsetzung erfolgt langsam und erst nach achtstündiger Reaktionsdauer bei 80 °C unter Druck quantitativ. Das Vertreiben der gebildeten freien Blausäure im Stickstoffstrom nimmt weitere zwei Stunden in Anspruch.

Bei der nachfolgenden Titration des Thiocyanats mit Silbernitrat bestimmt man die Summe von elementarem Schwefel und 2-Mercaptobenzothiazol-Schwefel.

Lorenz und Echte [73] führten eine Modifikation des Verfahrens ein, bei dem nach der Umsetzung mit Kaliumcyanid und Abdestillieren des Lösungsmittels eine Behandlung des Rückstandes mit Wasser erfolgt. Dabei soll das Kaliumthiocyanat, nicht aber das 2-Mercaptobenzothiazol in Lösung gehen, so daß auf diesem Wege die beiden Komponenten getrennt werden.

Ob die Trennung so glatt verläuft, bleibt ungewiß. Es ist bekannt, daß 2-Mercaptobenzothiazol mit Alkalien sich verhältnismäßig leicht unter Bildung von wasserlöslichen Salzen umsetzt. Da Kaliumcyanid in wässerigen Medien stark alkalisch reagiert, ist zu erwarten, daß bei der intensiven Behandlung mit Kaliumcyanid sich das 2-Mercaptobenzothiazol in das Kaliumsalz umlagert.

5.1.2.4 Bestimmung des freien Schwefels im Acetonextrakt nach British Standards [15]

British Standards empfehlen zur Bestimmung des freien Schwefels im Acetonextrakt die Kupferspiralenmethode von Hardman und Barnehenn [50]. Eine Kupferspirale wird in den schwefelhaltigen Acetonextrakt eingetaucht. An der Spirale bildet sich durch chemische Umsetzung Kupfersulfid. Es wird in konz. Salzsäure gelöst und der entstehende Schwefelwasserstoff in Cadmiumchlorid-Lösung aufgefangen. Nach Zusatz von Jodid-Jodat läßt sich in salzsaurer Lösung der Jodüberschuß mit Thiosulfat titrimetrisch bestimmen.

Durch eine vorbeugende Säurebehandlung [75] kann verhindert werden, daß einige schwefelhaltige Beschleuniger (z.B. 2-Mercaptobenzothiazol) mit der Kupferspirale reagieren und Kupfersulfid bilden. Jedoch kann nicht verhindert werden, daß Beschleuniger mit $=C=S$-Gruppen mit dem Kupfer reagieren und Kupfersulfid bilden, so daß der Schwefel aus diesen Verbindungen miterfaßt wird.

5.1.2.5 Polarographische Bestimmung des freien Schwefels im Acetonextrakt [86]

Neben Eichungen mit eingestellten Schwefel-Lösungen untersuchten Poulton und Tarrant [98] den Einfluß verschiedener Beschleuniger und Alterungsschutzmittel auf die polarographische Bestimmung des freien Schwefels im Acetonextrakt. Sie fanden, daß nur Zinkisopropylxanthogenat und N,N'-Di-β-naphthyl-p-phenylendiamin stören, während es bei den anderen in Frage kommenden Stoffen gelang, deren Einfluß auf die Bestimmungsmethode auszuschalten. Bei der Anwendung polarographischer Methoden erfaßt man bei Abwesenheit der störenden Stoffe im Gegensatz zu allen anderen oben besprochenen Analysenverfahren den wahren Gehalt an freiem Schwefel im Acetonextrakt.

Mit Hilfe aller anderen Verfahren wird neben dem freien Schwefel auch der Schwefel aus anderen Komponenten, die sich im Acetonextrakt befinden, bestimmt.

5.1.3 Polarographische Bestimmung des freien Schwefels in Vulkanisaten

F. Mocker und J. Old [86] beschreiben eine polarographische Bestimmungsmethode, die von G. Proske [99] zur Erfassung des freien Schwefels in Vulkanisaten ausgearbeitet wurde.

0,5 bis 1 g Vulkanisat werden 30 min am Rückflußkühler mit 50 ml Pyridin gekocht. Der Extrakt wird durch ein grobes Filter in einen Meßkolben abgegossen und die Extraktion wiederholt. Der zweite Extrakt wird mit dem ersten vereinigt, und nach dem Erkalten wird der Meßkolben mit Pyridin bis zur Marke aufgefüllt. Je nach der enthaltenen Schwefelmenge werden 2 bis 20 ml der Lösung polarographiert, nachdem die Flüssigkeitsmenge gegebenenfalls bis auf 20 ml mit Pyridin aufgefüllt und 6 ml einer Grundlösung zugesetzt wurden. Die Grundlösung, die zum Versetzen der schwefelhaltigen Pyridinlösung verwendet wird, ist folgendermaßen zusammengesetzt: 12,5 g konzentrierte Essigsäure, 27,2 g Natriumacetat, 100,0 ml 2%ige Tylose-Lösung, 500,0 ml Wasser.

Vor der polarographischen Aufnahme muß aus der vorbereiteten Lösung der Luftsauerstoff durch 20 min langes Durchleiten von Stickstoff entfernt werden. Bezüglich der Durchführung der polarographischen Methode siehe Kapitel 4.4.2.2. Die Autoren empfehlen die Methode zur Bestimmung des Vulkanisationsgrades, da sie zuverlässige Werte liefert. Nach dieser Methode wird ebenfalls nur wahrer freier Schwefel bestimmt, da die Titration den gebundenen Schwefel nicht miterfaßt. Die Genauigkeit der erhaltenen Schwefelwerte hängt daher in erster Linie von der Sorgfalt bei der Extraktion ab.

5.1.4 Bestimmung des freien Schwefels mit wässeriger Natriumsulfid-Lösung [90]

Die Gummiproben werden mit einer 10%igen wässerigen Natriumsulfidlösung gekocht und mit einer angemessenen Menge Natriumhydroxid versetzt. Es bildet sich beim Kochen Natriumpolysulfid, das mittels Wasserstoffperoxid zu Natriumsulfat und Schwefelsäure oxydiert wird. Die hierbei entstehende Schwefelsäure neutralisiert eine äquivalente Menge der vorher im Überschuß zugesetzten Natronlauge. Die Bestimmung erfolgt dann durch Rücktitration mit 0,1 N Schwefelsäure und Methylorange als Indikator. Bei Anwesenheit von alkalisch reagierenden Bestandteilen in der Mischung wird die Probe zunächst mit verdünnter Salzsäure neutralisiert und in der angegebenen Weise weiterbehandelt. Die Reaktionen verlaufen nach folgendem Schema [Gleichung (I) und (II)]:

$$Na_2S + (x - 1)\,S = Na_2S_x \qquad (I)$$

$$Na_2S_x + (3x - 1)\,H_2O_2 = Na_2SO_4 + (x-1)\,H_2SO_4 + 2\,(x+1)\,H_2O \qquad (II)$$

Wie aus der Gleichung zu ersehen ist, ist die Menge der gebildeten Schwefelsäure dem gebundenen freien Schwefelanteil proportional.

Wie unsere Nachprüfungen und auch die von Auler [5] gezeigt haben, ist das Verfahren unter bestimmten Voraussetzungen durchaus brauchbar und besonders zur Schnellbestimmung des freien Schwefels bei Betriebskontrollen zu empfehlen. Dabei sollten aber die vorhandenen Schwächen der Methode nicht übersehen werden. Eine Natriumsulfid-Lösung über einen längeren Zeitraum unverändert aufzubewahren, ist schwierig. Die Einwirkung von Luftsauerstoff führt, wie aus den Gleichungen (III) und (IV) ersichtlich ist, bereits zur Bildung von Polysulfiden:

$$Na_2S + H_2O = NaSH + NaOH \qquad (III)$$

$$2\,NaSH + 1/2\,O_2 = Na_2S_2 + H_2O \qquad (IV)$$

Es ist daher, um Verfälschungen der Ergebnisse zu verhindern, erforderlich, parallel genaue Blindwertbestimmungen durchzuführen. Weiterhin genügt es zur Entfernung wasserlöslicher, alkalischer Mischungsbestandteile nicht immer, wenn mit verdünnter Salzsäure gekocht und anschließend mit Natronlauge neutralisiert wird. Einige Mischungen, insbesondere hochrußgefüllte, halten hartnäckig Säurereste fest, die beim nachfolgenden Kochen mit Alkali zum Teil neutralisiert werden und ebenfalls zu Fehlerergebnissen führen. In dem Bereich, den man normalerweise bei der Bestimmung des freien Schwefels erwartet, nämlich bei Werten von etwa 0,2% Schwefel an abwärts, läßt die Genauigkeit der vorstehenden Methode stark nach.

Liegen die zu erwartenden Analysenwerte in der gleichen Größenordnung wie die ermittelten Blindwerte, so tritt die Ungenauigkeit der Methode naturgemäß besonders deutlich in Erscheinung.

5.1.5 Bestimmung des freien Schwefels mit wässeriger Natriumsulfit-Lösung

Prinzip der Methode

Die von Bolotnikow und Gurowa [10] entwickelte Methode zur Bestimmung von freiem Schwefel mit wässeriger Natriumsulfit-Lösung wurde von Oldham und Baker [91] modifiziert. Die von Frey [40] und ASTM [2] empfohlenen Vorschriften gehen auf die Oldhamsche Modifikation zurück. Diese Methode beruht im Prinzip darauf, daß Natriumsulfit sich in der Siedehitze nach Gleichung (V) mit elementarem Schwefel zu Natriumthiosulfat umsetzt. Das überschüssige Natriumsulfit wird, wie aus Gleichung VI ersichtlich ist, durch die Einwirkung von Essigsäure in Natriumhydrogensulfit übergeführt. Das letztere addiert nach Gleichung (VII) Formaldehyd. Die nachfolgende Titration von Natriumthiosulfat mit eingestellter Jodlösung wird hierdurch nicht gestört.

$$S + Na_2SO_3 \rightarrow Na_2S_2O_3 \qquad \text{(V)}$$

$$Na_2SO_3 + CH_3COOH \rightarrow NaHSO_3 + CH_3COONa \qquad \text{(VI)}$$

$$NaHSO_3 + \underset{\displaystyle H}{H - C} = O \rightarrow H - \underset{\displaystyle H \quad SO_3Na}{C} - OH \qquad \text{(VII)}$$

Durchführung

Auler [5] hat dieses bekannte und am meisten verbreitete Verfahren gründlich untersucht und schlägt folgende Arbeitsweise vor: 2 g zerkleinertes Vulkanisat werden mit 100 ml 5%iger Natriumsulfit-Lösung unter Zusatz von zwei Tropfen eines handelsüblichen Siliconentschäumers bei mäßigem Sieden zwei Stunden am Rückfluß extrahiert. Nach dem Abkühlen werden 3 g Aktivkohle in Pulverform zugegeben und der Kolben unter periodischem Umschwenken 30 min stehengelassen. Nach Filtration wird der Filter dreimal mit Wasser ausgespült. Dem Filtrat werden 10 ml 40%iger Formaldehyd-Lösung zugesetzt.

Danach wird unter mehrmaligem Umschütteln 10 min in Eiswasser eingestellt. Nach Ansäuern mit 7,5 ml Eisessig wird in Gegenwart von Stärke-Lösung mit 0,02 N Jod-Lösung titriert. Der Umschlag erfolgt scharf und ohne Verzögerung. Die Blindwerte liegen bei max. 0,6 ml Jod-Lösung. Die Jod-Lösung muß in kürzeren Abständen mit Arsentrioxid überprüft werden.

Die Zerkleinerung des Vulkanisates wird für normal ausgeheizte Proben durch Abraspeln mit einem groben Schleifstein vorgenommen, sonst durch friktionierendes Zerkleinern auf der Laborwalze oder durch Ausziehen eines dünnen Felles.

Ein Zusatz von Siliconentschäumern verhindert mit Sicherheit ein Schäumen während der Extraktion. Darüber hinaus erreicht man damit eine wesentlich bessere Benetzung des Kautschuks als mit dem früher verwendeten Natriumstearat.

Durch die Anwesenheit von schwefelhaltigen Beschleunigern wird die Bestimmung nicht wesentlich beeinflußt.

Auler fand für 2-Mercaptobenzothiazol 0,45% und für Tetramethylthiurammonosulfid 3,4% Schwefel unter Analysenbedingungen. Für andere schwefelhaltige Beschleuniger lagen die gefundenen Schwefelwerte noch eine Größenordnung niedriger. Die bei dieser Methode von Beschleunigern stammende miterfaßte Schwefelmenge ist demgemäß so gering, daß sie in den meisten dem Praktiker dienenden Analysen vernachlässigt werden kann. Lediglich bei Analysen für wissenschaftliche Arbeiten empfiehlt sich das Anbringen einer entsprechenden Korrektur.

Das Natriumsulfit-Verfahren wird bei uns bevorzugt angewendet, da es am einfachsten, sichersten und schnellsten zum Ziel führt. Es sind keine Extraktionen vorab auszuführen, und der bestimmte Schwefelwert entspricht weitgehend dem „wahren" freien Schwefel.

5.2 Bestimmung des Gesamtschwefels

Zur Bestimmung des Gesamtschwefels in einer Gummiprobe bestehen drei Möglichkeiten, wobei jede in der Ausführung modifiziert werden kann:

a) Nasser Aufschluß mit Salpetersäure unter Zusatz von Brom oder Perchlorsäure

Nach diesem Verfahren werden der freie, organisch gebundene Schwefel sowie der Sulfidschwefel erfaßt. (Calcium-, Barium- und Bleisulfat sowie andere unlösliche Sulfate werden dabei nicht aufgeschlossen.)

b) Verbrennen im Sauerstoff

Mit Hilfe dieser Methode werden alle Arten von gebundenem und freiem Schwefel erfaßt.

c) Aufschluß mit Natriumperoxid in der Bombe

Auch nach diesem Verfahren werden alle Arten des gebundenen und freien Schwefels bestimmt.

5.2.1 Nasser Aufschluß mit Brom-Salpetersäure [27]

5.2.1.1 Bestimmung der löslichen Anteile

1 g zerkleinerte Gummiprobe wird in einem Langhals-Rundkolben aus Jenaer-Glas 250 DIN DENOG 4 mit 1 g Magnesiumoxid und 30 ml Brom-Salpetersäure (90 g HNO_3 D 1,48 und 10 g schwefelfreies Brom) versetzt. Das Gemisch wird nach Ablauf der anfänglich häufig stürmisch verlaufenden Oxydationsreaktion auf dem Wasserbad nur mäßig erwärmt.

Bei Vulkanisaten mit geringem Gehalt an anorganischen Bestandteilen empfiehlt es sich, die Probe zuerst mit wenig verdünnter 2 N Salpetersäure oder deren Gemisch mit konzentrierter Salpetersäure auf dem Wasserbad vorzubehandeln und die Brom-Salpetersäure erst nach Ablauf der stürmischen Oxydationsreaktion dem Kolbeninhalt zuzufügen.

Nach Beruhigung der Anfangsreaktion wird der Rundkolben 1 bis 2 h lang auf dem Sandbad mäßig erhitzt, so daß sein Inhalt in schwachem Sieden erhalten bleibt. Hierauf wird alle Flüssigkeit aus dem Rundkolben durch Erhitzen über freier Gasflamme unter ständigem Umschwenken (Vermeidung eines Siederverzuges) abgetrieben.

Der Rückstand wird zunächst über einem Einbrenner, später über einem Dreibrenner, so lange erhitzt, bis keine braunen Dämpfe mehr entweichen. In dem im Rundkolben verbleibenden Rückstand dürfen keine kohligen Anteile mehr vorhanden sein; andernfalls ist das Kochen mit Brom-Salpetersäure usw. zu wiederholen.

Die Weiterverarbeitung des Rückstandes im Rundkolben richtet sich nach der Zusammensetzung des Vulkanisates. War das Gummiteil frei von säurelöslichen Silicaten und Antimonverbindungen, so wird der Kolbeninhalt mit 5 ml konzentrierter Salzsäure aufgenommen und die Lösung mit Wasser verdünnt. Etwa vorhandene ungelöste Stoffe werden abfiltriert und gründlich ausgewaschen (über deren Weiterbehandlung siehe weiter unten unter Bestimmung der unlöslichen Anteile). Das Filtrat — bei schwefelreichem Elastomeren nur ein aliquoter Teil — wird auf etwa 100 ml mit Wasser aufgefüllt, zum Sieden erhitzt und mit heißer 0,1 N Bariumchlorid-Lösung versetzt.

Das sich hierbei abscheidende Bariumsulfat wird frühestens nach 4 h abfiltriert, ausgewaschen, geglüht und gewogen. Bei Schwefelbestimmungen sollen ganz allgemein nicht mehr als 0,5 g Bariumsulfat ausgewogen werden.

Bei Vulkanisaten, die säurelösliche Silicate und Antimonverbindungen enthalten, wird der Rückstand des Aufschlusses mit Brom-Salpetersäure im Jenaer Rundkolben mit Salpetersäure aufgenommen. Nach Verdünnen der Lösung mit Wasser werden die ungelösten Stoffe abfiltriert und mit Salpetersäure enthaltendem Wasser gründlich ausgewaschen (über die Weiterbehandlung der unlöslichen Anteile siehe weiter unten).

Das Filtrat wird hierauf wieder im Jenaer Rundkolben über freier Gasflamme unter dauerndem Umschwenken zur Trockene verdampft und der Rückstand im Kolben durch Glühen über einem Einbrenner, später über einen Dreibrenner, von Nitraten befreit.

Der nitratfreie Rückstand wird mit 5 ml konzentrierter Salzsäure aufgenommen, die Lösung mit Wasser in eine Porzellanschale übergeführt und zur Trockene verdampft. Der Schaleninhalt wird zum Unlöslichmachen etwa vorhandener Kieselsäure 2 h lang im Trockenschrank auf 135°C erhitzt. Nach Aufnehmen des Rückstandes mit 5 ml konzentrierter Salzsäure, Verdünnen und Überführen mit Wasser in ein Becherglas und Abfiltrieren der unlöslich gemachten Kieselsäure wird die Lösung (etwa 100 ml) – oder ein aliquoter Teil – zum Sieden erhitzt und mit 0,1 N Bariumchlorid-Lösung versetzt.

Das sich hierbei abscheidende Bariumsulfat wird frühestens nach 4 h abfiltriert, ausgewaschen, geglüht und gewogen.

5.2.1.2 Bestimmung der unlöslichen Anteile

Die unlöslichen Anteile vom Aufschluß des Vulkanisates mit Brom-Salpetersäure werden im Nickeltiegel durch Schmelzen mit etwa der 10- bis 12fachen Menge eines Kaliumcarbonat-Natriumcarbonat-Gemisches aufgeschlossen. Die erkaltete Schmelze wird mit heißem Wasser aufgenommen und die alkalische Lösung filtriert. Nach gutem Auswaschen des Ungelösten auf dem Filter wird das Filtrat mit Salpetersäure angesäuert und in einer Porzellanschale zur Trockene verdampft. Der Schaleninhalt wird durch Erhitzen auf einer Asbestplatte von Nitraten befreit und nach dem Erkalten mit konzentrierter Salzsäure durchfeuchtet. Hierauf wird nochmals zur Trockene eingedampft und die Porzellanschale mit Inhalt 2 h lang im Trockenschrank auf 135°C erhitzt. Der erhaltene Schaleninhalt wird mit 5 ml konzentrierter Salzsäure aufgenommen, mit Wasser in ein Becherglas übergeführt und die Kieselsäure abfiltriert. Zu der zum Sieden erhitzten Lösung wird heiße 0,1 N Bariumchlorid-Lösung zugefügt; das abgeschiedene Bariumsulfat wird frühestens nach 4 h abfiltriert, ausgewaschen, geglüht und gewogen. Aus der Summe der Bariumsulfat-Niederschläge wird der Gesamtschwefelgehalt wie folgt berechnet:

$$\text{Gesamtschwefelgehalt (\%)} = \frac{\text{Gewicht des } BaSO_4 \cdot 0{,}1374 \cdot 100}{\text{Gewicht der Probe}}$$

5.2.2 Verbrennen in Sauerstoff

In den British Standards [16] ist eine Verbrennungsmethode zur Bestimmung des Gesamtschwefels beschrieben, bei der die Gummiprobe bei 1450°C zersetzt wird. Die üblichen elektrischen Glühöfen sind aber nur bis zu Temperaturen von 1100°C verwendbar. Daher hat man versucht, die Zersetzungstemperatur zu erniedrigen. Die Methode von Bauminger [8] zeigt, daß die Temperatur auf 1000°C herabgesetzt werden kann, wenn man die Probe mit einem Gemisch von Vanadiumpentoxid und Zinkoxid überschichtet. Der Gesamtschwefelgehalt in Mischungen, die z.B. Lithopone, Schwerspat, Schlämmkreide enthalten, kann auf diese Weise ohne weiteres bestimmt werden.

Für die Bestimmung des organischen und Sulfidschwefels wird das Vulkanisat mit Aluminiumoxid überschichtet, wodurch plötzlich Verpuffungen während der Verbrennung vermieden werden.

5.2.2.1 Methode von B. B. Bauminger

Die in einem Schiffchen eingewogene Substanz wird mit Aluminiumoxid und Zinkoxid überschichtet und dann in einem Verbrennungsrohr im Sauerstoffstrom bei

1000 °C zersetzt. Das gebildete Schwefeldioxid wird in neutrale Wasserstoffperoxid-Lösung geleitet und zu Schwefelsäure oxydiert.

Apparatur

Die Apparatur ist in Abb. 17 dargestellt und ist mit einer Sauerstoffbombe mit Reduzierventil verbunden. Die Strömungsgeschwindigkeit des Sauerstoffs wird mit einem geeichten Strömungsmesser (M) kontrolliert und beträgt 50 ml/min.

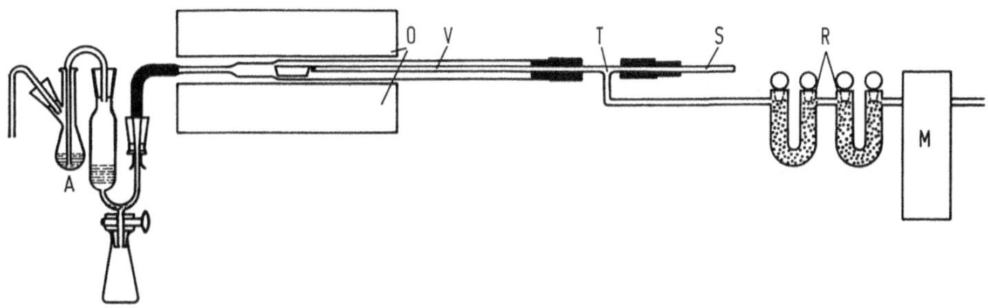

Abb. 17. Apparatur zur Bestimmung des Gesamtschwefels nach der Methode von B. B. Bauminger

Als Reinigungsvorlage für den Sauerstoff werden zwei U-Röhren (R) verwendet, von denen die erste mit Caroxite (z. B. der Fa. Eisner und Amend) und die zweite mit Anhydrone (Magnesiumperchlorat) gefüllt sind.

Die Einschiebevorrichtung besteht aus einem T-Rohr (T) und dem Schieber (S), der mit Hilfe eines dicht schließenden Gummischlauches mit dem T-Stück verbunden ist. Das T-Rohr wird mit einem gut sitzenden Gummistopfen mit dem Verbrennungsrohr (V) aus hochfeuerfestem Quarz verbunden.

Das Verbrennungsrohr (V) mit einer Länge von 57 cm und einem Querschnitt von 16 mm wird durch den elektrischen Ofen (O) beheizt. Die Temperatur wird mit Hilfe eines automatischen Temperaturreglers konstant gehalten.

Die Absorptionsanlage (A) besteht aus zwei Absorptionsgefäßen. Das erste Gefäß enthält eine feinporige Glasfilterplatte G 3 und wird mit 15 ml 3%iger Wasserstoffperoxid-Lösung gefüllt Das zweite Gefäß enthält 5 ml der gleichen Lösung. Beide Teile werden mittels trockener Schliffe miteinander verbunden und durch Federn gesichert.

5.2.2.2 Semimikrobestimmung von Schwefel in Naturkautschuk-, Butylkautschuk- und Styrol-Butadien-Kautschukvulkanisaten in Abwesenheit von Erdalkalisulfaten und Schlämmkreide-Füllstoffen

Bei Abwesenheit von Erdalkalisulfaten und Schlämmkreide als Füllstoff ist es möglich, die Bestimmung des Gesamtschwefels in 30 min durchzuführen.

50 mg einer dünnen Vulkanisatprobe werden in kleine Stückchen geschnitten. Die im Quarzschiffchen verteilte Probe wird mit Aluminiumoxid (p. a., schwefelfrei), das bei 1000 °C geglüht wurde, vollständig überschichtet, in das Verbrennungsrohr etwa 10 cm vor dem elektrischen Ofen eingebracht und die Geschwindigkeit des Luftstroms (58 ml/min) und des Sauerstoffstromes

(50 ml/min) eingeregelt. Das Schiffchen mit der Probe wird mit Hilfe des Schiebers (S) allmählich in die Mitte des Verbrennungsrohres (1000°C) vorwärts bewegt und innerhalb 15 min verbrannt. Anschließend wird die Apparatur noch 5 min lang mit Sauerstoff durchgespült. Die Verbrennungsprodukte werden in neutraler Wasserstoffperoxid-Lösung absorbiert. Nach dem Abkühlen wird die Absorptionslösung in ein Titriergefäß abgezapft und die Absorptionsvorlage mit dest. Wasser (10 ml) ausgespült. Anschließend wird die Schwefelsäure mit 0,02 N Natronlauge in Gegenwart eines Mischindikators aus Methylrot und Methylenblau titriert.

5.2.2.3 Volumetrische Semimikrobestimmung von Gesamtschwefel in Vulkanisaten, die Schwerspat, Lithopone, Schlämmkreide usw. enthalten

Bei der Gesamtschwefelbestimmung in Füllstoffen und ausgezogenen, klein geschnittenen Vulkanisaten wird die Probe in ein transparentes Quarzschiffchen eingewogen und mit einer Mischung, bestehend aus 0,8 g Vanadiumpentoxid (p.a.) und 0,2 g Zinkoxid (p.a.), überschichtet. Hierauf wird das bereits beschriebene Verbrennungsverfahren angewandt; man läßt aber die Probe in der Mitte des Ofens (1000°C) noch für weitere 30 min. Auf diese Weise wird der Schwefel quantitativ ausgetrieben und das gebildete Schwefeldioxid, wie angegeben, in Wasserstoffperoxid-Lösung geleitet, zur Schwefelsäure oxydiert und diese mit 0,02 N Natronlauge unter Verwendung des Mischindikators titriert. Parallel müssen Blindwerte von der Vanadiumpentoxid-Zinkoxid-Mischung bestimmt werden. Das gefundene Blindvolumen muß bei der Auswertung der Analysen berücksichtigt werden.

5.2.2.4 Volumetrische Semimikrobestimmung von Gesamtschwefel in chlor- und stickstoffhaltigen Vulkanisaten aus Synthesekautschuk

Prinzip der Methode

Bei der Verbrennung von chlor- und stickstoffhaltigen Vulkanisaten bildet sich Salzsäure bzw. nach dem Einleiten in die Wasserstoffperoxid-Lösung Salpetersäure. Dadurch ist die direkte acidimetrische Titration der aus dem Schwefel entstandenen Schwefelsäure nicht möglich. Deshalb wird die zu bestimmende Schwefelsäure mit einem Überschuß einer salzsauren 4-Amino-4'-chlordiphenyl-Lösung gefällt und das abgefilterte und chlorfrei gewaschene Reaktionsprodukt mit 0,02 N Natronlauge titriert.

Reagenz

3,5 g 4-Amino-4'-chlordiphenylhydrochlorid werden in 0,1 N Salzsäure gelöst, filtriert und mit 0,1 N HCl auf 1000 ml verdünnt.

Durchführung der Methode

50 mg zerkleinerter Probe werden mit Aluminiumoxid bzw. einer Mischung aus Vanadiumpentoxid (p.a.) und Zinkoxid (p.a.) überschichtet und wie üblich in das Verbrennungsrohr gebracht und verbrannt.

Nachdem die quantitative Umsetzung zu Schwefelsäure erfolgt ist, werden die Absorptionslösung (20 ml) und Waschflüssigkeit (20 ml) in ein Titriergefäß übergeführt (z.B. 100 ml-Erlenmeyerkolben mit weitem Hals), unter Zusatz von etwas Filterpapierbrei mit 40 ml warmem Reagenz versetzt und 20 bis 30 min lang stehengelassen.

Die Filtration des gebildeten Niederschlages erfolgt bei mäßigem Wasserstrahlvakuum.

Man benutzt einen kleinen Trichter (⌀ 50 mm) und eine kleine Witt-Platte (⌀ 12 mm), auf die eine 12 mm hohe Filterbreischicht aufgebracht wird. Das Reaktionsgemisch wird darauf gegossen und unter mäßigem Saugen langsam filtriert. Das Kölbchen und der Trichter werden zweimal mit je 3 ml und noch zweimal mit je 2 ml destilliertem Wasser gewaschen. Die letzte Waschflüssigkeit (2 ml) soll nicht mehr mit salpetersaurer Silbernitrat-Lösung reagieren. Das Filterpapier mit dem Rückstand wird in das gleiche Kölbchen eingeführt, mit 40 ml dest. Wasser versetzt, zum Sieden gebracht und 1 min lang gekocht. Dann wird sofort mit 0,02 N Natronlauge und einem Mischindikator aus Phenylrot und Bromthymolblau titriert. Die Lösung wird wieder erhitzt und die Titration bis zum ersten beständigen Umschlag fortgesetzt.

5.2.3 Aufschluß mit Natriumperoxid in der Bombe

Bei dem Aufschluß mit Natriumperoxid in der Parr- oder Wurzschmitt-Bombe wird der gesamte (anorganisch und organisch gebundene) Schwefel in Natriumsulfat übergeführt und ansshließend gravimetrisch als Bariumsulfat bestimmt.

5.2.3.1 Aufschluß in der Wurzschmitt-Bombe [128]

Bei dem Aufschluß nach Wurzschmitt wird als Zündsatz Ethylenglykol und Natriumperoxid verwendet.

Dieses Substanzgemisch zündet bereits bei etwa 50 °C, also bei relativ kalter Bombe, und schließt die Analysensubstanz auf.

Zur Ausführung eines Aufschlusses gibt man in die leere trockene Bombe 8 Tropfen (etwa 160 bis 170 mg) reines Ethylenglykol (die Bombe steht dabei lose in der Verschraubung, wobei die untere Verschraubung mit der Unterseite nach oben auf die obere Verschraubung gelegt wird). Dazu gibt man 100 bis 200 mg fein zerkleinerter Gummiproben. Anschließend wird das Ganze mit Natriumperoxid überschichtet, wobei man zunächst einmal wenig zugibt, um sich zu überzeugen, daß dabei noch keine Reaktion eintritt. Bei den Einwaagen um 200 mg wird die Bombe bei leichtem Aufstoßen bis 2 mm unterhalb des oberen Randes gefüllt (= etwa 11 g). Sollte es ausnahmsweise vorkommen (feuchte Probe), daß beim Zugeben des ersten Anteiles Natriumperoxid bereits eine Reaktion eintritt, so deckt man Glykol und Analysensubstanz leicht mit Soda ab und überschichtet erst dann mit Natriumperoxid. Nach der Füllung wird der Deckel mit Gummidichtung (wir empfehlen eine Silopren-Dichtung) aufgesetzt, die Bombe in die untere Verschraubung eingeführt und die obere Verschraubung von Hand zugedreht. Nun wird die verschlossene Bombe in das Loch der Platte des Schutzofens gestellt oder gehängt. Die Flammspitze des Mikrobrenners darf dabei nur gerade den Bombenboden berühren. Die Durchzündung erfolgt bereits nach 10 bis 20 s. Nach weiteren 50 s wird die Bombe aus dem Ofen genommen, in destilliertem Wasser abgekühlt und geöffnet. Auch das Öffnen geschieht von Hand. Die Bombe wird in einem 250 ml-Becherglas mit destilliertem Wasser in der Wärme ausgelaugt. Die evtl. am Deckel haftenden Anteile werden durch Abspritzen dem Gesamtvolumen zugefügt. Eventuell vorhandener Kohlenstoff wird aus der heißen wässerigen Lösung abfiltriert, das Filtrat mit 5 ml konzentrierter Salzsäure angesäuert und auf etwa 100 ml mit Wasser aufgefüllt. Die zum Sieden erhitzte Lösung wird mit etwa 20 ml 0,1 N Bariumchlorid-Lösung versetzt.

Das sich hierbei abscheidende Bariumsulfat wird frühestens nach 4 h durch einen Gooch-Tiegel abfiltriert, ausgewaschen, geglüht und gewogen.

5.2.3.2 Polarographische Sulfat-Bestimmung [87]

Die Probe wird, wie bereits beschrieben, in der Wurzschmitt-Bombe aufgeschlossen. Die Bombe wird in destilliertem Wasser abgekühlt, geöffnet und mit destilliertem Wasser ausgelaugt. Die heiße, wässerige Lösung wird von evtl. vorhandenem Kohlenstoff abfiltriert, das Filtrat mit Salpetersäure angesäuert und gegebenenfalls weiter eingedampft, um dann in einen Meßkolben übergeführt zu werden.

Die anschließende polarographische Bestimmung kann nur indirekt durchgeführt werden, da die SO_4-Ionen an der tropfenden Quecksilber-Elektrode nicht reduzierbar sind. Der Sulfatgehalt wird durch Erniedrigung der Strom-Spannungskurve einer Blei-Lösung von bekannter Konzentration ermittelt.

Dies geschieht, indem man die zu untersuchende Sulfat-Lösung mit Grundlösung I im Verhältnis 5:4 mischt. Nach erfolgter Fällung versetzt man 9 ml der Lösung mit 5 ml Grundlösung II. Dieses Gemisch wird polarographiert und die erhaltene Strom-Spannungskurve ausgemessen. An Hand einer vorher erstellten Eich-Kurve kann an die Sulfatmenge sofort in mg je ml der untersuchten Lösung ablesen.

Zusammensetzung von Grundlösung I		Zusammensetzung von Grundlösung II	
Bleinitrat	3,3123 g	Koloresin	2 g
Wasser	250 ml	Natriumnitrat	17 g
Methanol	250 ml	Wasser	500 ml

Eine Bestimmung nach der beschriebenen Methode kann in 2 bis 3 h durchgeführt werden.

Anmerkung

Falls das Vulkanisat Faktis enthält, muß der Schwefelgehalt des alkoholischen Kalilauge-Extraktes bestimmt und vom gesamten gebundenen Schwefel abgezogen werden.

5.3 Gebundener Schwefel

Bestimmung aus Differenz

Der an Kautschuk chemisch gebundene Schwefel ergibt sich aus der Differenz zwischen Gesamtschwefel (5.2) und der Summe der nach folgenden Methoden bestimmten extrahierbaren Mengen an freiem bzw. an Nichtkautschukbestandteile gebundenem Schwefel.

a) Schwefel im Aceton-Extrakt (5.1.2)
b) Schwefel im Chloroform-Extrakt (wenn Mineralrubber im Vulkanisat vorliegt); die Bestimmung erfolgt analog wie unter a)
c) Schwefel im alkoholischen Kalilaugen-Extrakt (wenn Faktis im Vulkanisat anwesend ist)
   Die Schwefelbestimmung in diesem Extrakt erfolgt wie die Untersuchung des Aceton-Extraktes
d) Anorganisch gebundener Schwefel
   Die Bestimmung erfolgt entweder nach DIN 53561 in „unlöslichen Anteilen" oder nach der Abtrennung der Füllstoffe durch die Auflösung von Vulkanisaten in Paraffinöl, inerten Lösungsmitteln und anschließendem Aufschluß mit Kalium-Natriumcarbonat und weiterer Bearbeitung gemäß DIN 53511 und dem Kapitel 5.2.1.2 „Bestimmung der unlöslichen Anteile".

5.4 Bestimmung der Art der Schwefelbindung durch moderne Analysenverfahren

Nach dem Differenzverfahren erfaßt man lediglich die Gesamtmenge des an Kautschuk gebundenen Schwefels ohne Rücksicht auf die Art der Bindung. Während dies für die Bestimmung des Vulkanisationsgrades in vielen Fällen ausreicht, spielt bei der wissenschaftlichen Erfassung der Vernetzungsvorgänge die Frage, ob der Schwefel mono-, di- oder polysulfidisch, cyclisch oder als Thiolgruppe gebunden ist, eine bedeutsame Rolle. Diese Fragestellung sollte jedoch nicht nur den Wissenschaftler, sondern in besonders gelagerten Fällen auch den Praktiker interessieren, da bekanntlich nicht aller gebundener Schwefel den Vernetzungsgrad beeinflußt und da die Art der Schwefelbindung für das technologische Eigenschaftsbild des Vulkanisates von Bedeutung [57] ist.

In neuerer Zeit haben verschiedene Wissenschaftler die Möglichkeit der Schwefelstrukturbestimmung in Vulkanisaten untersucht und eine Reihe von Reagenzien aufgefunden, mit denen bestimmte Strukturen nachgewiesen werden können. Durch sinnvolle ergänzende Anwendung verschiedener Verfahren läßt sich heute bereits eine recht weitgehende Aufklärung von Vulkanisatstrukturen herbeiführen.

5.4.1 Anwendung von Methyljodid

5.4.1.1 Prinzip der Methode

Bereits 1935 fanden K. H. Meyer und W. Hohenemser [77], daß Kalt- und Warmvulkanisate, wenn sie einige Tage mit einem Überschuß von Methyljodid gelagert wurden, Methyljodid addierten. Aufgrund ihrer Untersuchungen nahmen sie an, daß dieses Reagenz Monothioether-Gruppen anzeigen würde.

Bei dieser Methode werden Mercaptan-Gruppen nicht angegriffen.

Die Reaktion von Vulkanisaten mit Methyljodid wurde von anderen Autoren [17] weiter untersucht. In neuerer Zeit befaßten sich M. L. Selker und A. R. Kemp [109–112] sowie W. Scheele und W. Triebel [107] mit diesem Problem intensiv. Zusammenfassend ergaben sich bei diesen Untersuchungen folgende Erkenntnisse:

Bei der Reaktion von Mercaptanen mit Methyljodid in alkoholischer Lösung bildet sich nach den Gleichungen (VIII) und (IX) Dimethylalkylsulfoniumjodid:

$$R{-}CH_2{-}SH + CH_3J \rightarrow HJ + R{-}CH_2{-}S{-}CH_3 \qquad \text{(VIII)}$$

$$R{-}CH_2{-}S{-}CH_3 + CH_3J \rightarrow R{-}CH_2{-}S\left(\begin{matrix} CH_3 \\ CH_3 \end{matrix}\right)J \qquad \text{(IX)}$$

Wenn freies Jod zugegen ist, so geht eine entsprechende Menge des Mercaptans nach Gleichung (X)

$$2R{-}CH_2{-}SH + J_2 \rightarrow 2HJ + R{-}CH_2{-}S{-}S{-}CH_2{-}R \qquad \text{(X)}$$

in das Dialkyldisulfid über. Dieses kann seinerseits durch Umsetzung mit Methyljodid ebenfalls in das entsprechende Sulfoniumjodid übergehen.

Bei der Reaktion von Dialkylmonosulfiden mit Methyljodid wird diese nach Gleichung (XI)

$$R-CH_2-S-CH_2-R + CH_3J \rightarrow \left(R-CH_2-S\begin{matrix} CH_2-R \\ CH_3 \end{matrix} \right) J \qquad \text{(XI)}$$

zu den entsprechenden Sulfoniumjodiden addiert. Bei einem Überschuß an Methyljodid kann auch ein Austausch der Alkyl-Gruppen gegen den Methyl-Rest stattfinden, die M. L. Selker gemäß den Gleichungen (XII) bis (XV) formuliert hat:

$$\left(R-CH_2-S\begin{matrix} CH_2-R \\ CH_2 \end{matrix} \right) J \rightleftharpoons R-CH_2-S-CH_3 + R-CH_2-J \qquad \text{(XII)}$$

$$R-CH_2-S-CH_3 + CH_3J \rightarrow \left(R-CH_2-S\begin{matrix} CH_3 \\ CH_3 \end{matrix} \right) J \qquad \text{(XIII)}$$

$$\left(R-CH_2-S\begin{matrix} CH_3 \\ CH_3 \end{matrix} \right) J \rightleftharpoons CH_3-S-CH_3 + R-CH_2-J \qquad \text{(XIV)}$$

$$CH_3-S-CH_3 + CH_3J \rightarrow \left(CH_3-S\begin{matrix} CH_3 \\ CH_3 \end{matrix} \right) J \qquad \text{(XV)}$$

Diese Reaktionen sollen jedoch äußerst langsam verlaufen, und das Alkylmethylmonosulfid tritt als Zwischenprodukt in Erscheinung. Aufgrund der geringen Geschwindigkeit der Reaktionen (XII) bis (XV) wird bei relativ niedrigen Analysentemperaturen, z.B. bei 24 °C, lediglich das Reaktionsprodukt aus Gleichung XI gefunden.

Die Menge des gefundenen Methylsulfoniumjodids ist unter diesen Bedingungen ein Maß für die Anzahl Alkyl-gebundener Monosulfid-Bindungen. Die Alkylmonosulfide reagieren zunächst nach Gleichung (XVI)

$$R-CH=CH-CH_2-S-CH_2-CH=CH-R + CH_3J$$

$$\rightarrow \left(R-CH=CH-CH_2-S\begin{matrix} CH_2-CH=CH-R \\ CH_3 \end{matrix} \right) J \qquad \text{(XVI)}$$

Das dabei primär entstehende Dialkylmethylsulfoniumjodid ist jedoch instabil; bei der weiteren Reaktion tauscht es relativ rasch nacheinander alle Alkyl-Reste gegen Methyl-Gruppen aus. Auf diese Weise entsteht Trimethylsulfoniumjodid als Endprodukt. Diese Reaktionen verlaufen recht schnell und werden von M. L.

Selker sowie von F. E. Ray und J. Levine [100] entsprechend den Gleichungen (XVII) bis (XX) formuliert.

$$R-CH=CH-CH_2-S\left\langle\begin{matrix}CH_2-CH=CH-R\\CH_3\end{matrix}\right)J \rightleftharpoons \qquad \text{(XVII)}$$

$$R-CH=CH-CH_2J+R-CH=CH-CH_2-S-CH_3$$

$$R-CH=CH-CH_2-S-CH_3+CH_3J\rightarrow$$

$$R-CH=CH-CH_2-S\left\langle\begin{matrix}CH_3\\CH_3\end{matrix}\right)J \qquad \text{(XVIII)}$$

$$R-CH=CH-CH_2-S\left\langle\begin{matrix}CH_3\\CH_3\end{matrix}\right)J \rightleftharpoons \qquad \text{(XIX)}$$

$$R-CH=CH-CH_2J+CH_3-S-CH_3$$

$$CH_3-S-CH_3+CH_3J\rightarrow CH_3-S\left\langle\begin{matrix}CH_3\\CH_3\end{matrix}\right)J \qquad \text{(XX)}$$

Das nach Gleichung (XVII) und (XX) gebildete Alkyljodid soll entsprechend Gleichung (XXI) unter Abspaltung von Jod dimerisieren.

$$2R-CH=CH-CH_2J\rightarrow$$

$$J_2+R-CH=CH-CH_2-CH_2-CH=CH-R \qquad \text{(XXI)}$$

Als Summengleichung der Reaktionen (XVI) bis (XXI) ergibt sich Gleichung (XXII)

$$R-CH=CH-CH_2-S-CH_2-CH=CH-R+3\,CH_3J$$

$$\rightarrow J_2+R-CH=CH-CH_2-CH_2-CH=CH-R+(CH_3)_3SJ \qquad \text{(XXII)}$$

Die bei der Reaktion bei 24 °C gebildete Jod-Menge kann titrimetrisch erfaßt werden und ist bei Abwesenheit von Mercaptanen [vgl. Gleichung (X)] ein Maß für Alkyl-gebundene Monothioether.

Aliphatische Disulfide reagieren mit Methyljodid außerordentlich langsam bzw. erst bei höheren Temperaturen, wobei pro Mol Disulfid 4 Mol Methyljodid verbraucht werden. Nach Haas und Dougherty [49] soll sich gemäß Gleichung (XXIII)

$$R-CH_2-S-S-CH_2-R+CH_3J$$

$$\rightarrow R-CH_2-\underset{\diagup\atop CH_3}{S}-\underset{\diagdown\atop J}{S}-CH_2-R \qquad \text{(XXIII)}$$

zunächst ein lockeres Addukt aus Methyljodid und dem Disulfid bilden, das wiederum zu Alkylmethylmonosulfid und Alkylsulfenyljodid zerfällt [siehe Gleichung (XXIV)]

$$R-CH_2-\underset{CH_3}{\underset{\diagup}{S}}-\underset{J}{\underset{\diagdown}{S}}-CH_2-R \rightarrow R-CH_2-S-CH_3 + R-CH_2-SJ \qquad (XXIV)$$

Das letztere soll in weiterer Reaktion mit Methyljodid nach Gleichung (XXV)

$$R-CH_2-SJ + CH_3J \rightarrow J_2 + R-CH_2-S-CH_3 \qquad (XXV)$$

unter Abspaltung von Jod Alkylmethylmonosulfid bilden.

Das nach Gleichung (XXIV) und (XXV) entstandene Alkylmethylmonosulfid soll schließlich nach Gleichung (XXVI)

$$R-CH_2-S-CH_3 + CH_3J \rightarrow \left(R-CH_2-S\begin{matrix}\diagup CH_3\\ \diagdown CH_3\end{matrix}\right)J \qquad (XXVI)$$

zum Sulfoniumjodid umgesetzt werden.

Als Summengleichung der Reaktionen (XXIII) bis (XXVI) ergibt sich Gleichung (XXVII)

$$R-CH_2-S-S-CH_2-R + 4\,CH_3J$$
$$\rightarrow J_2 + 2\left(R-CH_2-S\begin{matrix}\diagup CH_3\\ \diagdown CH_3\end{matrix}\right)J \qquad (XXVII)$$

Bedeutsam für die Ablösbarkeit des Schwefels aus dem Vulkanisat ist also dessen Art und dessen Stellung zur Doppelbindung. In α-Methylen-C-Stellung erfolgt die Reaktion durch Ablösung des Schwefels aus dem Vulkanisat und unter Bildung von Trimethylsulfoniumjodid, entsprechend Gleichung (XXII).

Wurde die Vernetzungsbrücke unter Auflösung einer Doppelbindung aufgerichtet, d.h., ist der Schwefel in Alkyl-Stellung gebunden, dann wird Methyljodid unter Bildung von Sulfoniumjodid addiert [vgl. Gleichung (XXVI)]. Das bedeutet, wenn der größte Teil des Schwefels durch Methyljodid extrahiert ist, dann zeigt dies eine Schwefelbindung an der α-Methylen-Gruppe zur Doppelbindung an. Da die Methyljodid-Reaktion mit Di- und Polythioäthern wesentlich langsamer vor sich geht als mit Monothioethern, ist die Reaktion sehr von der Temperatur abhängig. Bei relativ niedrigen Temperaturen, z.B. 24 °C, erfaßt man praktisch ausschließlich Monothioether.

5.4.1.2 Durchführung der Analyse

0,2 bis 0,3 g einer zerkleinerten und von freiem Schwefel durch Extraktion völlig befreiten Gummiprobe werden im 125 ml-Vakuumkolben mit 57 g (25 ml) reinem Methyljodid versetzt, die Luft wird völlig durch reinen Stickstoff ersetzt. Dann läßt man die Probe 20 Tage im Dunkeln bei 24°C stehen. Nach beendeter Reaktion wird das restliche Methyljodid im Hochvakuum abdestilliert und das Reaktionsprodukt anschließend im Hochvakuum bei 60°C getrocknet. Das evtl. entstandene Trimethylsulfoniumjodid wird durch Aceton extrahiert und der Schwefel nach der Natriumsulfid-Methode bzw., wenn genügend Substanz vorhanden ist, durch Salpetersäure-Oxydation nach ASTM [116] bestimmt. Die Bestimmung des freien Schwefels erfolgt durch Titration mit Thiosulfat, die Bestimmung des Gesamtjods nach Elek und Harte [33].

Die Bestimmung des nach der Reaktion noch gebundenen Schwefels erfolgt nach der Differenzmethode, d.h. Gesamtschwefel abzüglich freiem Schwefel.

Wenn vor der Behandlung mit Methyljodid die Gesamtzahl von Vernetzungsstellen beispielsweise nach der Quellungsmethode [66] bestimmt worden ist, läßt sich nun aus der Anzahl der noch verbleibenden Vernetzungsstellen abschätzen, wieviel Vernetzungsstellen gespalten worden sind. Dies entspricht der Anzahl alkylgebundener Thioethergruppen; die Menge frei gewordenen Schwefels läßt auf die Länge der Vernetzungsbrücken schließen.

5.4.2 Anwendung von Lithiumaluminiumhydrid

5.4.2.1 Prinzip der Methode

Zu der Methode von Selker und Kemp wurde mehrfach kritisch Stellung genommen. Es reagieren nämlich nicht nur die intermolekular gebundenen Schwefelanteile, sondern auch intramolekular gebundener (cyclisch eingebauter) Schwefel mit Methyljodid, wodurch die Ergebnisse verfälscht werden können.

Nach Studebaker und Nabors [118] sowie Moore [88] sind die nach der Methyljodid-Methode erhaltenen Ergebnisse recht schwierig zu interpretieren. Man kann jedoch mit ihnen eindeutig feststellen, ob man beispielsweise bei der Tetramethylthiuramdisulfid-Vulkanisation ohne Schwefel, Schwefel- oder C—C-Vernetzungsstellen vorliegen hat. Im Falle der Abwesenheit von C—C-Vernetzungen ist die weitere Differenzierung von Mono-, Di- oder Polythioether-Vernetzungsstellen durch die Anwendung von Lithiumaluminiumhydrid besonders einfach [118]. Über die Handhabung von Lithiumaluminiumhydrid geben die Arbeiten von Stenmark und Weiss [117] sowie von Arnold, Lien und Alm [1] Auskunft. Monosulfidbindungen werden durch Lithiumaluminiumhydrid nicht angegriffen, sondern bleiben unverändert erhalten. Dithioether werden dagegen unter Bildung von Mercaptanen hydrolysiert, siehe Gleichung (XXVIII)

$$R-S-S-R \xrightarrow[\text{Hydrolyse}]{\text{LiAlH}_4} 2\,RSH \qquad \text{(XXVIII)}$$

Polythioether bilden bei der Reaktion mit Lithiumaluminiumhydrid dagegen Mercaptane und eine dem Polythioether äquivalente Menge an Sulfiden, siehe Gleichung (XXIX)

$$R-S-S_x-S-R \xrightarrow[\text{Hydrolyse}]{\text{LiAlH}_4} 2\,RSH + xS^{--} \qquad \text{(XXIX)}$$

Die aus den reduzierten Proben gebildeten Mercaptane und Sulfide werden potentiometrisch titriert. Die Menge der gefundenen Sulfide weist auf polysulfidische Bindungen hin. Die Größenordnung von x läßt sich durch die Anwendung von Triphenylphosphin als Reagenz bestimmen. Aus der ermittelten Anzahl von Polysulfid-Vernetzungen läßt sich durch Differenz zur Gesamtzahl von gespaltenen

Vernetzungsbrücken die Anzahl von Disulfid-Vernetzungen feststellen. Aus der Differenz der nach der Reduktion noch verbleibenden Vernetzungsbrücken zur vorherigen Gesamtanzahl (unter der Voraussetzung, daß C—C-Vernetzungen nicht vorhanden sind) erhält man die Anzahl von Monothioether-Vernetzungsgliedern.

5.4.2.2 Durchführung der Analyse

5.4.2.2.1 Herstellung der Analysenproben

1,5 g einer dünnwandigen Vulkanisatprobe werden mit Chloroform 7 Tage lang im Soxhlet extrahiert und 24 h bei Raumtemperatur im Vakuum getrocknet. Anschließend wird eine Stunde lang mit 75 ml reinem Ether am Rückfluß gekocht. Es werden 10 ml konzentrierter Salzsäure zugesetzt. Daran schließt sich ein weiteres 3stündiges Kochen am Rückfluß an, wobei durch den Reaktionskolben Stickstoff durchgeleitet wird. Der sich bildende Schwefelwasserstoff wird in wässeriger, saurer Cadiumacetat-Lösung aufgegangen. Der Sulfidschwefel wird dann jodometrisch bestimmt. Der Überschuß an Ether und Salzsäure wird dekantiert und die Probe mit destilliertem Wasser gewaschen und anschließend getrocknet. Dann extrahiert man 48 h mit reinem Methanol und trocknet erneut 48 h bei Raumtemperatur über Stickstoff.

Die auf diese Weise erhaltenen Proben werden unter Paraffin im Mikrotom in 5 dünne Scheibchen zerschnitten; das Paraffin wird mit 50 ml n-Hexan extrahiert. Mit weiteren 20 ml n-Hexan werden die Scheibchen nun in einen 125 ml-Dreihalskolben übergeführt, auf dem in der Mitte ein Kühler, auf der einen Seite eine Stickstoffkapillare und auf der anderen Seite ein Tropftrichter für die Reagenzzugabe aufgesetzt sind.

5.4.2.2.2 Reagenzien

Cadmiumacetat-Lösung

25 g Cadmiumacetat und 100 ml Eisessig werden in 875 ml destilliertem Wasser gelöst.

5.4.2.2.3 Reaktionslösung

180 ml Tetrahydrofuran, das über Lithiumaluminiumhydrid destilliert worden ist und 18 g Lithiumaluminiumhydrid werden gerührt, über Nacht stehen gelassen, durch Glaswolle filtriert und dann mit 3 Tropfen der nachfolgenden Indikatorlösung, die Lithiumaluminiumhydrid anzeigt, versetzt.

5.4.2.2.4 Indikatorlösung

1% 4-Phenylazo-diphenylamin in Benzol, Ammoniumnitrat in Ethanol (5 g Ammoniumnitrat werden in 1 l destilliertem denaturiertem Ethylalkohol gelöst).

5.4.2.2.5 Durchführung der Reduktion

Das Reaktionsgefäß mit den unter n-Hexan befindlichen Proben wird gut mit Stickstoff ausgespült und im Eisbad gekühlt. 30 ml eines über Lithiumaluminiumhydrid destillierten Tetrahydrofurans, das so viel Lithiumaluminiumhydrid enthält, daß der Indikator eine schwach bräunliche Farbe ergibt, werden zugesetzt. Nun gibt man 3 ml der Reaktionslösung tropfenweise zu. Die Reaktion erfolgt zuerst schwach und dann stärker. Die Geschwindigkeit des Zusatzes der Reaktionslösung sollte so bemessen sein, daß er nach etwa 5 min abgeschlossen ist. Danach wird das Reaktionsgefäß auf ein 25 °C warmes Wasserbad gestellt und 3 h lang mit einem Magnetrührer gerührt.

Der Überschuß an Lithiumaluminiumhydrid wird dann durch Zusatz von 10 ml der Ammoniumnitrat-Ethanol-Lösung zersetzt. Diese Lösung wird zuerst ebenfalls tropfenweise bis zur deutlichen Wasserstoffentwicklung zugesetzt, dann wird der Rest eingerührt. Schließlich werden

3 ml konzentrierten Ammoniumhydroxids zugesetzt und mit 20 ml Ammoniumnitrat-Ethanol-Lösung gespült. Der Inhalt des Kolbens wird nun in ein 250 ml-Becherglas übergeführt, und zwar unter Ausspülen mit weiteren 70 ml Ammoniumnitrat-Ethanol-Lösung.

5.4.2.2.6 Titration

Die Titration erfolgt mit 0,1 N Silbernitrat-Lösung, z.B. mit der Syringe-Mikrobürette SB-2 der Firma Micro Metric Instrument Comp., Cleveland, Ohio. Als Elektrode wird ein Silber-Kalomel-System empfohlen. Nahe dem Endpunkt erfolgt die Silbernitratzugabe in einem Abstand von etwa 1 min. Das mV-Potential wird mit einem Potentiometer gemessen.

Bei Sulfid-Spaltprodukten wird ein Potentiometerwert zwischen 450 und 600 und bei Mercaptan-Spaltprodukten ein solcher zwischen 150 und 330 mV gemessen. Die Sulfid-Spaltprodukte lassen sich rasch titrieren, wogegen die Mercaptan-Spaltprodukte zur Einstellung des Gleichgewichtes eine längere Zeit benötigten.

5.4.2.2.7 Auswertung

$$S^{--}\ \frac{\text{ml} \times \text{Normalität } (AgNO_3)}{2} = \text{Millimol Sulfidschwefel}$$

$$\text{RSH ml} \times \text{Normalität } (AgNO_3) = \text{Millimol Mercaptanschwefei}$$

5.4.3 Anwendung neuerer Reagenzien

In neuerer Zeit ist eine Reihe weiterer Substanzen, die zum Spalten von Vernetzungsbrücken in Vulkanisaten geeignet scheinen, bekanntgeworden. Eine recht interessante Substanz ist das Triphenylphosphin [35]. Es hat sich nämlich gezeigt, daß Dialkyltetrasulfide ($R-S_4-R$) mit Triphenylphosphin in Benzol bei 80 °C nach Gleichung (XXX)

$$R-S_4-R + 2\,Ph_3P \rightarrow R-S_2-R + 2\,Ph_3PS \ (Ph = \text{Phenyl}) \qquad \text{(XXX)}$$

reagieren, indem Disulfide gebildet werden und die beiden restlichen aus der Schwefelkette herausgelösten Schwefelatome durch Bindung an das Triphenylphosphin nachweisbar werden.

Durch Anwendung dieser Methode kann man ergänzend zur Lithiumaluminiumhydrid-Nachweismethode die Größe x in Polysulfid-Vernetzungsbrücken ($R-S-S_x-S-R$) bestimmen. Bei Dialkenyldisulfiden werden durch Reaktion mit Triphenylphosphin [siehe Gleichung (XXXI)]

$$R'-S_2-R' + Ph_3P \rightarrow R'-S-R' + Ph_3PS \ (R' = \text{Alkenyl}) \qquad \text{(XXXI)}$$

unter vergleichbaren Bedingungen, aber in Abwesenheit von Lösungsmitteln, Monosulfide gebildet.

Bei der Anwendung von Natriumdialkylphosphit [89] und von Propan-2-thiol-piperidin [36] lassen sich ebenfalls Di- und Polysulfide nachweisen. Beide Kategorien sind nämlich in diesen Reagenzien löslich.

Polysulfide sind rasch und Disulfide sehr langsam löslich, wogegen Monosulfide nicht löslich sind. Die Reaktionen erfolgen nach den Gleichungen (XXXII) bis (XXXIV)

$$[(\text{Alkyl-O})_2\text{PO}]^-\text{Na}^+ + \text{R}-\text{S}-\text{S}-\text{R} \rightarrow$$
$$(\text{Alkyl O})_2\text{PO SR} + (\text{R}-\text{S})^-\text{Na}^+ \qquad \text{(XXXII)}$$

$$[(\text{CH}_3)_2\text{CH S}]^-(\text{C}_5\text{H}_{10}\text{NH}_2)^+ + \text{R}-\text{S}-\text{S}-\text{S}-\text{R} \rightarrow$$
$$[\text{R}-\text{S}-\text{S}-\text{CH}(\text{CH}_3)_2] + (\text{R}-\text{S}-\text{S})^-(\text{C}_5\text{H}_{10}\text{NH}_2)^+ \qquad \text{(XXXIII)}$$

$$[(\text{CH}_3)_2\text{CH S}]^-(\text{C}_5\text{H}_{10}\text{NH}_2)^+ + \text{R}-\text{S}-\text{S}-\text{R} \rightarrow$$
$$[\text{R}-\text{S}-\text{S}-\text{CH}(\text{CH}_3)_2] + (\text{R}-\text{S})^-(\text{C}_5\text{H}_{10}\text{NH}_2)^+ \qquad \text{(XXXIV)}$$

6 Analyse von mineralischen Bestandteilen und Ruß

Für die Analyse von mineralischen Bestandteilen und Ruß in einer Kautschukmischung bzw. in einem Vulkanisat ist es erforderlich, zunächst die gesamten organischen Bestandteile einschließlich der Elastomeren möglichst quantitativ zu beseitigen. Die Extraktion von freiem Schwefel, Beschleunigern, Alterungsschutzmitteln, Weichmachern, löslichen Harzen, Bitumen und ähnlichen Substanzen wird zunächst mit organischen Lösungsmitteln durchgeführt. Die anschließende Verseifung mittels alkoholischer Kalilauge dient zur Entfernung von Faktis. Nach der vollständigen Extraktion läßt sich die Beseitigung der nicht extrahierbaren organischen Komponenten, wie Kautschuk, vernetzten Harzen und dgl., nach 4 Hauptverfahren erreichen:

1. Aufschluß mit heißem Paraffinöl oder anderen inerten Lösungsmitteln
2. Nasser Aufschluß durch heiße Salpetersäure oder durch p-Dichlorbenzol unter oxydativer Einwirkung von Butylhydroperoxid und Osmiumtetroxid
3. Pyrolyse
4. Veraschung

Nach der Entfernung der organischen Bestandteile wird der Ruß quantitativ durch Verglühen des Rückstandes, der sich gegebenenfalls aus Ruß und mineralischen Füllstoffen zusammensetzt, in einer geeigneten oxydierenden Atmosphäre bestimmt. Die Rußmenge wird entweder aus der Gewichtsdifferenz oder aus der Menge des entstandenen, durch Absorption in einem geeigneten Absorptionsmittel erfaßten Kohlendioxids berechnet.

6.1 Aufschluß mit heißem Paraffinöl oder anderen inerten Lösungsmitteln [41]

Vulkanisierter Natur- und Synthesekautschuk ist im wesentlichen in allen Lösungsmitteln in Abwesenheit von Sauerstoff unlöslich. In einigen hochsiedenden organischen Lösungsmitteln gelingt es jedoch, in Anwesenheit von Sauerstoff Vulkanisate aus Naturkautschuk und einigen Synthesekautschuktypen aufzulösen. W. C. Wake [121] beschreibt ausführlich die theoretischen Grundlagen und die praktische Anwendung der Lösungsmethoden.

Dort wird für die Auflösung von Vulkanisaten aus Naturkautschuk, Styrol-Butadien-Kautschuk und Butylkautschuk Paraffinöl, p-Dichlorbenzol, Nitrobenzol und p-Cymol empfohlen. Eine Reihe anderer Synthesekautschuktypen kann nach dieser Methode wegen ihrer höheren Wärmebeständigkeit oder starken Widerstandsfähigkeit gegen Quellung nicht aufgeschlossen werden. Nach Wake weist Nitrobenzol für Naturkautschuk und Styrol-Butadien-Kautschuk eine größere Lösungsgeschwindigkeit auf als p-Dichlorbenzol. Für den Aufschluß von Butylkautschuk ergibt sich zwischen den beiden Lösungsmitteln praktisch kein Unterschied in der Lösungsgeschwindigkeitskonstante. Das Lösungsmittel mit der geringsten Aufschlußgeschwindigkeit ist bei allen untersuchten Vulkanisaten p-Cymol. Aus den Angaben von Wake geht ferner hervor, daß Naturkautschuk von den genannten Lösungsmitteln am raschesten abgebaut wird, gefolgt von Styrol-Butadien-Kautschuk; Butylkautschuk wird am langsamsten gelöst. Wir arbeiten bevorzugt mit Paraffinöl. Es ist von den angeführten Lösungsmitteln zum Aufschluß von Vulkanisaten für die Bestimmung von Cellulose (z.B. aus Textilien) am besten geeignet. Aus diesen Gründen beschreiben wir den Aufschluß mit heißem Paraffinöl sehr ausführlich.

6.1.1 Prinzip der Methode

Die zerkleinerten Vulkanisate werden mit Aceton und Chloroform extrahiert und anschließend mit heißem Paraffinöl (D 0,853; Flammpunkt: 132 °C, Brennpunkt: 177 °C; farblos; Seybold-Viskosität bei 20 °C: 56 s, bei 38 °C: 45 s) oder ASTM-Öl Nr. 3 (Flammpunkt: 70 °C; Viskosität: 155 cP) am Rückflußkühler bis zur Auflösung (etwa 3 h) behandelt. Nach Zugabe von Benzol und Petrolether (Kp. 60 bis 80 °C) wird durch einen Gooch-Tiegel filtriert, mit Aceton und Alkohol gründlich gewaschen, getrocknet und gewogen. Im Rückstand befinden sich mineralische Füllstoffe, Ruß und evtl. Cellulose. Das Verfahren wird besonders dann benutzt, wenn Füllstoffe vorhanden sind, die sich beim Glühen verändern.

6.1.2 Durchführung der Methode

0,5 bis 1 g des auf der eng gestellten Walze fein friktionierten Vulkanisates werden analytisch genau eingewogen und mindestens 8 Stunden lang mit einem Gemisch von 32 Vol.-% Aceton und 68 Vol.-% Chloroform extrahiert (bzw. bis das ablaufende Extraktionsmittel farblos ist). Die Probe wird in einem 250 ml-Erlenmeyer-Kolben mit 20 bis 25 ml Paraffinöl übergossen und bei 150 bis 165°C so lange am Rückfluß erhitzt, bis die Probe vollständig gelöst erscheint (etwa 3 h). Hierbei ist auf genügende Belüftung der aufzuschließenden Probe zu achten. Dies läßt sich am einfachsten durch Rühren erreichen. Ein Oxydationskatalysator, wie er von Wake für den Aufschluß mit den anderen Lösungsmitteln (z.B. Naphthylthiol [31]) genannt wird, bei der Anwendung von Paraffinöl nicht erforderlich. Die Wärmebehandlung wird nach scheinbar vollständigem Lösen noch 15 bis 30 min fortgesetzt. Die Probe kann als gelöst betrachtet werden, wenn das Öl keine sichtbaren kolloidalen Gummianteile mehr enthält. Der Kolben wird auf etwa 110°C abgekühlt, vom Rückflußkühler abgenommen und dann langsam bei stetigem Umschwenken mit 10 bis 15 ml Benzol versetzt.

Nach dem Abkühlen bis auf Raumtemperatur wird die Lösung mit 300 ml Petrolether verdünnt, gut durchgemischt und über Nacht stehengelassen.

Die in organischen Lösungsmitteln unlöslichen Anteile, mineralische Füllstoffe, Ruße und evtl. Cellulose, werden durch einen Gooch-Tiegel, der mit gereinigtem Asbest beschickt ist, bei mäßigem Saugen abfiltriert. Man wäscht zuerst mit Petrolether, dann mit warmem Aceton und anschließend, falls das Filtrat dunkel ist (Bitumen), mit einem warmen Gemisch gleicher Vol.-Teile

Aceton und Chloroform gut aus. Durch den Waschprozeß sollen die organischen Bestandteile weitestgehend entfernt werden. Abschließend wird der Rückstand mit heißem Ethylalkohol nachgewaschen, 1 h bei 110 °C getrocknet, in einem Exsikkator abgekühlt und gewogen.

Der auf diese Weise gewonnene unlösliche Rückstand stellt Ruß, mineralische Füllstoffe und evtl. Cellulose dar; er kann zur weiteren Bestimmung von Ruß und säurelöslichen Füllstoffen sowie zur Bestimmung von Cellulose verwendet werden.

Aus der Differenz zwischen Gesamtrückstand und Ruß, säurelöslichen Füllstoffen und evtl. Cellulose können die säureunlöslichen mineralischen Füllstoffe bestimmt werden.

6.1.3 Bestimmung säurelöslicher und säureunlöslicher Füllstoffe

Der Rückstand im Gooch-Tiegel wird bei mäßigem Saugen mit heißem dest. Wasser und anschließend mit 30 ml Salzsäure (D 1,16) behandelt. Wenn Carbonate vorliegen, wird zu starkes Schäumen dadurch vermieden, daß zuerst ein paar Tropfen der Säure durchgezogen werden und die weitere Säurezugabe langsam erfolgt, bis keine Gasentwicklung mehr stattfindet. Nach der Behandlung mit Salzsäure wird der Rückstand mit heißem dest. Wasser säurefrei (Indikatorpapier) gewaschen und der Tiegel eine Stunde lang bei 110°C getrocknet, in einem Exsikkator gekühlt und gewogen. Die Gewichtsdifferenz ergibt den Anteil an säurelöslichen Füllstoffen.

Die säureunlöslichen Füllstoffe werden nun bestimmt, indem der Tiegel im Muffelofen bei 700°C geglüht wird. Nach dem Abkühlen wird wieder gewogen. Die Differenz dieses Gewichtes zur vorherigen Wägung stellt den Anteil an Ruß bzw. Cellulose und zum leer (d. h. nur mit Asbest) gewogenen Tiegel den Anteil an unlöslichen mineralischen Füllstoffen dar.

6.1.4 Cellulosebestimmung [3]

Man geht von der Gesamtmenge säureunlöslicher getrockneter Füllstoffe aus. Man entfernt den Niederschlag mittels einer spitzen Pinzette aus dem Tiegel, reinigt mit dem unteren Teil des Asbests den Tiegel, gibt alles zusammen in ein Wägegläschen, trocknet 10 min bei 110°C und wägt nach dem Abkühlen als Summe: Asbest, unlösliche Füllstoffe, Ruß und Cellulose.

Der Inhalt des Wägegläschens wird dann in ein 50 ml-Becherglas gegeben und mit 15 ml Essigsäureanhydrid sowie 0,5 ml konz. Schwefelsäure versetzt.

Die Cellulose wird durch einstündiges Erhitzen auf dem Wasserbad acetyliert. (Die Einhaltung von Zeit und Temperatur ist bei dieser Behandlung wichtig!) Nach gründlichem Abkühlen wird mit 25 ml Essigsäure (90%ig) verdünnt und durch einen vorbereiteten Gooch-Tiegel filtriert. Es ist darauf zu achten, daß dabei keine Spuren von unlöslichem Füllstoff durchlaufen (deshalb ganz langsam und schwach saugen!). Mit heißer 90%iger Essigsäure wird gewaschen, bis das Filtrat vollkommen farblos ist. Im Anschluß daran muß noch viermal mit Aceton gewaschen werden. Nach 2stündigem Trocknen bei 150°C wird der Tiegel in einem Exsikkator abgekühlt und gewogen. Die Gewichtsdifferenz entspricht dem Cellulose-Gehalt.

Die Genauigkeit dieser Methode wird allerdings angezweifelt. Sie soll oft zu niedrige Ergebnisse bringen [16]. Von W. C. Wake [122] durchgeführte Untersuchungen ergeben für Cellulose, die in Form von Filterpapier zugesetzt wird, eine Ausbeute von etwa 95%. Cellulose, die der Kautschukmischung bereits in Form von Acetylcellulose zugesetzt wurde, wird nach dieser Methode nicht erfaßt, da sie sich bereits im Acetonextrakt befindet.

6.2 Nasser Aufschluß durch heiße Salpetersäure oder durch p-Dichlorbenzol unter oxydativer Einwirkung von tert.-Butylhydroperoxid und Osmiumtetroxid

Dieser Aufschluß wird hauptsächlich zur quantitativen Bestimmung von Ruß in Vulkanisaten angewandt.

6.2.1 Aufschluß mit heißer Salpetersäure [42]

6.2.1.1 Prinzip der Methode

Die zerkleinerte und mit einem Aceton-Chloroform-Gemisch extrahierte Probe wird mit heißer Salpetersäure behandelt. Der Ruß wird zusammen mit den säureunlöslichen mineralischen Füllstoffen filtriert und nach Verbrennen durch Gewichtsdifferenz ermittelt.

Der Nachteil des Salpetersäureverfahrens besteht vor allen Dingen darin, daß beim Filtrieren des Rußes manchmal Schwierigkeiten auftreten. Sie kommen dadurch zustande, daß der Ruß oft in sehr feiner Verteilung vorliegt und daher durch das Asbestfilter hindurchlaufen kann. Außerdem werden einige Zersetzungsprodukte des Kautschuks leicht von Ruß adsorbiert, wodurch oftmals zu hohe Ergebnisse vorgetäuscht werden. Deshalb haben McCready und Thompson [25] einen empirischen Faktor von 0,95 eingeführt, mit dem die Gewichtsdifferenz multipliziert werden muß, um den wahren Rußgehalt zu ermitteln. Die Methode ist nur für Vulkanisate auf Basis von Naturkautschuk, Styrol-Butadien-Kautschuk, Butadien-Acrylnitril-Kautschuk und Polybutadien geeignet. Für die Bestimmung von Ruß in Butylkautschuk und Polychloropren muß die extrahierte Probe zuerst mit Nitrobenzol und anschließend mit 25%iger Salpetersäure behandelt werden, wobei die Zersetzung des Kautschukanteils durch heißes Xylol vervollständigt wird [45].

6.2.1.2 Durchführung

Eine zerkleinerte Probe von 0,5 g wird 8 h mit einem Chloroform-Aceton-Gemisch (68:32 Volumenteile) extrahiert. Die Probe wird in einem 250 ml-Becherglas auf dem Dampfbad so lange erwärmt, bis sie nicht mehr nach Chloroform riecht. Dann werden einige Milliliter und 10 min später weitere 50 ml Salpetersäure (D 1,42) zugegeben. Nach der Zugabe der Salpetersäure, die man am Rande des Becherglases heruntergießt, erhitzt man eine Stunde lang auf dem Dampfbad. Nach dieser Zeit sollten keine Blasen oder Schaum mehr an der Oberfläche zu sehen sein. Die heiße Flüssigkeit wird vorsichtig durch einen mit Asbest beschickten Gooch-Tiegel gesaugt, wobei man ungelöstes Material nach Möglichkeit im Becher zurückhält. Man filtriert langsam bei mäßigem Saugen und wäscht gut aus, indem man mit heißer Salpetersäure (D 1,42) dekantiert. (Achtung! Saugflasche vorher ausleeren!) Anschließend wird der Rückstand im Becherglas mit Aceton und einer Mischung aus Aceton und Chloroform (1:1) ausgewaschen (und die Waschflüssigkeit durch den Tiegel dekantiert), bis das Filtrat farblos ist. Das vorsichtig im Becher zurückgehaltene unlösliche Material wird 30 min lang auf dem Dampfbad mit 35 ml 25%iger Natronlauge behandelt. Das kann unterlassen werden, wenn keine Silicate vorliegen. Man verdünnt mit 60 ml heißem, destilliertem Wasser und erhitzt auf dem Dampfbad. Die alkalische Lösung wird mit dem unlöslichen Rückstand durch den Gooch-Tiegel gesaugt und mit heißer, 15%iger Natronlauge gut ausgewaschen.

Der Rückstand im Tiegel wird nun viermal mit heißer Salpetersäure (D 1,19) gewaschen. Zuletzt wird mit Ammoniaklösung neutralisiert und mittels Natriumchromatlösung auf Blei geprüft. Ist solches anwesend, wird der Waschvorgang mit Salzsäure (D 1,19) weiter fortgesetzt, und schließlich wird mit 5%iger Salzsäure nachgewaschen. Der Tiegel wird von der Saugflasche abgenommen, wobei darauf zu achten ist, daß die Außenseite vollständig sauber ist, dann wird in heißer Luft $1^1/_2$ h lang bei 110°C getrocknet, abgekühlt und gewogen. Daraufhin wird der Ruß bei 700 °C verbrannt und der Tiegel zurückgewogen. Die Gewichtsdifferenz gibt etwa 105% des ursprünglich vorhandenen Rußes in der Mischung an.

6.2.2 Aufschluß mit p-Dichlorbenzol in Gegenwart von tert.-Butylhydroperoxid und Osmiumtetroxid als Katalysator [65]

Prinzip der Methode

Die zerkleinerte Probe wird in p-Dichlorbenzol gequollen und dann mit tert.-Butylhydroperoxid in Gegenwart von Osmiumtetroxid als Katalysator aufgeschlossen. Der Ruß wird nach der Verbrennung als Gewichtsdifferenz ermittelt. Das Verfahren ist brauchbar für Naturkautschuk-, Styrol-Butadien-Kautschuk-, Butadien-Acrylnitril-Kautschuk, Butylkautschuk-, Polybutadien- und Polychloroprenmischungen.

6.2.2.1 Durchführung der Methode

Die Probe (0,2 bis 0,25 g) wird in kleine Stücke zerschnitten. 20 g p-Dichlorbenzol werden in einem 150 ml-Becherglas, das mit einem kaltes Wasser enthaltenden Erlenmeyer-Kolben abgedeckt ist, erhitzt, bis das p-Dichlorbenzol geschmolzen ist. Die Gummiprobe wird in das geschmolzene p-Dichlorbenzol eingebracht und eine halbe Stunde bei gelindem Sieden geweicht. Nach dem Abkühlen auf 80–90 °C werden der Lösung 5 ml tert.-Butylhydroperoxid und 1 ml 0,08%ige benzolische Osmiumtetroxid-Lösung zugegeben. Eine vollständige Auflösung der Probe erreicht man in den meisten Fällen nach 30 min langem Erhitzen bei 120 °C. Die Lösung wird auf 50–60 °C abgekühlt. Nach Zugabe von 25 ml Benzol wird die noch mäßig warme Lösung durch einen vorbereiteten Gooch-Tiegel filtriert. Beim Filtrieren hat man keine Schwierigkeiten; der Ruß setzt sich im Gegensatz zum Aufschluß mit heißer Salpetersäure gut ab und tendiert nicht dazu, durch das Asbestfilter hindurchzulaufen (in besonderen Fällen kann man evtl. einige ml Ether zu Hilfe nehmen, um schnelle Filtration zu erreichen). Filter und Becher werden mit Benzol ausgespült. Darauf wird die Saugflasche ausgeleert und der Tiegel mit zwei 5 ml-Portionen warmer, halbkonzentrierter Salpetersäure bei mäßigem Saugen ausgewaschen. Nachdem einige Male mit destilliertem Wasser nachgespült wurde, trocknet man den Tiegel bei einer Temperatur von 325 bis 350 °C eine halbe Stunde lang, kühlt und wägt sofort. Dann wird zwischen 750 und 800 °C geglüht, abgekühlt und zurückgewogen. Der Gewichtsverlust gibt die in der ursprünglichen Probe vorhandene Rußmenge an.

6.3 Pyrolyse

6.3.1 Pyrolyse und Abdestillation flüchtiger Anteile im inerten Gasstrom

In den letzten Jahren wird der Methode der Pyrolyse für die quantitative und qualitative Rußbestimmung sowie das Isolieren anorganischer Füllstoffe eine gesteigerte Aufmerksamkeit gewidmet.

6.3.1.1 Prinzip der Methode

Endter [34] beschreibt ein Pyrolysegerät für die trockene Destillation von Gummiproben im Vakuum sowie ein Verfahren zur elektronenmikroskopischen Ermittlung der Verteilung der Teilchengröße von Rußen und ihrer Einordnung in eine der bekannten Klassen. Auch die Möglichkeit der Identifizierung von anorganischen kristallinen Füllstoffen mit Hilfe der Röntgenanalyse wird von Endter ausführlich behandelt. Glander [46] entwickelte ein weiteres Verfahren. Hierbei wird die Probe im Wasserstoffstrom bei 950 °C im Quarzrohr zersetzt und der Ruß sodann in normaler Atmosphäre verbrannt. Die Methode ist für Naturkautschuk-, Styrol-Butadien-Kautschuk und Butylkautschukvulkanisate, die kaum einen Blindwert (simulierter Ruß höchstens 0,2%) aufweisen, gut anwendbar. Bei Vulkanisaten aus Nitrilkautschuk kann dieser Blindwert 2,5% und bei Polychloroprenvulkanisaten sogar mehr als 10% betragen, weshalb die Methode hierfür nicht empfohlen wird. Bei quantitativer Füllstoffbestimmung nach der Methode Glander müssen außerdem noch die Blindwerte der Ruße selbst berücksichtigt werden. Zum Beispiel wurden bei den deutschen Ruß-Typen Durex O und CK 4 etwa 98,5 bzw. 91,5% „Ruß" gefunden.

Bauminger und Poulton [9] beschreiben sehr detailliert eine ähnliche Methode, und zwar den Verbrennungsvorgang, bei dem es im ersten Verbrennungsrohr zu einer Pyrolyse der flüchtigen organischen Bestandteile kommt, die sich in strömendem vorgereinigtem Stickstoff abspielt. Der Rückstand im Verbrennungsschiffchen, der sich im wesentlichen aus Ruß und mineralischen Füllstoffen zusammensetzt, wird gewogen und der Rußanteil nach der Überführung in das zweite Verbrennungsrohr in einem Sauerstoffstrom zu Kohlendioxid verbrannt. Das Kohlendioxid wird in einer Absorptionsvorrichtung der herkömmlichen Art absorbiert und gewogen. Die Gesamtmenge der Ruße im Vulkanisat wird aus der Differenz zwischen dem Glühverlust des Schiffcheninhalts und der Massenzunahme des Inhalts der Absorptionsgefäße ermittelt.

6.3.1.2 Durchführung der Methode

J. Hlavnicka und E. Turečkova [56] haben das Verbrennungsprinzip von Bauminger und Poulton zu einer Serienbestimmung des Ruß- und Kautschukgehaltes sowie der Asche in Gummi benutzt. Zu diesem Zweck haben sie einen neuen Typ eines halbautomatischen Gerätes ausgearbeitet. Das Gerät ist mit einer automatischen Verschiebevorrichtung für die Öfen ausgestattet; die Verschiebegeschwindigkeit ist einstellbar und richtet sich nach dem Verlauf der Verbrennung der Gummiproben. Die genaue Regulierung und Einstellung der Temperaturen wie auch ihre Kontrolle in den einzelnen Destillations- und Verbrennungszonen ist gewährleistet. Gleichzeitig wird auch für eine entsprechende Feinregulierung der Zufuhr der Gase zu den verschiedenen Zonen Sorge getragen.

Aus der extrahierten Probe wird zunächst in einem inerten Medium (auf 520 °C vorgewärmter und über Kupfer gereinigter Stickstoff) bei 600 °C das Elastomer abdestilliert, woraufhin durch Glühen bei 900 °C in einem Sauerstoffstrom der Ruß verbrannt wird und die Asche den Rückstand bildet. Die einzelnen Massenverluste werden aus den Massenveränderungen des Inhalts des Schiffchens und der Absorptionsgefäße festgestellt. Die Methode ist für alle Kautschukarten anwendbar.

Nur für Vulkanisate auf Basis von chlorhaltigen Polymeren ist sie wenig geeignet, da sie einen bis zu 18% Kohlenstoff enthaltenden Rückstand bei der Pyrolyse hinterlassen können. Bei Vulkanisaten, die mit mineralischen Füllstoffen, wie Kaolin, Magnesiumcarbonat, Magnesiumoxid oder Kalk, hochgefüllt sind, ist eine Korrektur erforderlich, bedingt durch den jeweiligen Verlust dieser Füllstoffe bei höheren Temperaturen. In Tab. 11 werden die Kohlenstoffrückstände (in %) verschiedener Polymere bei der Pyrolyse bis zu Temperaturen von 520 °C in Stickstoff, in Tab. 12 flüchtige Anteile (in %) verschiedener Rußarten bei 600 bis 900 °C und in Tab. 13 Glühverluste (in %) verschiedener Füllstoffe bei unterschiedlicher Wärmebehandlung angegeben.

Tabelle 11. Kohlenstoffrückstände verschiedener Polymerer bei 520 °C

Polymere	Kohlenstoffrückstand (%)
Naturkautschuk	0,23– 0,49
Styrol-Butadien-Kautschuk	0,23– 0,59
Nitrilkautschuk	1,50– 3,64
Butylkautschuk	0,10
Chloroprenkautschuk	12,30–17,86
Polysulfide	2,8
Polyvinylchlorid	5,9

Tabelle 12. Flüchtige Anteile verschiedener Rußarten bei 600 bis 900 °C

Rußklasse	flüchtige Anteile (%)
Ölruße, Channelruße	3,22–4,08
Thermalruße	1,71–2,70
Gasruße	0,71–1,27
Acetylenruße	0,27–0,39

Tabelle 13. Glühverluste verschiedener Füllstoffe

Mineralische Füllstoffe	Glühverlust (%)		Asche (%)
	15 min bei 520°C in Stickstoff	10 min bei 900°C in Sauerstoff	
Kalk, gemahlen	1,10– 1,67	39,88–41,10	57,79–59,01
Kaolin	9,24– 9,52	0,95– 1,15	89,51–89,62
Magnesiumoxid	2,03– 2,66	keine Veränderung	97,33–97,98
Magnesiumcarbonat	53,57–55,00	1,25– 1,90	43,75–44,52

6.4 Bestimmung von mineralischen Füllstoffen durch trockene Veraschung

6.4.1 Prinzip der Methode

Es ist bekannt, daß die einfache Verbrennung von Vulkanisaten in einem Tiegel und die Bestimmung des Glührückstandes (d.h. trockene Veraschung) aus oben aufgeführten Gründen nicht immer zur quantitativen Bestimmung von mineralischen Füllstoffen geeignet ist. Trotzdem bedient man sich der Aschebestimmung gern, weil sie einfach und ohne komplizierte Ausrüstung durchgeführt werden kann. Infolge der Zersetzung gewisser Mischungsbestandteile oder Abgabe von Hydratwasser (z.B. bei Kreide, Magnesiumcarbonat, Kaolin u.a.) erhält man bei der einfachen Veraschung nur reproduzierbare Werte. wenn ein Analysenschema genau eingehalten wird, bei dem die Temperatur im Verhältnis zur Veraschungsdauer kontrolliert wird. Die deutschen und englischen Normvorschriften [28, 16] geben hierfür keinerlei Einzelheiten an. Es wird lediglich darauf hingewiesen, daß eine Endverbrennungstemperatur zwischen 550 und 900 °C für die Veraschung geeignet ist.

Die amerikanischen Normvorschriften [4] machen Angaben über die Geschwindigkeit der Temperatursteigerung sowohl für Schnell- als auch Schiedsanalysen. Eine schnelle Veraschung nimmt nach dieser Vorschrift etwa 2 h und 25 min und eine Schiedsanalyse 7 h 37 min in Anspruch. Außerdem weisen die ASTM-Vorschriften auf die mangelnde Eignung der trockenen Veraschung für die Analyse von chlorhaltigen Polymeren in Gegenwart von Zinkverbindungen hin.

6.4.2 Durchführung der trockenen Veraschung nach deutscher Normvorschrift

Die nach DIN 53551 vorbereitete und zerkleinerte Probe wird zunächst in einem Porzellantiegel auf einer Asbestplatte zwecks Verflüchtigung aller organischer Substanzen ohne Entzündung erhitzt und hierauf im elektrischen Ofen bis zur Gewichtskonstanz geglüht. Die Einwaage der Probe ist so zu bemessen, daß der zu erwartende Veraschungsrückstand zwischen 0,05 und 0,5 g liegt. Die Aschenwerte zweier Bestimmungen dürfen um nicht mehr als

$$F\,\% = 0{,}1 \cdot \sqrt{\text{Mittelwert}}$$

voneinander abweichen.

DIN 53568 Blatt 1 beschreibt die Bestimmung des Glührückstandes ohne chemische Vorbehandlung bei 550 ± 25 °C und 950 ± 50 °C. Die Verfahren auch dieser Norm eignen sich nicht zur Bestimmung des Glührückstandes von halogenhaltigen Erzeugnissen.

Dafür ist DIN 53568 Blatt 2: Bestimmung nach chemischer Vorbehandlung durch Abrauchen mit Schwefelsäure vorgesehen. Durch Abrauchen mit Schwefelsäure werden Verluste durch flüchtige Halogenverbindungen vermieden. Geglüht wird bei 950 ± 50 °C bis zur Gewichtskonstanz. In beiden Fällen umfaßt der Glührückstand die anorganischen Bestandteile von Kautschuk und Elastomeren bei der Glühtemperatur in °C, die sich in der Hauptsache aus hellen Füllstoffen, anorganischen Pigmenten und Puderstoffen zusammensetzen. Diese müssen im Glührückstand, insbesondere nach Abrauchen mit Schwefelsäure, nicht mehr in ihrer ursprünglichen Form vorliegen, sondern können sich unter den Glühbedingungen verändert haben.

Bei der schonenden Glühtemperatur von 550 ± 25 °C bleiben die Carbonate fast vollständig erhalten. Der Glührückstand muß jedoch frei von elementarem Kohlenstoff sein. Ist das bei dieser Temperatur (z. B. bei stark rußhaltigen Mischungen) nicht erreichbar, so wird das Glühen bei 950 ± 50 °C fortgesetzt.

6.4.3 Durchführung der trockenen Veraschung nach amerikanischer Normvorschrift [4]

Die amerikanischen Normvorschriften empfehlen für die Schnellmethode, die Probe 4 h lang mit Aceton zu extrahieren und im Muffelofen nach folgender Anweisung zu veraschen:

Zeit in min	0	5	10	15	70	75	80	85	145
Temperatur in °C	0	100	200	300	300	400	500	550	550

Bei der Veraschung für die Schiedsanalyse wird eine in kleine Stücke zerschnittene Probe (Kantenlänge der Stückchen 2 bis 4 mm) analytisch genau eingewogen und 16 h lang (bei Hartgummi länger) mit Aceton extrahiert. Die Probe wird dann 1 Stunde lang bei 80°C getrocknet und in einem gewogenen Porzellantiegel mit großer Sorgfalt auf folgende Weise verascht:

Man bringt den Tiegel in die Mitte eines elektrischen Muffelofens bei einer Temperatur von 300°C. Nach 30 bis 45 min wird die Ofentemperatur allmählich erhöht, bis sie nach einer weiteren halben Stunde 450°C beträgt. Anschließend öffnet man die Ofentür einen Spalt von etwa 1 cm und beläßt die Probe 2 h lang in diesem Zustand. Dann erhöht man die Temperatur bis auf 550°C. Man schließt den Ofen und sieht nach einer Stunde nach, ob evtl. im Tiegel noch Kohlenstoff vorhanden ist. Wenn die Asche von Kohlenstoff frei ist, wird der Tiegel aus dem Ofen herausgenommen, im Exsikkator abgekühlt und gewogen. Anderenfalls setzt man die Behandlung bei 550°C fort. Wenn unbedingt nötig, darf man vorsichtig bis 600°C weitererhitzen. Die Asche soll jedoch nicht länger als 20 min dieser Temperatur ausgesetzt sein, da sonst ein Teil der Füllstoffe verflüchtigt werden kann.

In Tab. 14 wird über die unterschiedlichen Glühverluste einiger Füllstoffe berichtet [39].

Tabelle 14. Unterschiedliche Glühverluste (einschl. Feuchtigkeit) einiger Füllstoffe bei 550 °C (5 h) und 800 °C ($2^1/_2$ h)

Füllstoff	Glühverluste in % bei 550°C	bei 800°C
Kaolin	4–5	6–7
Kieselerde	3–3,5	4–5
Aerosil (Pyrogen gewonnene Kieselsäure)	2,5–3	7–8
Gefällte Kieselsäure	10–11	12–13
Tonerdegel	35–40	47–53
Lithopone	2–2,5	6–7
Kreide	0,1–0,3	41–43

Der Glührückstand kann für die qualitative Analyse benutzt werden. Die qualitative Prüfung der Asche erfolgt am schnellsten mit Hilfe der Spektralanalyse.

Bei der quantitativen Auswertung sind Umrechnungsfaktoren und Korrekturen erforderlich, die von der Temperatur, bei der gearbeitet wurde, abhängig sind (vgl. Tab. 11 bis 14). Der bei der trockenen Veraschung erhaltene Rückstand kann nicht zur Bestimmung von Spurenelementen benutzt werden, da beim Gebrauch eines Porzellantiegels Kupfer oder andere Spurenelemente in der heißen Glasur des Tiegels gelöst werden.

Abhilfe kann durch Verwendung von Quarztiegeln, deren Innenwände mit hitzebeständigem Material (z.B. gebrannter Magnesia) ausgekleidet werden, geschaffen werden.

Nachweis von polycyclischen Kohlenwasserstoffen in Ruß

Ruße enthalten bekanntlich z.T. nicht unerhebliche Mengen an polycyclischen Kohlenwasserstoffen, von denen eine Reihe mehr oder weniger starke carcinogene Wirkung aufweist, weshalb ihrem Nachweis zunehmende Bedeutung zukommt. Von den etwa 30 bisher in Ruß nachgewiesenen polycyclischen Kohlenwasserstoffen erwiesen sich die folgenden als biologisch aktiv [38]:

Kohlenwasserstoff	Biologische[a] Aktivität	Intensität der[b] sichtbaren Anregung 365 nm	Fluoreszenz-Anregung 254 nm
Benzopyren	×××	×××	××
Dibenzoanthracen	×××	×	××
3-Methylcholanthren	×××	×	××
Dibenzopyrene	×××	×	××
Tribenzopyren	××	×××	×××
Benzofluoranthrene	××	×××	×××
Benzoanthracen	×	××	××
Indenopyren	×	×××	×××
Chrysen	×	—	××

[a] ××× stark, ×× mäßig stark, × schwach
[b] ××× sehr stark, ×× stark, × schwach — keine

Alle polycyclischen Kohlenwasserstoffe weisen eine mehr oder weniger starke Fluoreszenz in ultraviolettem Licht (Anregung bis 365 bzw. 254 nm) auf, wodurch sie nachgewiesen werden können. Da die Extrakte aus Ruß (z.B. mit Cyclohexan, Benzol, Methanol u.a.) meist ein komplexes Gemisch von Polycyclen enthalten, treten komplizierte Überlagerungen der Spektralkurven auf. Eine vorherige Auftrennung des Gemisches, vor allem zur quantitativen Analyse, ist daher unumgänglich.

Dies ist auch erforderlich, um die meist sehr kleinen Mengen an Kohlenwasserstoffen anzureichern. Dazu eignet sich eine kombinierte absorptions- und verteilungschromatographische Methode mit Aluminiumoxid und Acetylcellulose gut.

Nach der Vortrennung in der Aluminiumoxidsäule, für die Cyclohexan/Benzol-Gemische als Eluens verwendet werden, erfolgt die endgültige Trennung auf vollacetylierter Cellulose papier- oder dünnschichtchromatographisch. An Hand der Retentionszeiten (Säule), des R_B-Wertes (Platte) und der Fluoreszenzfarbe (Anregungslinie 365 und 254 nm) kann eine große Anzahl von polycyclischen Kohlenwasserstoffen voneinander unterschieden und durch Vergleich mit Testchromatogrammen identifiziert werden.

Auch mit Hilfe einer papierchromatographischen Methode, die im Bundesgesundheitsblatt veröffentlicht wurde und die zur Untersuchung von Paraffinen und mikrokristallinen Wachsen ausgearbeitet wurde, können die wichtigsten, stark carcinogen wirkenden Polycyclen in Ruß nachgewiesen und ihre Konzentration abgeschätzt werden. Nach Meinung der maßgebenden Pharmakologen und Toxikologen können die Konzentrationen polycyclischer Kohlenwasserstoffe unter 10^{-8} g als ubiquitär angesehen werden.

7 Identifizierung und Bestimmung der Kautschukart

7.1 Qualitative Analyse von Polymerarten

Durch eine Vorprüfung auf physikalische und chemische Eigenschaften wie Transparenz, Dehnbarkeit, Löslichkeit, Brennverhalten sowie dabei auftretender Geruch und einfache Farbreaktionen der Spaltprodukte kann der Analytiker auf die Art des Polymeren schließen [103]. Burchfield [19] läßt die thermischen Spaltprodukte von Kautschuken mit einer Lösung von p-Dimethylaminobenzaldehyd reagieren. Anhand der dabei entstehenden Verfärbung sowie des Verhaltens der Pyrolysattropfen (schwimmt oben, sinkt bzw. keine Tropfenbildung) kann man einige Kautschuktypen identifizieren.

7.1.1 Apparatur

Ein Reagenzglas (10×75 mm) wird durch einen Korkstopfen mit einem zu einem spitzen Winkel gebogenen Glasrohr (innerer Durchmesser 3 bis 4 mm) verbunden. Das Glasrohr soll von der Krümmung ab gerechnet etwa 100 mm lang sein. Zum Auffangen der Pyrolysenprodukte können die gleichen Reagenzgläser dienen.

7.1.2 Reagenzlösung

1,0 g p-Dimethylaminobenzaldehyd und 0,01 g Hydrochinon werden in 100 ml Methanol unter schwachem Erwarmen gelöst und mit 5 ml konz. Salzsäure (D 1,19) und 10 ml Ethylenglykol versetzt. Die Dichte der Lösung wird durch entsprechenden Zusatz von Methanol oder Ethylenglykol bei 25 °C auf 0,851 eingestellt. In einer braunen Flasche aufbewahrt, ist diese Lösung mehrere Monate haltbar.

7.1.3 Vorbereitung der Probe

Bei lackierten Gummibedarfsgegenständen wird die Oberfläche durch Abreiben mit Sandpapier vom Lacküberzug befreit.

Die zu untersuchende Probe wird in kleine Stücke (Kantenlänge 2 bis 4 mm) zerschnitten und 8 h lang mit Aceton extrahiert. Die Probe wird dann 1 h lang bei 80 °C getrocknet.

7.1.4 Ausführung

0,5 g der vorbereiteten Probe werden in das Reagenzglas eingefüllt. Nach dem Aufsetzen des absteigenden Glasrohres wird die Probe mit einer kleingestellten Bunsenflamme (blauer Kegel) unter leichtem Bewegen des Reagenzglases erhitzt, bis Zersetzung eintritt. Wenn die Zersetzungsdämpfe am offenen Ende des Glasrohres austreten, werden sie unter Fortsetzen der Destillation in 1,5 ml der Reagenzlösung eingeleitet. Es ist darauf zu achten, daß keine teerigen Produkte mit überdestillieren. Nach dem Abkühlen beobachtet man das Pyrolysat in der Reagenzlösung sowie seine Farbe. Das Pyrolysat des chlorsulfonierten Polyethylens schwimmt auf, das des Butylkautschuks schwebt in der Lösung, wenn deren Dichte auf 0,851 eingestellt wurde, während die Pyrolysate der übrigen Elastomere gelöst werden oder auf den Reagenzglasboden absinken. Das Pyrolysat und die Reagenzlösung werden anschließend in einem größeren Reagenzglas mit 5 ml Methanol verdünnt und 3 min lang gekocht, wobei sich charakteristische Farbtöne bilden, wie folgende Tabelle zeigt:

Tabelle 15

Material	Pyrolysat	nach Erwärmen in Methanol
Blindversuch	—	blaßgelb
Naturkautschuk (NR)	rotbraun	rotviolett
synthetisches cis-1,4-Polyisopren	rotbraun	grün
Butadien-Styrol-Kautschuk (SBR)	gelbgrün	grün
Verschnitte aus:		
a) 3 Tl. NR 1 Tl. SBR	rotbraun	dunkelviolett
b) 1 Tl. NR 1 Tl. SBR	gelbgrün	grünblau
c) 1 Tl. NR 3 Tl. SBR	gelbgrün	grünblau
Butadien-Acrylnitril-Kautschuk	orange-rot	weinrot
Chlorbutadien-Kautschuk	unspezifisch gelbgrün	schmutzig-grün
Chlorsulfoniertes Polyethylen	gelb	gelb
Polyvinylchlorid	unspezifisch gelb bis grünlich-blaustichig	unspezifisch gelb bis grünlich-blaustichig
Butylkautschuk	gelb	blauviolett
Siliconkautschuk	gelb	gelb
Polyurethan-Elastomere	gelb	gelb

Die Interpretation solcher Ergebnisse kann durch spezifische Reaktionen unterstützt werden.

7.2 Spezifische Reaktionen für Kautschukarten

7.2.1 Nachweis von Naturkautschuk und synthetischem Polyisopren

7.2.1.1 Weber-Farbtest [127]

Der Farbtest von Weber beruht auf der Beobachtung, daß bromierter Naturkautschuk mit Phenolen unter Bildung intensiv gefärbter Verbindungen reagiert. Die

Reaktion muß mit acetonextrahiertem Material ausgeführt werden, da verschiedene Harze und Öle (z. B. Kolophonium, Linolensäureester) den Farbtest verfälschen können.

7.2.1.1.1 Ausführung

0,5 g der mit Aceton nach DIN 53553 extrahierten Probe werden in einer kleineren Porzellanschale mit 5 bis 10 ml Tetrachlorkohlenstoff auf einem Wasserbad gequollen. Nach Zugabe einiger Tropfen Brom wird die Probe weiter erwärmt, das überschüssige Brom abgedampft und 1 g Phenol zugesetzt. Nach einiger Zeit bildet sich in Gegenwart von Naturkautschuk oder synthetischem Polyisopren eine blaue bis violette Farbe, die in Chloroform-Lösung karminrot erscheint.

Balata und Guttapercha geben ebenfalls einen positiven Weber-Farbtest. Bei Naturkautschuk-Alkaliregeneraten ist die Reaktion negativ. Der Weber-Farbtest gilt allgemein als empfindlicher Nachweis für lineare Polyisoprene. In einer Mischung von 10 Teilen Naturkautschuk und 90 Teilen Butadien-Styrol-Kautschuk kann der erstere noch erkannt werden.

7.2.1.2 Nachweis durch Oxydation zu Essigsäure [76]

Naturkautschuk und synthetisches Polyisopren, auch in Mischungen mit anderen Polymeren, können durch die bei der Oxydation mit Chromschwefelsäure gebildete Essigsäure nachgewiesen werden.

7.2.1.2.1 Ausführung

0,5 g des fein zerkleinerten, mit Aceton nach DIN 53553 extrahierten Materials werden in einem 10 ml-Destillierkolben mit 5 ml Chromschwefelsäure (hergestellt aus 20 g Chromtrioxid, 50 ml Wasser und 15 ml konz. Schwefelsäure (D 1,84)) versetzt und auf einem Gasbrenner erhitzt.

Einige Milliliter des Destillates werden in einem mit Wasser gekühlten Reagenzglas aufgefangen. Einige Tropfen davon werden auf einer Tüpfelplatte nacheinander mit einem Tropfen 5%iger Lanthannitrat-Lösung, einem Tropfen 0,02 N Jod/Kaliumjodid-Lösung sowie einem Tropfen konz. Ammoniak-Lösung (D 0,9) versetzt. In Anwesenheit von Essigsäure bildet sich eine blaue Farbe um den Ammoniaktropfen.

7.2.2 Nachweis von Butadien-Styrol-Kautschuk

Butadien-Styrol-Kautschuk kann mit Hilfe der Azofarbstoffreaktion auf Styrol eindeutig nachgewiesen werden.

Das Verfahren beruht auf folgendem Prinzip: Styrol wird mit Salpetersäure hauptsächlich zu p-Nitrobenzoesäure oxidiert und diese nach Extraktion zu p-Aminobenzoesäure reduziert. Letztere wird nach Diazotierung gekuppelt und als Azofarbstoff nachgewiesen.

7.2.2.1 Ausführung

1 bis 2 g des trockenen, mit Aceton nach DIN 53553 extrahierten Materials werden unter Rückfluß-Kühlung mit 20 ml konzentrierter Salpetersäure (D 1,40) bis zur vollständigen Zersetzung erhitzt. Das Reaktionsgemisch wird dann in 100 ml Wasser gegossen und dreimal mit je 30 ml Ether extrahiert.

Die kombinierten Etherextrakte werden zweimal mit je 15 ml Wasser gewaschen, wobei das Waschwasser verworfen wird. Die gebildete p-Nitrobenzoesäure wird aus der etherischen Lösung durch dreimaliges Extrahieren mit je 15 ml 5%iger Natronlauge ausgezogen, die alkalische Lösung mit Salzsäure (D 1,19) erst schwach angesäuert und dann mit 20 ml im Überschuß versetzt. Die Reduktion der Nitrogruppe erfolgt mit 5 g granuliertem Zink auf dem Wasserbad. Anschließend wird die Lösung mit 20%iger Natronlauge alkalisch gemacht. Ausgefallenes Zinkhydroxid soll eben wieder gelöst sein. Die alkalische Lösung wird dann mit Ether zweimal extrahiert; der Etherextrakt wird verworfen. Nach dem schwachen Ansäuern mit Salzsäure wird zunächst abgekühlt und mit 2 ml einer 0,5%igen Natriumnitrit-Lösung versetzt. 10 Minuten danach wird die überschüssige salpetrige Säure durch Zugabe von 4 ml 2,5%iger Ammoniumsulfamat-Lösung zerstört. Das erhaltene Diazoniumsalz wird mit 3 ml einer 1%igen wässerigen Lösung von N-(1-Naphthyl)-ethylendiamindihydrochlorid gekuppelt.

Bei Anwesenheit von styrolhaltigen Mischpolymerisaten entsteht eine violette Färbung. Der Nachweis ist sehr empfindlich.

7.2.3 Nachweis von Butadien-Acrylnitril-Kautschuk

Die Identifizierung erfolgt durch den Nachweis der Blausäure, die bei der Pyrolyse acrylnitrilhaltiger Polymerisate abgespalten wird [58].

Ausführung

Die Pyrolysedämpfe werden in 1 N Natronlauge eingeleitet. Nach dem Zusatz einer frisch bereiteten verdünnten wässerigen Eisen(II)-chlorid-Lösung wird die Mischung aufgekocht und mit 1 N Salzsäure angesäuert.

Bei Anwesenheit von acrylnitrilhaltigen Polymerisaten entsteht eine blaue Färbung oder ein blauer Niederschlag (Berliner Blau).

7.2.4 Nachweis von Chlorbutadien-Kautschuk

Chlorbutadien-Kautschuk kann durch seinen Chlorgehalt nachgewiesen werden, wobei jedoch stets auf Abwesenheit anderer chlorhaltiger Polymerer, z. B. von Polyvinylchlorid und seinen Mischpolymerisaten, zu prüfen ist. Die Probe ist zur Entfernung etwa verwendeter chlorhaltiger Weichmacher zuvor mit Aceton zu extrahieren.

7.2.4.1 Nachweis von Chlor

7.2.4.1.1 Beilstein-Probe. Die Prüfung auf Grünfärbung der nichtleuchtenden Bunsenflamme mit einem Kupferdraht wird in der üblichen Weise mit einigen Körnchen des mit Aceton nach DIN 53553 extrahierten Untersuchungsmaterials vorgenommen.

7.2.4.1.2 Lassaignesche Probe

Etwa 100 mg der fein zerkleinerten, mit Aceton nach DIN 53553 extrahierten Probe, werden mit einer etwa erbsengroßen Menge metallischen Natriums in einem Reagenzglas zusammengeschmolzen. Man erhitzt so lange, bis die Probe vollständig zersetzt und das Reagenzglas nahezu weich wird. Das rotglühende Glas wird dann in etwa 10 ml destilliertes Wasser getaucht. Die entstandene wässerige Lösung wird durch Filtrieren von Glassplittern befreit, mit Salpetersäure angesäuert und kurz aufgekocht (evtl. aus stickstoffhaltigen Substanzen entstandene Cyanwasserstoffsäure wird durch längeres Kochen entfernt).

Nach Zugabe von 0,1 N Silbernitrat-Lösung bildet sich in Anwesenheit von Chlorid ein flockiger Niederschlag, der in überschüssigem Ammoniak löslich ist.

7.2.4.2 Nachweis von Polyvinylchlorid in Gummi

7.2.4.2.1 Pyridin-Test

10 mg der mit Aceton nach DIN 53553 extrahierten Probe werden in 5 ml Pyridin 2 bis 3 min lang gekocht; anschließend werden 10 Tropfen 0,5 N methanolische Kalilauge zugesetzt. Bei Anwesenheit von Polyvinylchlorid und seinen Mischpolymerisaten entsteht eine rotbraune Färbung, die sich schnell vertieft und nach einigen Stunden in einen Niederschlag übergeht. Chlorbutadien-Kautschuk, chlorsulfoniertes Polyethylen bzw. die in Gummimischungen verwendeten Chlorparaffine geben diese Reaktion nicht.

7.2.5 Nachweis von Butylkautschuk [43]

7.2.5.1 Reaktion mit Quecksilbersulfat

Die Pyrolyseprodukte des Butylkautschuks, reagieren mit Quecksilbersulfat unter Bildung einer goldgelb gefärbten Verbindung. Man läßt die Pyrolysedämpfe auf ein mit der Reagenz-Lösung frisch getränktes Filterpapier einwirken. Die Reagenz-Lösung wird durch Lösen von 5 g gelbem Quecksilberoxid in einer Mischung von 80 ml Wasser und 15 ml konzentrierter Schwefelsäure in der Wärme hergestellt.

7.2.5.2 Reaktion mit methanolischer Quecksilber(II)-acetat-Lösung

(zur Unterscheidung von Ethylen-Propylen-Mischpolymerisaten, die nach 7.2.5.1 aufgrund des Propylengehaltes ebenfalls eine goldgelbe Färbung geben).

Leitet man die Pyrolysedämpfe von Butylkautschuk durch eine Kältefalle in 5%ige methanolische Quecksilber(II)-acetat-Lösung, so reagieren die leicht flüchtigen Pyrolysedämpfe mit dem Quecksilbersalz unter Bildung von Methoxyisobutylquecksilberacetat. Die alkoholische Lösung wird zur Trockene eingedampft und der Rückstand mit siedendem n-Pentan behandelt.

Man filtriert vom Unlöslichen ab und dampft das Filtrat auf ein geringes Volumen ein. Nach dem Abkühlen kristallisiert Methoxyisobutylquecksilberacetat in langen Nadeln aus, die bei +55 °C schmelzen [123].

Die Pyrolysedämpfe von Ethylen-Propylen-Kautschuk geben mit methanolischer Quecksilber(II)-acetat-Lösung keine kristallinen Addukte.

7.2.6 Nachweis von Elastomeren auf Basis von Ethylen-Propylen-Mischpolymerisaten

Pyrolyseprodukte von Elastomeren auf Basis von Ethylen-Propylen-Mischpolymerisaten reagieren mit Quecksilber(II)-sulfat wie unter 7.2.5.2 beschrieben. Die erhaltene Gelbfärbung ist jedoch schwächer als mit Isobutylen. Für den Nachweis von Ethylen-Propylen-Kautschuk und seine Unterscheidung von Butylkautschuk eignet sich entweder die infrarotsprektroskopische oder die gaschromatographische Untersuchung der Pyrolysate [14].

7.2.7 Nachweis von Siliconkautschuk [18]

7.2.7.1 Brennprobe

Das Verhalten des Siliconkautschuks beim Anbrennen in der freien Flamme ist charakteristisch. Unter Volumenvergrößerung und eigentümlichem Aufglühen entsteht weißer Rauch, der an den kalten Stellen der Probe einen weißen Silicium-dioxid-Belag bildet. Die beim Verbrennen anderer Elastomeren zu beobachtende Rußbildung tritt hier nicht auf.

7.2.7.2 Benetzungsprobe

Die zerkleinerte Probe wird in einem Reagenzglas mit 2 bis 3 ml Schwefelsäure (D 1,84) versetzt. Durch Schütteln überzeugt man sich davon, daß die Säure die Glaswand normal benetzt. Das Reagenzglas wird nun unter kontinuierlichem Schütteln allmählich erhitzt und dabei alle 3 bis 5 s aus der Flamme entfernt, um das Verhalten der hochgeschüttelten Säure an der Glaswand zu beobachten.

Wenn der Säurefilm an der Glaswand sofort wieder zerreißt und sich ähnlich verhält wie Wasser auf einer Metalloberfläche, ist das Ergebnis positiv. Durch übermäßiges Erhitzen verschwindet der Effekt.

7.2.8 Nachweis und Bestimmung von Faktis in Gummi

Faktis läßt sich qualitativ und gleichzeitig quantitativ nach DIN 53559 ermitteln (siehe Kapitel 3.5).

7.3 Untersuchung von Kautschuk und Elastomeren mit Hilfe der IR-Spektroskopie

Bei der Analyse von Polymeren ist die Infrarot-Spektroskopie sehr verbreitet. Die Identifizierung erfolgt sowohl anhand der charakteristischen Banden als auch nach dem sogenannten „fingerprint"-Verfahren. Dazu benötigt man entweder eigene Vergleichsspektren oder kommerzielle Spektrensammlungen. IR-spektroskopisch können Copolymere von den Gemischen aus Homopolymeren nicht unterschieden werden.

Die Aufnahme von löslichen Polymeren erfolgt in Form von Filmen von etwa 25 μm Schichtdicke. Die Ausgangskautschuke werden in einem geeigneten Lösungsmittel (Chloroform, Toluol) gelöst und zu Filmen gegossen. Unlösliche Polymere werden in einem Mörser fein verrieben und in Form von KBr-Preßlingen untersucht. Da elastomere Fertigprodukte meistens im IR-Bereich stark absorbierende unlösliche Bestandteile (z.B. Silicate, Ruß u.a.) enthalten, eignen sie sich nicht für eine direkte Aufnahme; sie müssen vorher thermisch abgebaut werden.

In der ISO-Normung sind drei verschiedene Verfahren für den thermischen Abbau vorgesehen:

1. Aufschluß von Elastomeren in siedendem 1,2-Dichlorbenzol
2. Unvollständige Zersetzung bei 200 °C
3. Pyrolyse bei 550 bis 650 °C

7.3.1 Aufschluß von Elastomeren in siedendem 1,2-Dichlorbenzol

Barnes [6] und Mitarbeiter haben als erste versucht, die Elastomeren in hochsiedenden Lösungsmitteln zu lösen und von Füllstoffen durch Filtration abzutrennen.

Das Polymer wurde aus der Lösung durch Fällung, z. B. mit Ethylalkohol abgetrennt, in einem für Infrarot durchlässigen Lösungsmittel (z. B. Chloroform) gelöst und die Lösung der IR-spektroskopischen Untersuchung unterworfen.

Auch Dinsmore und Smith [30a] lösten Elastomere im siedenden 1,2-Dichlorbenzol, entfernten die Füllstoffe durch Zentrifugieren und benutzten die ankonzentrierte Lösung zur Aufnahme des IR-Spektrums auf einer NaCl- oder KBr-Scheibe.

Aufgrund der geringen thermischen Belastung (1,2-Dichlorbenzol siedet bei 179 °C) verändert sich die Struktur der Polymeren kaum. Beispielsweise bleibt die cis-Konfiguration des Butadien-Kautschuks weitgehend erhalten, wodurch seine Identifizierung in Mischungen möglich ist.

Beim Aufschluß mit 1,2-Dichlorbenzol hat sich folgende Arbeitsweise bewährt [48]:

10 g feingemahlene Elastomerprobe (Teilchengröße $\leq$0,4 mm) werden in einer geschlossenen Extraktionshülse 8 h im Soxhlet mit einem geeigneten Lösungsmittel extrahiert. Die extrahierte Probe trocknet man 2 h im Vakuum bei 60°C. 2 g davon werden mit 50 ml 1,2-Dichlorbenzol in einem 250 ml-Kolben am Rückfluß bis zur vollständigen Zersetzung des Elastomeren gekocht. Manche Elastomere, z. B. vernetztes Polychlorbutadien, lassen sich nur sehr langsam abbauen – das bedingt eine Kochdauer bis zu 48 h. Danach wird der Rückflußkühler abgenommen und in die noch heiße 1,2-Dichlorbenzollösung je ein Eßlöffel Kieselgur und Bariumsulfat gegeben und gut durchgeschüttelt. Zum Abtrennen von Ruß und anderen Füllstoffen wird der Kolbeninhalt mit 50 ml Toluol verdünnt und 10 min bei 20000 U/min in der Ultrazentrifuge zentrifugiert. Die überstehende Elastomerlösung wird dekantiert. Ein zweimaliges Nachspülen mit je 50 ml 1,2-Dichlorbenzol, anschließendes Zentrifugieren und Dekantieren ist notwendig, um die im Bodensatz verbleibenden Elastomerenteile herauszulösen. Die dekantierten Elastomerlösungen werden zusammengegeben und durch ein Faltenfilter filtriert. Die klare gelb-bräunlich gefärbte Elastomerlösung wird unter Stickstoff im Vakuum eingedampft, bis eine sirupöse Flüssigkeit übrigbleibt. Der Rückstand wird in 5 ml Toluol aufgenommen.

Je nach gewünschter Schichtdicke des Films werden 1 bis 3 Tropfen der Toluollösung auf einem KBr-Preßling oder eine NaCl-Scheibe aufgebracht. Das restliche Lösungsmittel wird im Vakuumtrockenschrank bei 110°C entfernt. Das Spektrum wird zwischen 2500 cm^{-1} und 650 cm^{-1} registriert.

Die erhaltenen Spektren sind mit denen der unvulkanisierten Polymeren fast identisch. Eine unbedeutende Abweichung im Bereich von 1700 cm^{-1} beruht auf einer oxidativen Veränderung des Polymeren. Die Zuordnung der Elastomeren erfolgt am besten durch Vergleich mit eigenen Spektren oder kommerziellen Spektrensammlungen. Neben den charakteristischen Banden werden die Intensität und Abfolge von Absorptionen (finger-print) zur Identifizierung herangezogen [72].

7.3.2 Unvollständige Zersetzung bei 200 °C

Im Vergleich zum zeitraubenden Aufschluß mit 1,2-Dichlorbenzol benötigt man für die Methode der unvollständigen Zersetzung bei 200 °C etwa 10 Minuten. Gestützt auf die Literaturhinweise [72, 22] und seine eigene Erfahrung empfiehlt Groß [48] folgende Arbeitsweise:

Etwa 2 g extrahiertes und anschließend getrocknetes Elastomeres werden in ein Reagenzglas eingebracht, mit einem Stopfen aus Glaswolle verschlossen und 10 min in einem Ofen bei 200°C gelagert. Bei thermisch stabileren Elastomeren benötigt man etwa 5 g stärker zerkleinertes Material, Korngröße $\leq$400 µm. Anschließend wird die Probe zum Lösen der Abbauprodukte mit

50 ml Trichlorethylen in einem Becherglas auf einem Wasserbad unter gelegentlichem Rühren etwa 30 min behandelt. Der ungelöste Anteil wird abfiltriert und die Lösung mit Hilfe eines Rotationsverdampfers unterhalb 80 °C eingedampft. Der Rückstand wird mit 1 bis 2 ml Chloroform gelöst und auf KBr- oder NaCl-Scheiben aufgetragen. Nach Abdampfen des Lösungsmittels wird das Spektrum aufgenommen. Falls bei der Zersetzung in die Lösung geratener Ruß die Messung stört, muß er durch Filtration entfernt werden.

Die Identifizierung der Elastomeren erfolgt wie üblich durch Vergleichsspektren unter Berücksichtigung der charakteristischen Banden. Die Intensität von Nebenbanden kann durch die Abbaubedingungen unterschiedlich sein. Bedingt durch einen verhältnismäßig kurzen thermischen Angriff gleichen die Spektren denen der Rohkautschuke fast vollständig.

Tabelle 16. Charakteristische Banden zur Identifizierung von Elastomeren nach Aufschluß in 1,2-Dichlorbenzol [48] oder teilweiser Zersetzung bei 200 °C

Bandenlage in Wellenzahlen in cm^{-1} (Wellenlängen in µm)		Intensität	Kautschuktyp
2220	(4,5)	m	Nitril/Butadien-K. (NBR)
1720	(5,8)	st	Acrylat-K. (ABR) Urethan-K. (EU) Ethylen/Vinylacetat-K. (EVAC) (Faktis)
1385	(7,2)	st	Butyl-K. (IIR)
1370	(7,3)	st	Butyl-K. (IIR)
1255	(7,95)	st	Silicon-K. (MQ)
1240	(8,1)	st	Ethylen/Vinylacetat-K. (EVAC)
1240	(8,1)	m(var.)	Chlorsulfoniertes Polyethylen (CSM)
1225	(8,2)	m	Butyl-K. (IIR)
1190–1150	(8,4 ... 8,7)	st	Fluor-K. (FPM)
1085	(9,2)	st	Silicon-K. (MQ)
1055	(9,5)	m	Chlorsulfoniertes Polyethylen (CSM)
1050	(9,55)	m-w	Ethylen/Propylen-K. (EPDM)
1020	(9,8)	st	Ethylen/Vinylacetat-K. (EVAC)
1010	(9,9)	st	Silicon-K. (MQ)
990	(10,1)	m	Butadien-K. (BR) Butyl-K. (IIR)
990	(10,1)	m-w	Fluor-K. (FPM) Styrol/Butadien-K. (SBR) Urethan-K. (EU)
962	(10,4)	st	Styrol/Butadien-K. (SBR) Nitril/Butadien-K. (NBR) Polypentenamer
962	(10,4)	m	Butadien-K. (BR) Butyl-K. (IIR)
910	(11)	m	Styrol/Butadien-K. (SBR)
910	(11)	w	Nitril/Butadien-K. (NBR) Urethan-K. (EU)
885	(11,3)	m-w	Fluor-K. (FPM) Natur-K. (NR)
860	(11,6)	m-w	Silicon-K. (MQ)
835	(12,0)	st	Natur-K. (NR)

Bandenlage in Wellenzahlen in cm^{-1} (Wellenlängen in μm)		Intensität	Kautschuktyp
820	(12,2)	m	Chloropren-K. (CR)
800	(12,5)	st	Silicon-K. (MQ)
760	(13,2)	st	Styrol/Butadien-K. (SBR)
740	(13,5)	st	Butadien-K. (BR)
720	(13,9)	m	Ethylen/Propylen-K (EPDM)
			Chlorsulfoniertes Polyethylen (SCM)
			Ethylen/Vinylacetat-K. (EVAC)
			Fluor-K. (FPM)
		m (breit)	trans-Polypentenamer
698	(14,3)	st	Styrol/Butadien-K. (SBR)

w schwach; m mittel; st stark; (var.) unterschiedlich

7.3.3 Pyrolyse in Verbindung mit Infrarotspektroskopie

Bei der Pyrolyse werden Elastomere bei Temperaturen von 450 °C unter Bildung von gasförmigen und flüssigen Bestandteilen vollständig zersetzt. In allen in der Literatur [9, 24, 37, 51, 53, 60, 63, 68, 69, 74, 94] beschriebenen Fällen bevorzugt man offene Systeme. Am einfachsten verläuft die Pyrolyse in einem Reagenzglas über einem Bunsenbrenner. Dabei ist die Ausbeute an für die IR-spektroskopische Identifizierung wichtigen höhermolekularen Anteilen größer und die Bildung der gasförmigen Bestandteile geringer.

Die Pyrolyse unter kontrollierten Temperaturbedingungen im Rohrofen [94] und unter Stickstoff oder in Vakuum liefert keine andere Pyrolysat-Spektren und bringt nur Vorteile bei der quantitativen Analyse. Für die qualitative Analyse empfehlen wir folgende Arbeitsweise:

Etwa 0,2 g zerkleinerter und extrahierter Elastomerprobe werden in einem Reagenzglas über einer Bunsenflamme erhitzt. Das Glas wird horizontal gehalten, so daß die Pyrolysendämpfe sich an den kühleren Zonen des Reagenzglases niederschlagen. Um die spektroskopische Identifizierung zu unterstützen und zu erleichtern, werden die entweichenden, gasförmigen Bestandteile mit angefeuchtetem Indikatorpapier auf saure (z. B. aus halogenhaltigen Polymeren) oder basische Gase geprüft.

Die Prüfung auf Anwesenheit von Halogenwasserstoffen in gasförmigen Pyrolysaten reicht nicht immer zur Einordnung der Polymeren aus, z. B. wenn ein Gemisch aus Polychloropren mit chlorsulfoniertem Polyethylen vorliegt. In diesem Fall ist es wertvoll, auch die Gasspektren zu berücksichtigen. Von Pyrolysegasen aus chlorsulfoniertem Polyethylen befinden sich im IR-Spektrum Banden des SO_2 und aus Polychloropren diejenigen des 1,2-Chlorbutadiens.

Die flüssigen Pyrolysate werden in einer Mikropipette aufgenommen, zwischen zwei NaCl-Scheiben (evtl. mit Bleidistanzscheiben von 0,050 bis 0,100 mm) verteilt und spektroskopiert.

Bei den chlorierten oder fluorierten Elastomeren ist es zweckmäßig, die flüssigen Pyrolysate 3 bis 4mal mit je 5 ml Dichlormethan auszuziehen, den gesammelten Auszug erst mit wasserfreiem Natriumsulfat und Natriumhydrogencarbonat zu behandeln und nach dem Abdampfen von Dichlormethan spektroskopisch zu untersuchen. Durch diese Behandlung werden saure Spaltprodukte und Wasser vom Pyrolysat abgetrennt und bessere Spektren erhalten.

Zum Nachweis von EPDM in Elastomergemischen mit Naturkautschuk ist es zweckmäßig, die flüssigen Pyrolysate mit Acetonitril auszuwaschen und Extrakt sowie Rückstand nach dem Abdampfen des Lösungsmittels getrennt zu spektroskopieren. EPDM-Pyrolysate sind in Acetonitril unlöslich.

Die Identifizierung von Elastomeren erfolgt wie üblich durch Vergleichsspektren unter Berücksichtigung der charakteristischen Banden.

Tabelle 17. Charakteristische Banden zur Identifizierung von Elastomeren aus Pyrolysaten [48]

Bandenlage in Wellenzahlen in cm^{-1}	(Wellenlängen in μm)	Intensität	Kautschuktyp
2270	(4,4)	w	Urethan-K. (EU)
2220	(4,5)	m	Nitril/Butadien-K. (NBR)
1720	(5,8)	st	Acrylat-K. (ABR)
			Urethan-K. (EU)
			Ethylen/Vinylacetat-K. (EVAC)
			(Faktis)
1385	(7,2)	st	Butyl-K. (IIR)
1370	(7,3)	st	Butyl-K. (IIR)
1270–50	(7,8...8,0)	st (breit)	Ethylen/Vinylacetat-K. (EVAC)
1255	(7,95)	st	Silicon-K. (MQ)
1225	(8,2)	st	Butyl-K. (IIR)
1180–1020	(8,4...9,9)	st (breit)	Fluor-K. (FPM)
1070	(9,4)	st (breit)	Silicon-K. (MQ)
1020	'(9,9)	m	Ethylen/Vinylacetat-K. (EVAC)
990	(10,1)	m	Butadien-K. (BR)
			Nitril/Butadien-K. (NBR)
			Ethylen/Propylen-K. (EPDM)
962	(10,4)	m	Styrol/Butadien-K. (SBR)
			trans-Polypentenamer
910	(11)	m	Chlorsulfoniertes Polyethylen (CSM)
885	(11,3)	st	Natur-K. (NR)
			Butyl-K. (IIR)
875	(11,4)	m	Fluor-K. (FPM)
830	(12)	m	Chloropren-K. (CR)
813	(12,3)	m	Chlorsulfoniertes Polyethylen (CSM)
805	(12,5)	st	Silicon-K. (MQ)
790	(12,6)	st	Fluor-K. (FPM)
775	(12,9)	st	Styrol/Butadien-K. (SBR)
745	(13,4)	m-w	Chlorsulfoniertes Polyethylen (CSM)
720	(13,9)	m	Ethylen/Propylen-K. (EPDM)
			Ethylen/Vinylacetat-K. (EVAC)
		m (breit)	Polypentenamer
698	(14,3)	st	Styrol/Butadien-K. (SBR)
690	(14,5)	st-m	Fluor-K. (FPM)

w schwach; m mittel; st stark

Man soll jedoch nicht enttäuscht sein, daß die Spektren nicht in allen Einzelheiten übereinstimmen, da der Pyrolyseverlauf im Handversuch nicht immer reproduzierbar ist.

7.4 Untersuchung von Kautschuk und Elastomeren mit Hilfe der Gaschromatographie

Unter Pyrolyse-Gaschromatographie versteht man eine Kombination von pyrolytischer Zersetzung und gaschromatographischer Trennung der Zersetzungsprodukte.

In manchen Fällen ist diese Methode nicht so aussagekräftig wie eine chemische oder spektroskopische Methode, in anderen Fällen liefert sie jedoch Aussagen, die durch andere Verfahren nicht möglich sind. Wir wenden sie hauptsächlich als Ergänzungsmethode zu chemischen und spektroskopischen Verfahren an und da hat sie sich vor allem zum Nachweis von Copolymeren bewährt. Die Gaschromatographie ist hier auf solche Substanzen anwendbar, die sich in reproduzierbar verdampfbare Spaltprodukte abbauen lassen. Die erhaltenen Chromatogramme lassen sich meist aufgrund ihres äußeren Erscheinungsbildes bestimmten Hochpolymeren zuordnen. Die gesamte Kombination aus Gaschromatograph und Pyrolysator muß absolut reproduzierbar arbeiten.

Ein älteres Pyrolyseverfahren in Verbindung mit der Gaschromatographie ist die in der Abb. 18 gezeigte Pyrolyse im getrennten Gefäß, die der Chemiker anfangs durchführte, indem er seine Substanz im Reagenzglas erhitzte. Dabei kondensierten Schwaden von Zersetzungsprodukten im oberen kühlen Teil des Glases und konnten mit Hilfe einer Injektionsspritze in den Gaschromatographen eingespritzt werden.

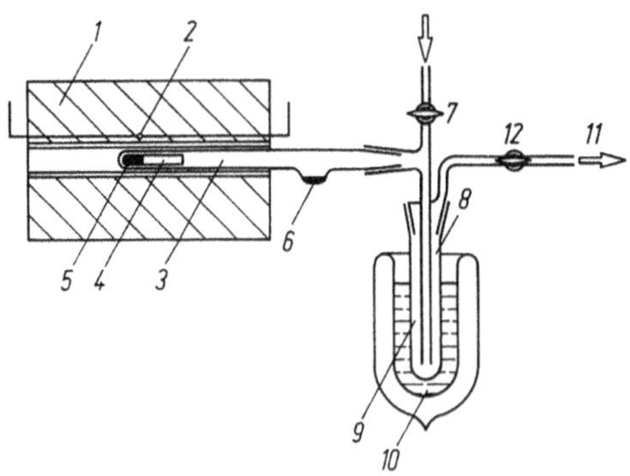

Abb. 18. Pyrolyseapparatur mit Vorlage. *1* Elektrisch geheizter Rohrofen, *2* Lötstelle des Thermoelements, *3* Pyrolyserohr, *4* Reagenzglas nach DIN 12395 1 × 60 mm, *5* Elastomerprobe, *6* Mulde des Pyrolyserohres zum Auffangen schwer flüchtiger Pyrolysate, *7* Belüftungshahn, *8* Kühlfalle zum Auffangen der leichtflüchtigen Pyrolysate, *9* Aceton-Methanol-Füllung, *10* Methanol-Trockeneis-Bad, *11* Rohr zum Anschluß an Manometer und Vakuumpumpe, *12* Absperrhahn

Inzwischen sind hierfür bessere, vor allem besser reproduzierbar arbeitende Pyrolyse-Apparaturen entwickelt worden.

Ein derartiges Schema ist in Abb. 19 wiedergegeben. Die Pyrolyse im getrennten Gefäß bietet zwar den Vorteil, daß man direkt einen Trennungsgang anschließen kann, der besonders bei der Analyse von Vulkanisaten mit Ruß und mineralischen Füllstoffen wichtig ist.

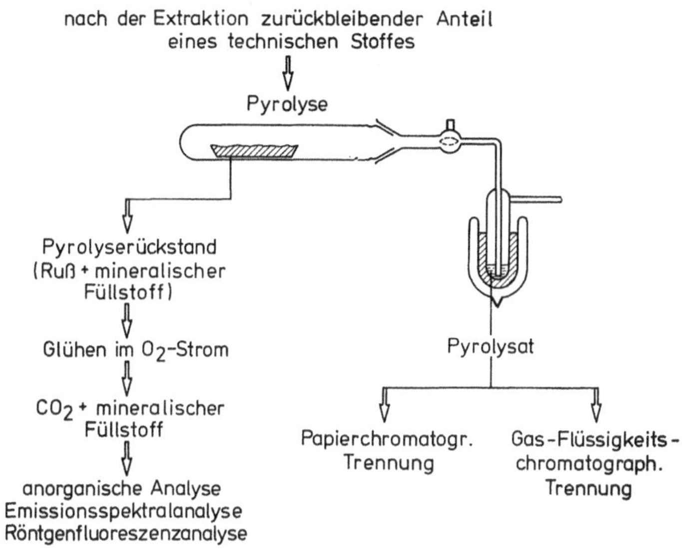

Abb. 19

Auch kann die relativ große Einwaage (bis zu etwa 300 mg) bei der Pyrolyse im getrennten Gefäß manchmal von Vorteil sein, wenn es darauf ankommt, eine gute Durchschnittsprobe zu erhalten. Die Tatsache, daß gasförmige Pyrolysat-Anteile bei dieser Art der Pyrolysetechnik verloren gehen, kann ebenfalls in einigen Fällen wünschenswert sein, da diese leichtflüchtigen Pyrolysatbestandteile oft wenig charakteristisch sind, z.B. sehr häufig aus Ammoniak, Methan, Kohlenmonoxid oder Kohlendioxid bestehen und durch ihre dichte Peakfolge das Chromatogramm vielfach unübersichtlich machen sowie die Deutung erschweren.

Meist stellt der große Substanzbedarf der Pyrolyse im getrennten Gefäß jedoch eher einen Nachteil dar, weil sich mit sehr kleinen Substanzmengen keine Analysen durchführen lassen. Außerdem dauert die Analyse länger als bei den später genannten Verfahren. Schließlich könnten Verluste an wichtigen Komponenten auftreten. Wegen dieser Nachteile und weil die Pyrolyse ohnehin mit der Gaschromatographie gekoppelt werden sollte, wurden schon bald Techniken der Pyrolyse im Trägerstrom entwickelt.

Das in Abb. 20 dargestellte Verfahren beruht auf der Zersetzung der Substanz an einer elektrisch geheizten Platinspirale, deren Temperatur über ein Regelgerät konstant gehalten werden kann. Später kam dazu die Pyrolyse im Feld einer Hochfrequenzspule (Abb. 21 und 22).

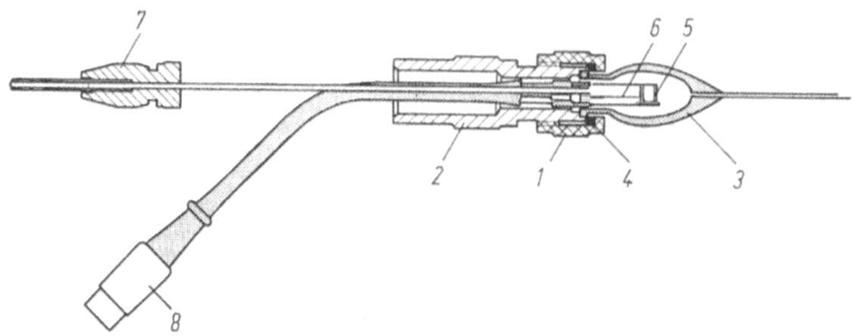

Abb. 20. Pyrolyse-Injektor mit austauschbaren Glühspiralen (*5*), Thermoelement (*6*), Trägeranschluß (*7*) und Stromzuführung (*8*); Überwurfverschraubung (*1*), Kernstück mit druckfester Durchführung für Trägergas, Pyrolysestrom und Thermoelement (*2*), Pyrolysekammer mit Metallkanüle (*3*), Dichtung (*4*)

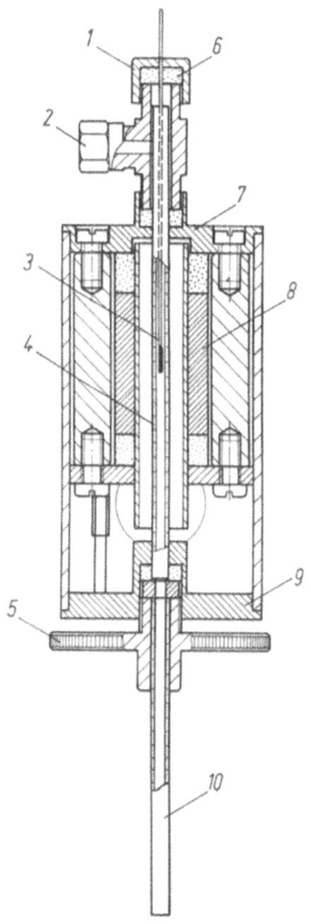

Abb. 21. Hochfrequenz-Pyrolysator. *1* Obere Verschlußkappe, *2* T-Muffe, *3* Pyrolyse-Draht, *4* Quarz-Rohr, *5* Basis-Klemme, *6* Dichtung, *7* Deckel, *8* Induktionsspule, *9* Boden, *10* Abflußrohr

Bei diesem Verfahren wird das Versuchsprodukt auf einen Metallstab definierter Legierung aufgebracht und erwärmt sich im Hochfrequnzfeld auf die Curietemperatur des Stabes. Bei der Hochfrequenzpyrolyse ist der Zerfall im Vergleich zur Glühdrahtpyrolyse besser reproduzierbar, da die gewünschte Zersetzungstemperatur in wesentlich kürzerer Zeit, nämlich in 30 ms erreicht wird.

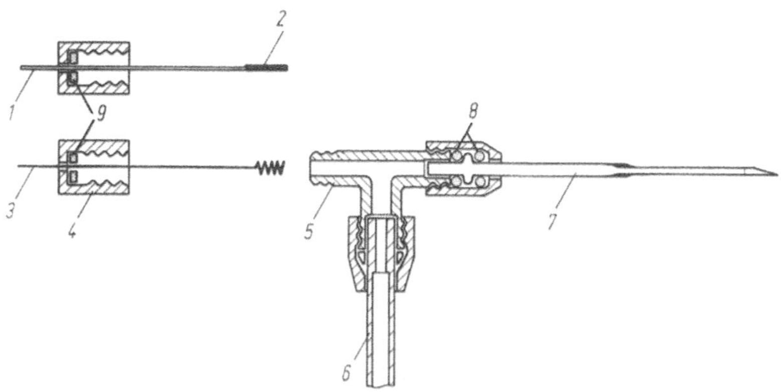

Abb. 22. *1* Ferromagnetischer Drahtstab, *2* Probenfilm, *3* ferromagnetischer Drahtstab für Feststoffproben, *4* Verschraubung mit Dichtung, *5* Dreiwege-Verschraubung, *6* Teflonleitung für Trägergaszufluß, *7* Pyrolysekammer aus Glas mit Metallkanüle, *8/9* Silicongummidichtung

Die Hochfrequenzpyrolyse arbeitet nach folgendem Prinzip:

Ein ferromagnetischer Stab von 2 mm Durchmesser und 20 mm Länge liegt in einem Pyrolyserohr aus Glas, das von Trägergas durchströmt wird. Die Probe befindet sich auf dem Stab oder in der Spirale am Ende des Stabes. Das Pyrolyserohr liegt im Zentrum einer Kupferdrahtwicklung, die an einen Hochfrequenzgenerator angeschlossen ist. Durch den Hochfrequenzimpuls entstehen im ferromagnetischen Stab Wirbelströme, die zur spontanen Erwärmung des Stabes und damit zur Pyrolyse führen.

Die Pyrolysetemperatur ist durch die Curietemperatur des ferromagnetischen Stabes gegeben.

Die erhaltenen Gaschromatogramme zeigen neben den Monomeren-Peaks einen mehr oder weniger großen Teil von sekundären Spaltprodukten unterschiedlicher Intensität. Die Monomerausbeute hängt von der chemischen Natur des Elastomeren und von der Pyrolysetemperatur ab. Qualitativ lassen sich sowohl einzelne Elastomere als auch Elastomergemische einwandfrei identifizieren. In quantitativer Hinsicht ist die Sache komplizierter. Wie die Untersuchung von Vulkanisaten definierter Zusammensetzung ergab, hängen die Flächengrößen der Peaks von der Art und der jeweiligen Konzentration der Monomeren ab. Das bedeutet, daß das Pyrogramm eines Polyisopren-Polybutadien-Gemisches nicht nach der gleichen Methode quantitativ auswertbar ist, wie das eines Gemisches aus Polyisopren, Polybutadien und Polystyrolbutadien, wenn das Konzentrationsverhältnis Isopren: Butadien jeweils auch das gleiche ist. Selbst bei qualitativ gleicher, aber quantitativ unterschiedlicher Zusammensetzung lassen sich nicht dieselben Eichfaktoren für die quantitative Auswertung anwenden. Die Reproduzierbarkeit der Fraktogramme ist jedoch in jeder Hinsicht sehr gut.

Eine pyrolysen-gaschromatographische quantitative Bestimmung der Zusammensetzung von Elastomeren-Mischungen ist nur dann möglich, wenn erstens eine repräsentative Probe vorliegt und zweitens die Ausgangskomponenten bekannt sind. Es gibt keine theoretische Formel, derzufolge man z.B. den Polybutadien-

Anteil in einer Mischung mit einem Butadien/Styrol-Copolymeren bestimmen könnte, es sei denn, die Ausgangskomponenten sind bekannt. Wenn man aber weiß, daß bis heute nur eine begrenzte Anzahl an verschiedenen Handelsprodukten der erwähnten Elastomeren existiert, und diese nur zum Teil gleichzeitig in einer Mischung Anwendung finden, vereinfacht sich das Problem wesentlich.

So werden von den Polyisoprenen für diesen Zweck nur Naturkautschuk (NR) und das synthetische cis-1,4-Polyisopren verwendet. Bei Polybutadienen kommen solche mit hohem cis-1,4-Gehalt, dann die Li-Typen (8 bis 13% 1,2-Anteil) oder selten das Emulsions-Polybutadien (19% 1,2-Anteil) in Frage. Von Butadien/Styrol-Copolymeren finden hauptsächlich die rein statistischen Copolymeren mit einem Styrol-Gehalt von etwa 23,5 Gew.-% Anwendung; für spezielle Zwecke werden allerdings auch Copolymere mit höherem Styrol-Anteil verwendet. Wenn man zunächst ein Pyrogramm erhalten hat, das die Anwesenheit von 1,3-Butadien, Isopren und Styrol vermuten läßt, wird als nächster Schritt der Versuch unternommen, eine eindeutige Identifizierung der anwesenden Polymeren durchzuführen. Anschließend kann mit Hilfe von Eichfaktoren, die durch die Untersuchung von Mischungen gleicher Polymerer mit verschiedenen bekannten Verhältnissen erhalten wurden, eine quantitative Bestimmung der anwesenden Elastomeren erfolgen.

Die erwähnte Untersuchung wird wesentlich vereinfacht, wenn die Ausgangskomponenten bekannt sind und nur das Mengenverhältnis der Produkte bestimmt werden soll; ein Fall, der in der Gummiindustrie häufig vorkommt.

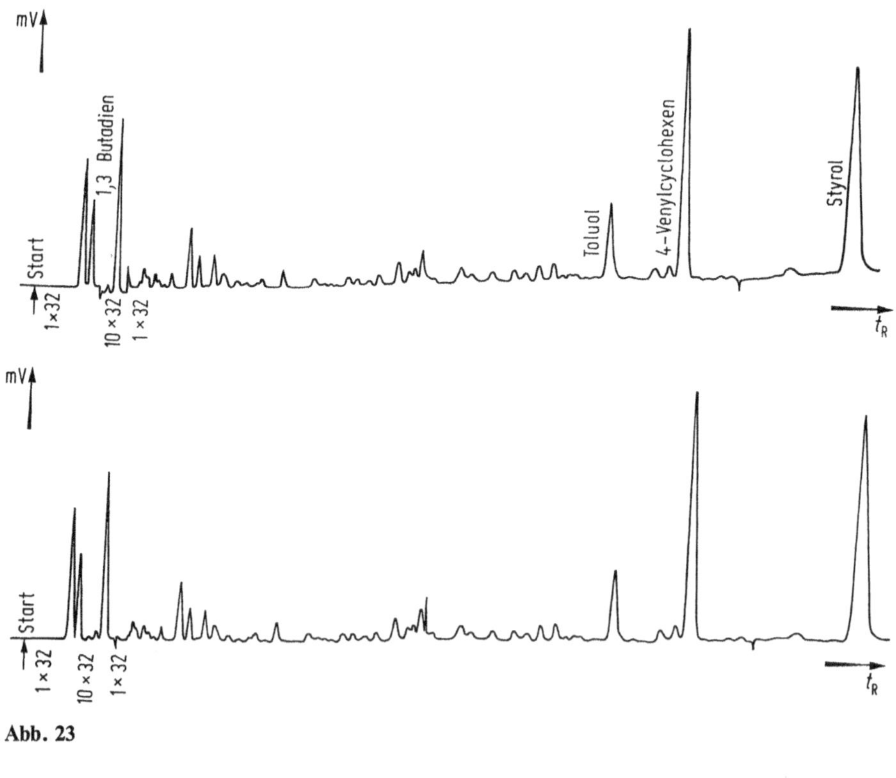

Abb. 23

Grundvoraussetzung zur Durchführung der quantitativen Analyse ist jedoch, wie bereits erwähnt, das Vorhandensein einer repräsentativen Probe. Daß diese Bedingung erfüllt werden kann, beweist die nächste Abbildung.

Die nachstehend abgebildeten Pyrogramme wurden durch Untersuchung einer 50/50-Mischung aus Polybutadien und Butadien-Styrol-Copolymeren erhalten. Wie man sieht, ist die Reproduzierbarkeit der Meßergebnisse erstaunlich gut.

Bemerkenswert ist, daß die quantitative Pyrolysat-Untersuchung durch Anwesenheit von Zusätzen, wie auch davon, ob die Probe vulkanisiert ist oder nicht, unbeeinflußt bleibt.

7.4.1 Detektoren für die Gaschromatographie

Neben den bisher üblichen Detektoren, nämlich der Wärmeleitfähigkeitszelle und dem Flammenionisationsdetektor haben auch der Stickstoff-Phosphor-Detektor und der Elektroneneinfangdetektor in die Praxis Eingang gefunden.

Wie der Name schon sagt, dient der Stickstoff-Phosphor-Detektor zum spezifischen Nachweis von Stickstoff- und Phosphorverbindungen und und der Elektroneneinfangdetektor zum Nachweis von Verbindungen mit hohem Elektronenanlagerungsvermögen. Darunter fallen ebenfalls vor allem halogenhaltige Verbindungen.

Den z.Z. besten, aber teuersten Detektor stellt das Massenspektrometer dar. Mit Hilfe dieses Detektors ermittelt man in den meisten Fällen das Molekülion und damit das Molgewicht der Verbindungen. Darüber hinaus lassen die bei der Ionisierung gebildeten Fragmente Rückschlüsse auf die Struktur der Verbindungen zu.

Auch eine Kombination von Gaschromatographen und IR-Spektrographen wird seit geraumer Zeit eingesetzt. Für diese Zwecke sind Zusatzgeräte entwickelt worden (z.B. von der Fa. Wilks), die elektrisch gekühlt, direkt an den Ausgang eines Gaschromatographen angeschlossen werden können. Sie funktionieren in der Weise, daß etwa 0,4 μl Flüssigkeit einer gaschromatographischen Fraktion in einer Mikrokapillarzelle, bestehend aus zwei ATR-Kristallen z.B. aus Thalliumbromidjodid, kondensiert und in einer gleichmäßigen Dicke von etwa 0,002 mm über die Oberflächen der Reflexionsplatten verteilt wird. Das von diesem Substanzfilm aufgenommene Reflexionsspektrum entspricht in seiner Intensität einem Transmissionsspektrum eines etwa 0,03 mm dicken Films.

Die Kombination des Gaschromatographen mit dem Massen- und IR-Spektrographen bietet eine hervorragende Möglichkeit, die an sich „blinde Methode" der Gaschromatographie zu optimieren.

Diese Kombination ist besonders interessant für Grundlagenuntersuchungen, d.h. für das Studium von Polymerisationsmechanismen und ähnliche Aufgaben. Für Routine-Analysen hingegen dürfte sie sich nur in Ausnahmefällen lohnen, selbst dann, wenn in einem Laboratorium häufig unbekannte Stoffe zu identifizieren sind. Diese lassen sich in der Regel mit Hilfe von Vergleichsgaschromatogrammen aufklären, besonders dann, wenn durch die Einspritzung von Standardsubstanzen ein Teil der Peaks zugeordnet werden kann.

7.4.2 Pyrolysen-gaschromatographische Analysenbedingungen

Pyrolyse-Gerät:	Hochfrequenz-Pyrolysator der Fa. Fischer, Bad-Godesberg
Pyrolyse-Temperatur:	700 °C
Pyrolysezeit:	3 s
Gaschromatograph:	Perkin-Elmer 900 mit FID und eingebautem Strömungsteiler
Säulentyp:	Dünnfilm-Kapillarsäule
Säulenlänge:	100 fest
Stat. Phase:	Polysev/Apiezon-L
Säulentemperatur:	Temperaturprogramm 55–130 °C Aufheizrate 4 °C/min 130 °C isotherm
Trägergas:	Helium
Trägergasströmung:	7 ml/min (vor dem FID gemessen)
Einspritzblocktemperatur:	200 °C
Manifold-Temperatur:	250 °C
Split-Verhältnis am Verteiler:	1/50
Detektor:	FID
Schreiber:	1 mV (1 s)
Wasserstoff- und Luftzufuhr:	Einstellung optimaler Bedingungen

7.4.3 Durchführung der Analyse

Ungefähr 0,2 bis 0,5 mg der Elastomeren-Probe werden in der Wendel des ferromagnetischen Leiters plaziert, der durch Hochfrequenz-Induktionsheizung innerhalb von Millisekunden auf seine Curie-Temperatur aufgeheizt wird.

Die Metallkanüle des Pyrolyse-Injektors wird durch die Gummidichtung in den Einspritzblock des Gaschromatographen eingeführt und bleibt somit ständig an den Gaschromatographen angeschlossen.

Um ein Verstopfen der Metallkanüle beim Einführen in die Gummidichtung zu verhindern, wurde die Spitze der Kanüle zugeschmolzen und seitlich eine Öffnung angebracht.

Da durch die enge Metallkanüle ein Druckabfall entsteht, muß die Trägergasmenge durch die Pyrolysekammer fließen, wenn man den Gasdurchfluß genau einstellen will.

Während der Pyrolyse entstehen, neben leichtflüchtigen Komponenten hochsiedende Abbauprodukte, die für die gaschromatographische Untersuchung ungeeignet sind. Die Pyrolysekammer wird nicht beheizt und wirkt daher praktisch als Vorsäule, indem die hochsiedenden Komponenten hier kondensieren. Der Einspritzblock wird dadurch vor Verunreinigungen geschützt.

Um die Kondensationsprodukte zu entfernen, muß die Kammer nach jeder Pyrolyse ausgebaut und gereinigt werden.

7.4.4 Auswertung

Bei der pyrolyse-gaschromatographischen Untersuchung unbekannter Elastomerer empfiehlt es sich, nach dem „Finger-Print"-Verfahren auszuwerten.

Jedes Pyrogramm eines Elastomers hat durch die Vielzahl der Abbauprodukte ein charakteristisches Bild. Es ist unverwechselbar, wie ein Fingerabdruck. (Siehe GC 1–55.)

Schon allein der grobe Vergleich des Pyrogramms der Hauptabbauprodukte eines unbekannten Elastomers mit den Pyrogrammen der bekannten Elastomeren (GC 1, 7, 13, 14, 18, 22, 28, 31) genügt meistens, um die Probe zu identifizieren.

Bekannte Elastomere	Zugeordnete (vorher unbek.) Elastomere
GC 1	GC 3, GC 4
GC 7	GC 9, GC 10
GC 13	GC 39
GC 14	GC 15, GC 16
GC 18	GC 19, GC 20
GC 22	GC 23, GC 24
GC 28	GC 29, GC 30
GC 31	GC 36, GC 37

7.4.5 Charakteristische Pyrolysespaltprodukte der wichtigsten Elastomeren

Die pyrolyse-gaschromatographischen Ergebnisse der wichtigsten Elastomeren sind in nachstehender Tabelle zusammengefaßt. Es sind jeweils die charakteristischen Bruchstücke oder das Identifizierungsverfahren angegeben.

Art des Elastomeren		Die Identifizierung erfolgte an Hand
Cis-1,4-Polyisopren	(IR)	Isopren, Dipenten (nach Madovsky [74] ist Dipenten bei NR doppelt so hoch wie bei IR)
Naturkautschuk	(NR)	
Cis-1,4-Polybutadien Polybutadien Li-Typ 8-13% 1,2 Emulsions-Polybutadien	(BR)	1,3-Butadien, 4-Vinylcyclohexen
Butadien-Styrol-Copolymere	(SBR)	1,3-Butadien, 4-Vinylcyclohexen, Styrol
Butadien-Acrylnitril-Copolymere	(NBR)	1,3-Butadien, Acrylnitril, 4-Vinylcyclohexen
Isobutylen-Isopren-Kautschuk (Butylkautschuk)	(IIR)	Isobutylen „Fingerprint“
Chlorbutadien-Kautschuk	(CR)	Chlorbutadien „Fingerprint“
Ethylen-Propylen-Co- u. Terpolymere	(EPDM)	„Fingerprint“
Chlorsulfonyl-Polyethylen	(CSM)	„Fingerprint“
Urethan-Kautschuk	(EU)	„Fingerprint“
Ethylen-Vinylacetat Kautschuk	(EVAC)	„Fingerprint“

Nach diesem Verfahren können Elastomerproben sowohl auf Basis von einem Kautschuktyp als auch von Gemischen mehrerer Kautschuktypen identifiziert werden. Bemerkenswert ist hierbei, daß eine derartige Identifizierung innerhalb kurzer Zeit geschieht (die Analysendauer beträgt 10 min). Die Untersuchung der Probe erfolgt ohne vorherige Extraktion oder sonstige Veränderung des Originalzustandes.

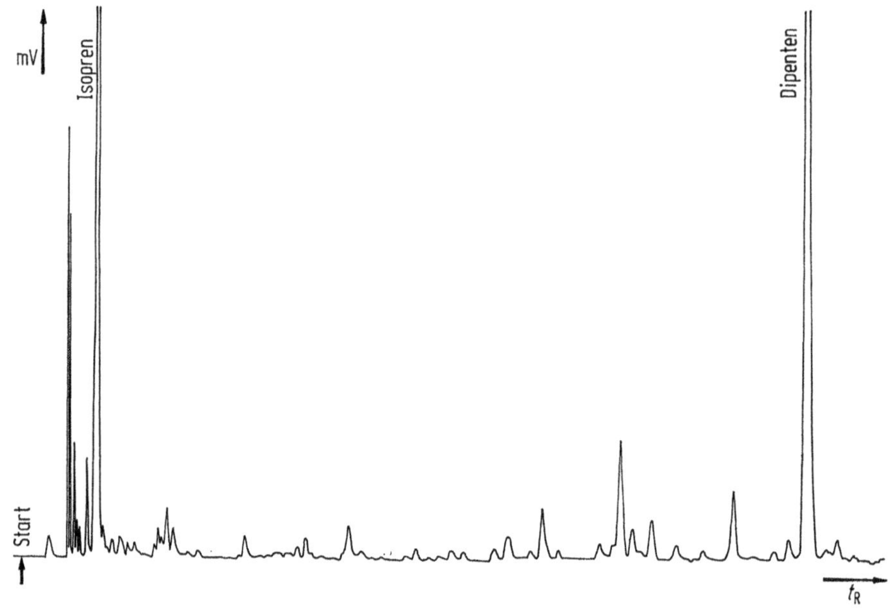

GC 1 Basis NR (Naturkautschuk)

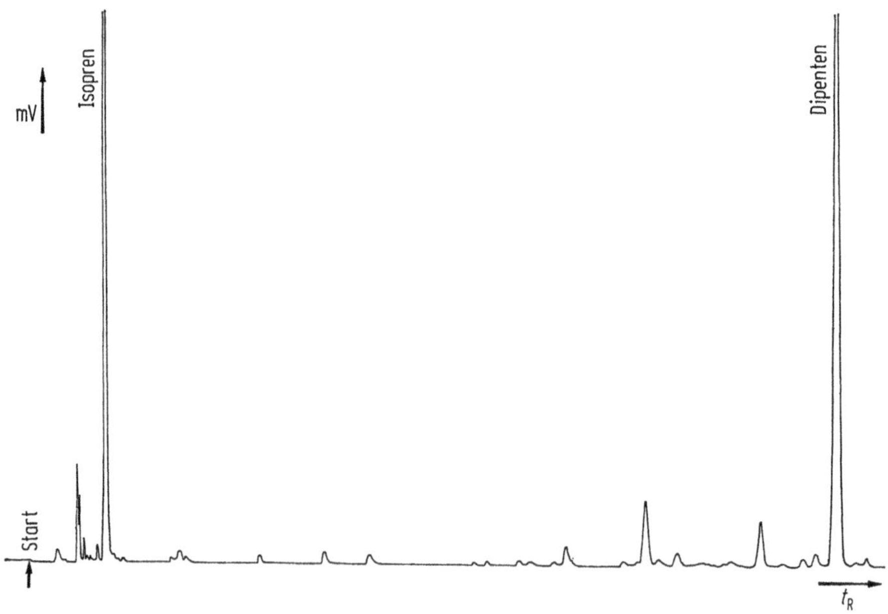

GC 3

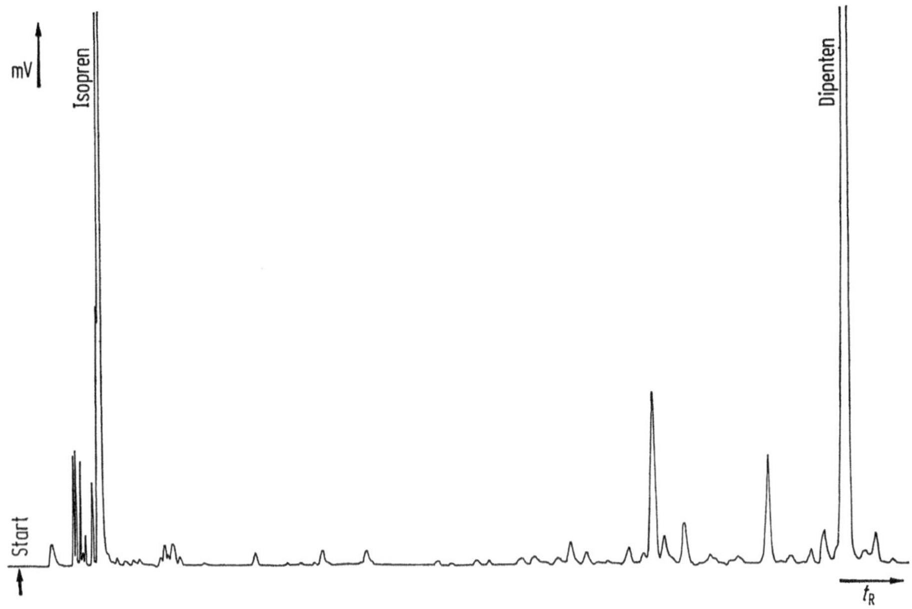

GC 4

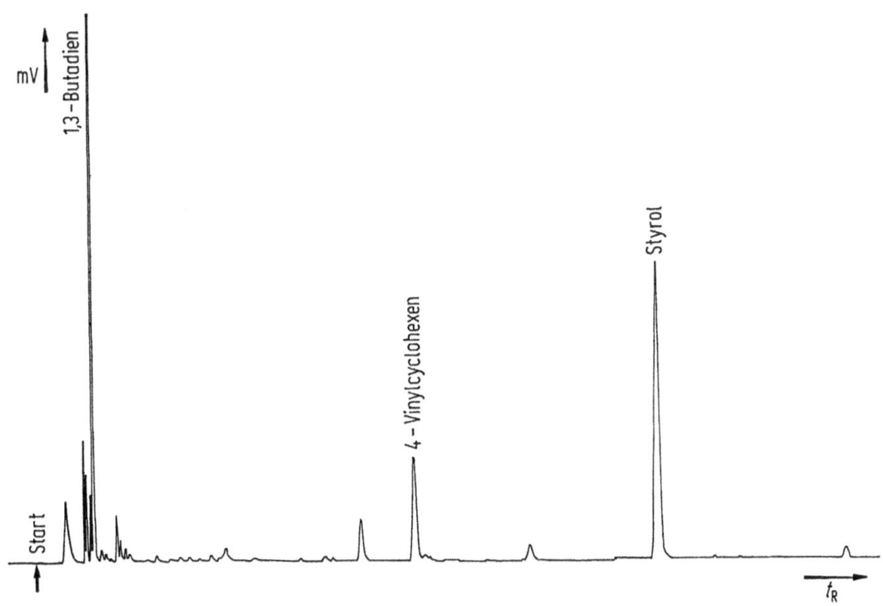

GC 7 Basis SBR (Styrol-Butadien-Kautschuk)

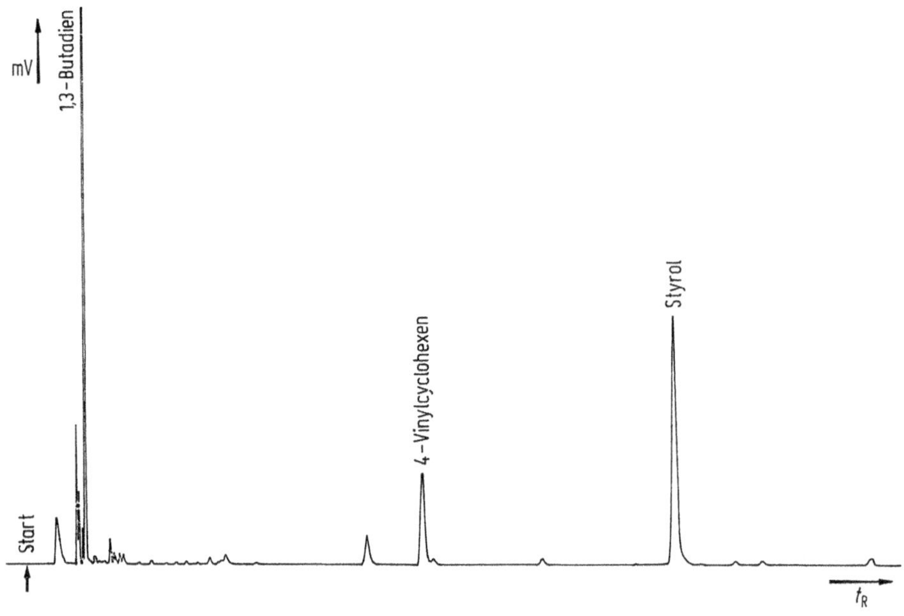
mV
1,3-Butadien
4-Vinylcyclohexen
Styrol
Start
t_R

GC 9

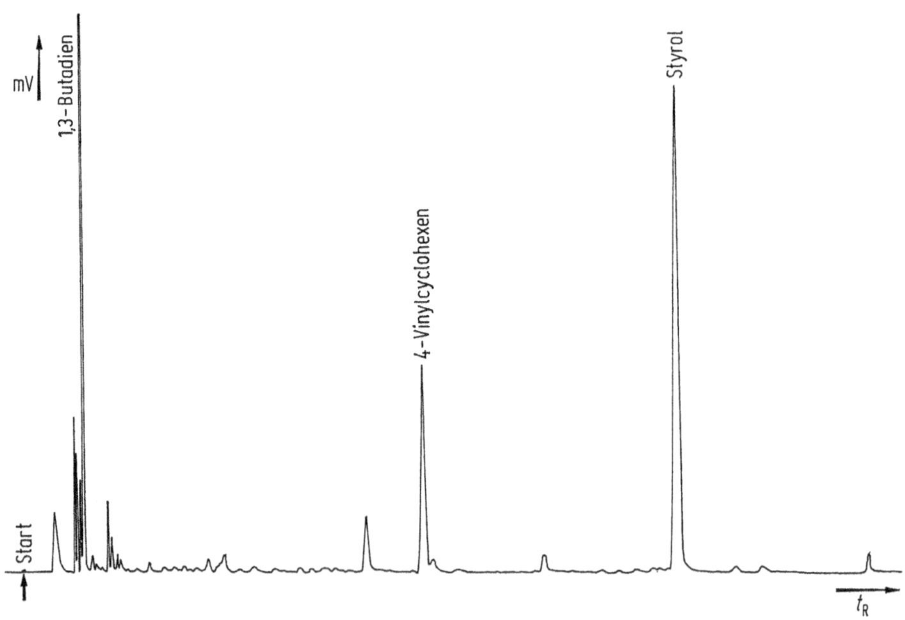
mV
1,3-Butadien
4-Vinylcyclohexen
Styrol
Start
t_R

GC 10

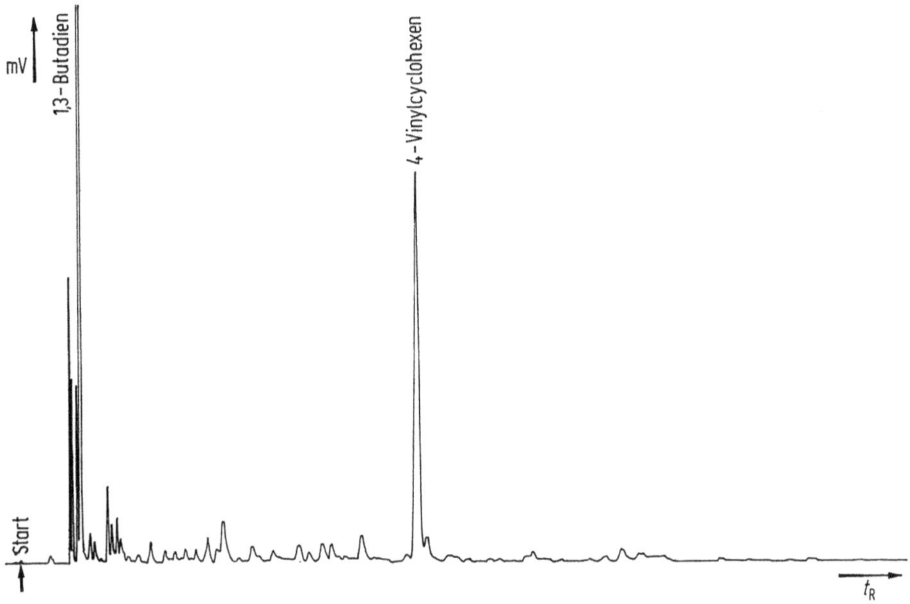

GC 13 Basis BR (Butadien-Kautschuk)

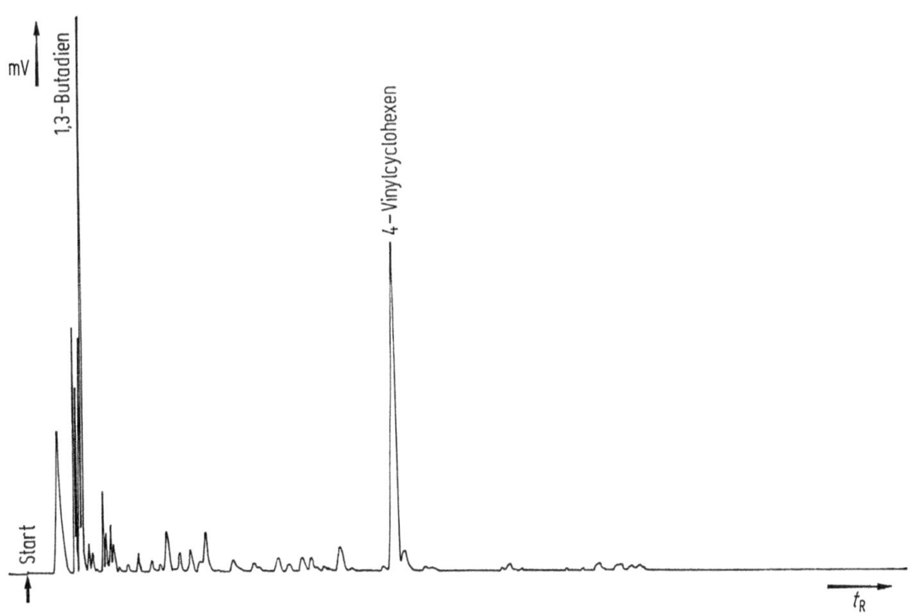

GC 39

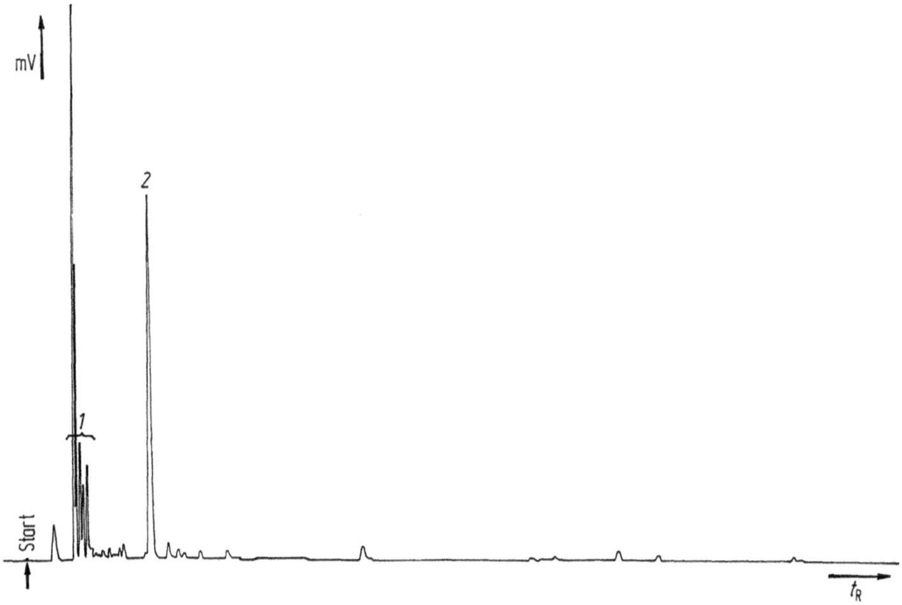

GC 14 Basis CR (Chloropren-Kautschuk)

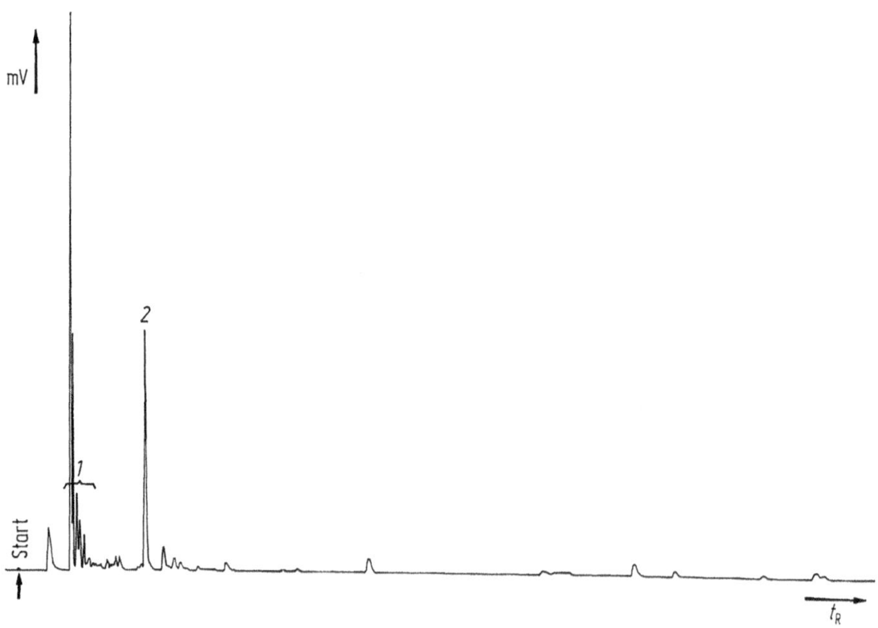

GC 15

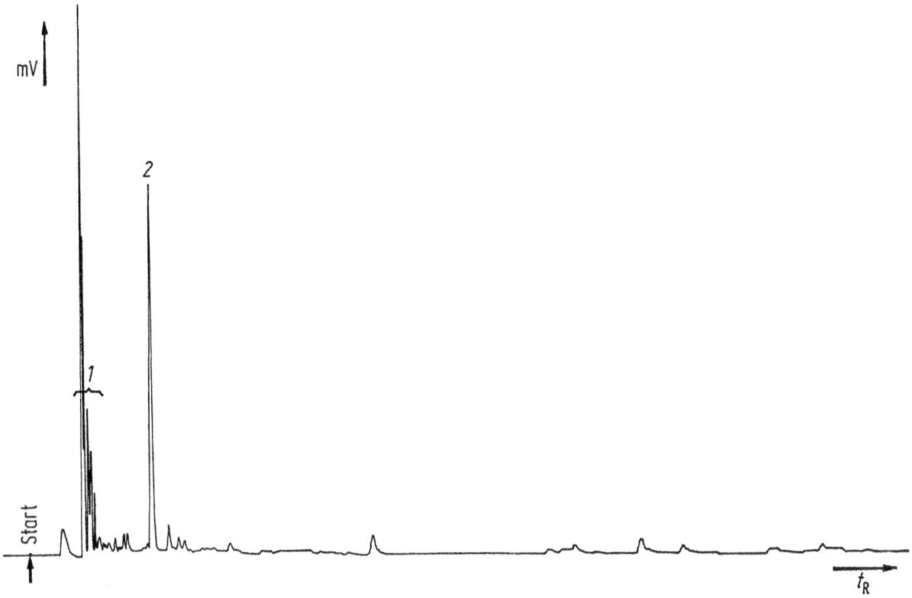

GC 16

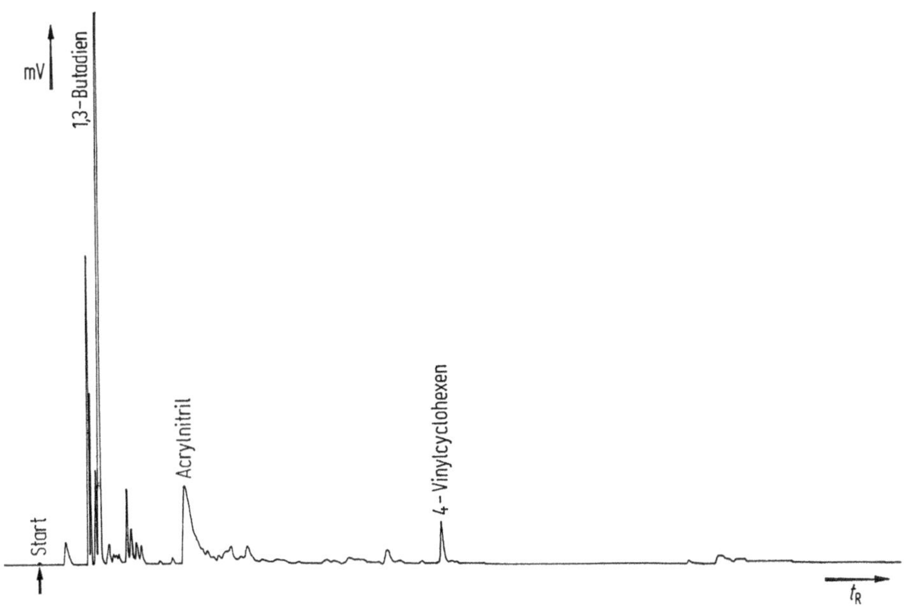

GC 18 Basis NBR (Butadien-Acrylnitril-Kautschuk)

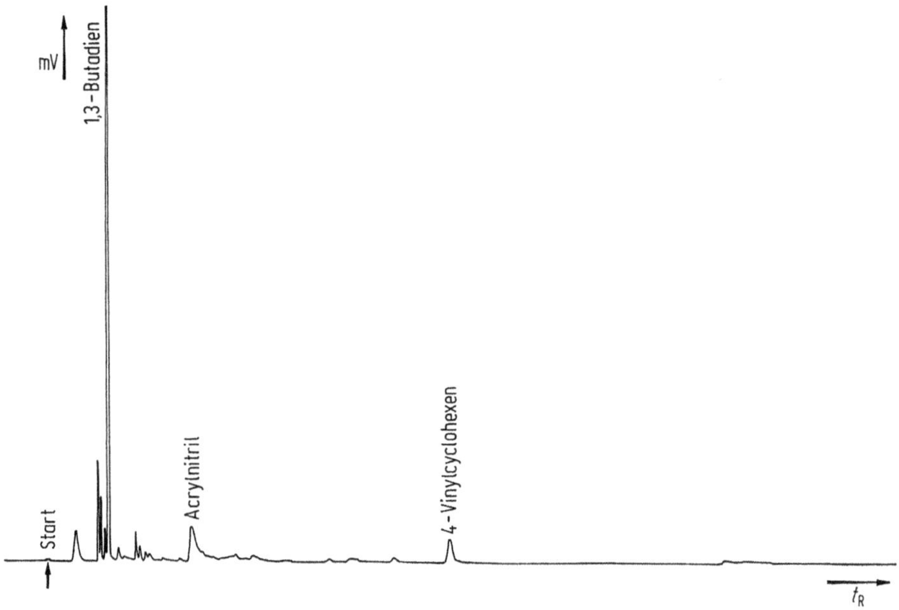
mV
1,3-Butadien
Acrylnitril
4-Vinylcyclohexen
Start
t_R

GC 19

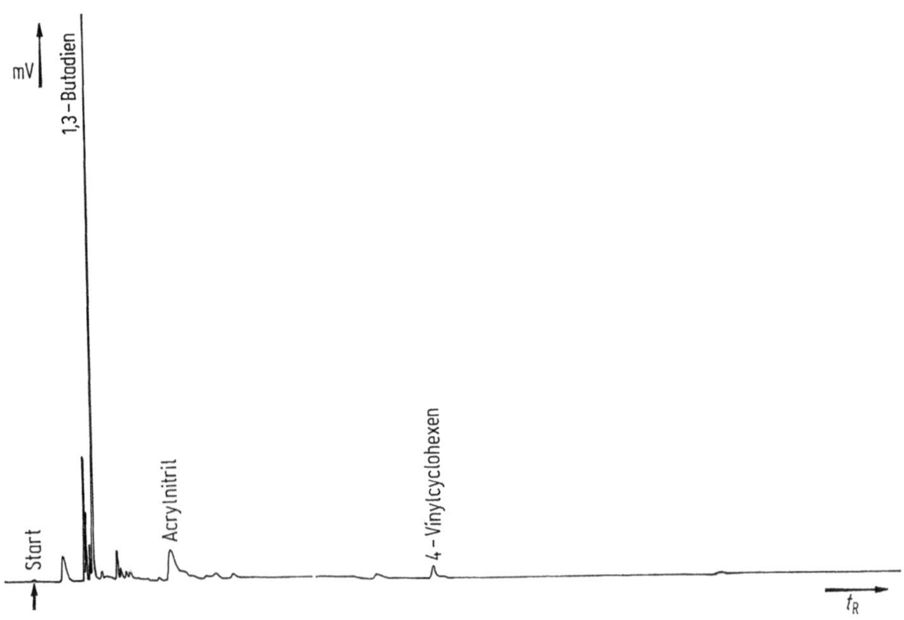
mV
1,3-Butadien
Acrylnitril
4-Vinylcyclohexen
Start
t_R

GC 20

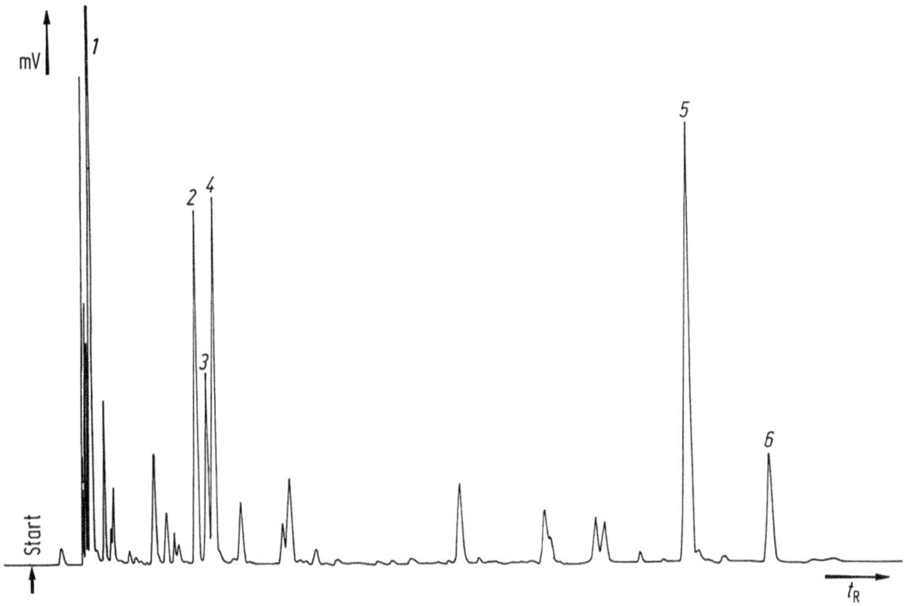

GC 22 Basis IIR (Isobutylen-Isopren-Kautschuk)

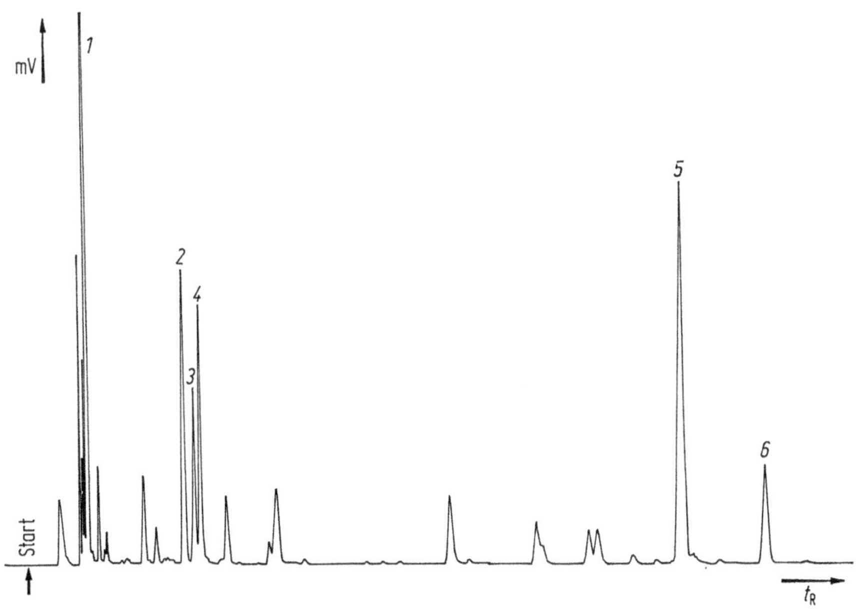

GC 23

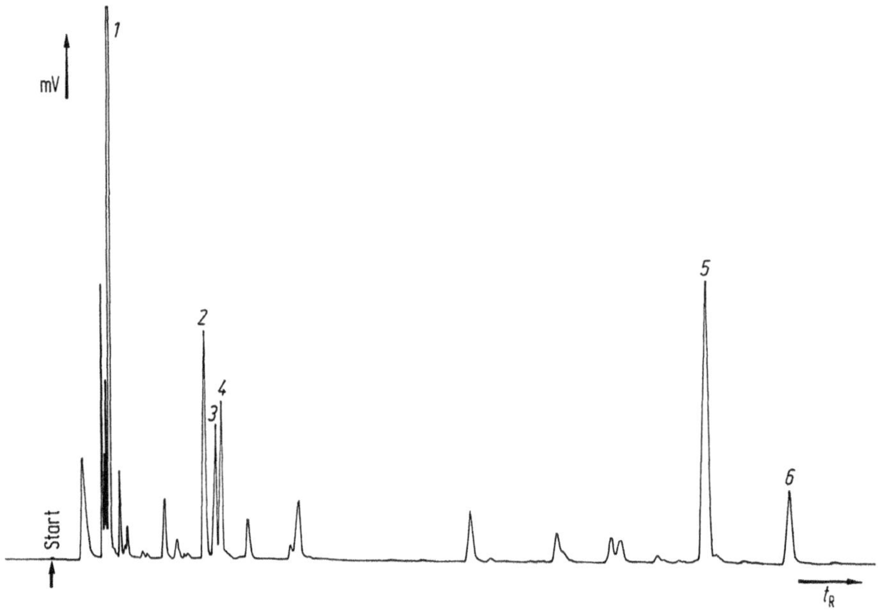

GC 24

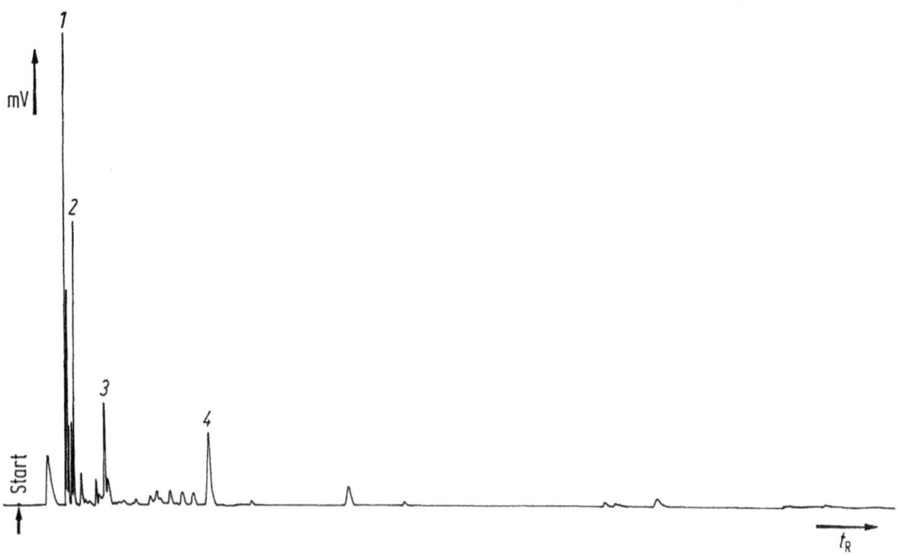

GC 28 Basis CSM (Chlorsulfonylpolyethylen)

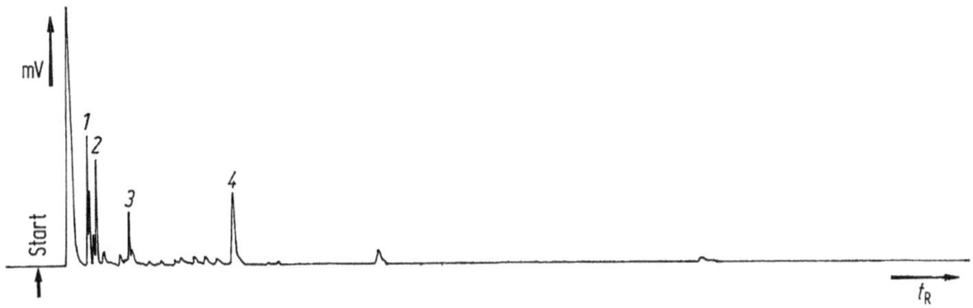

GC 29

GC 30

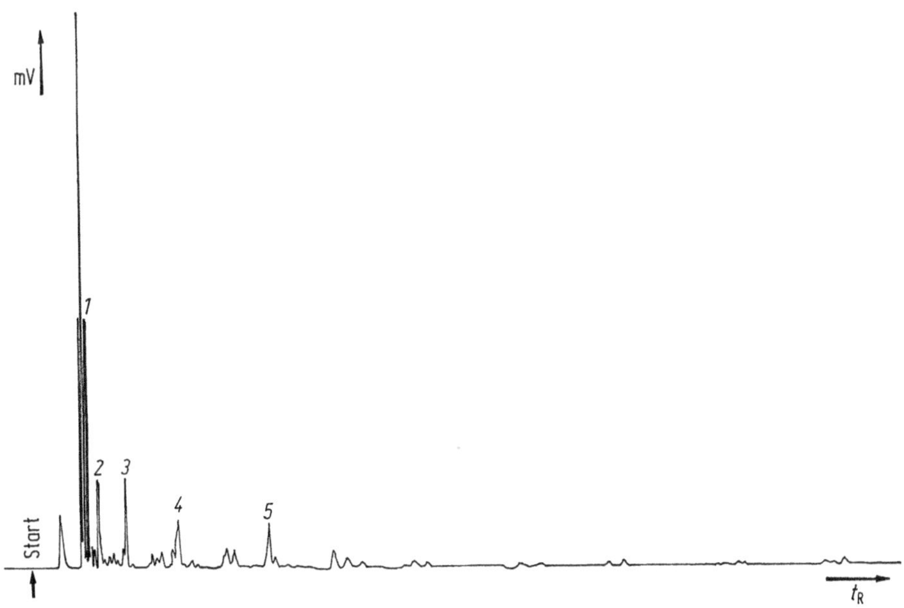

GC 31 Basis EPDM (Ethylen-Propylen-Terpolymere)

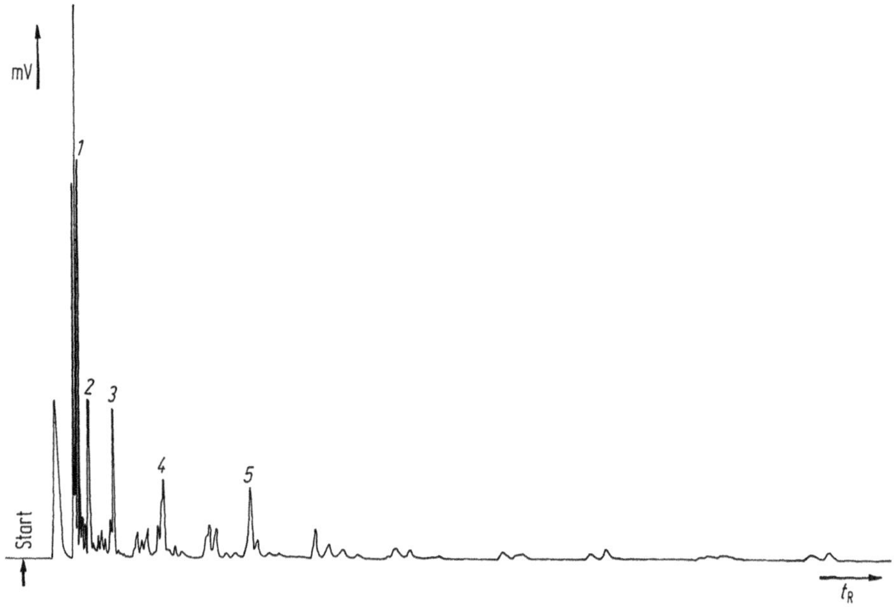

GC 36

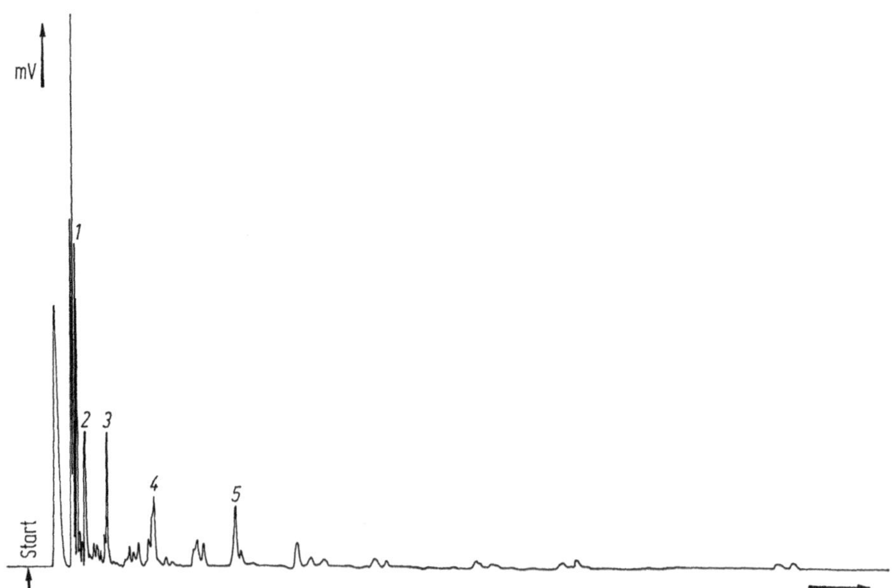

GC 37

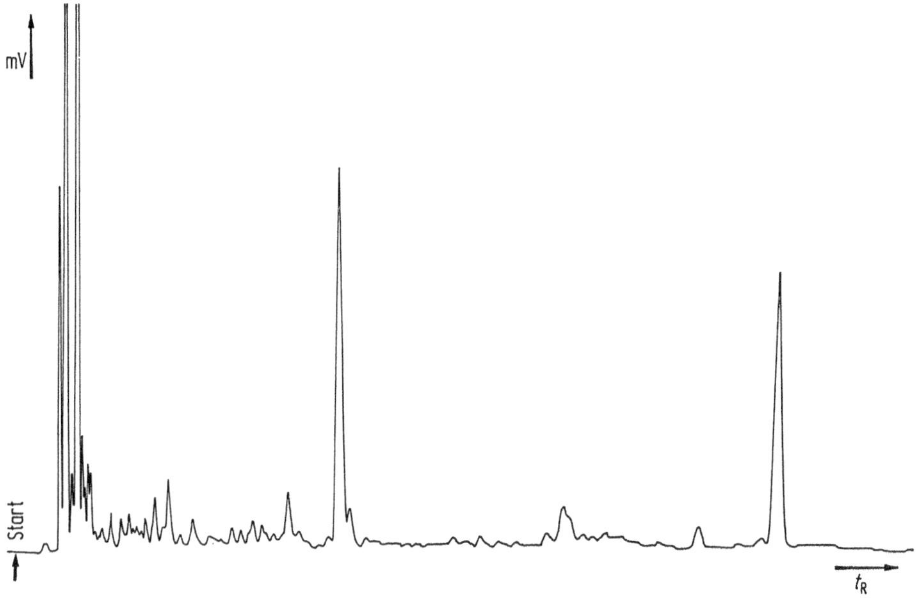

GC 38 Pufferkappen (Basis BR/NR)

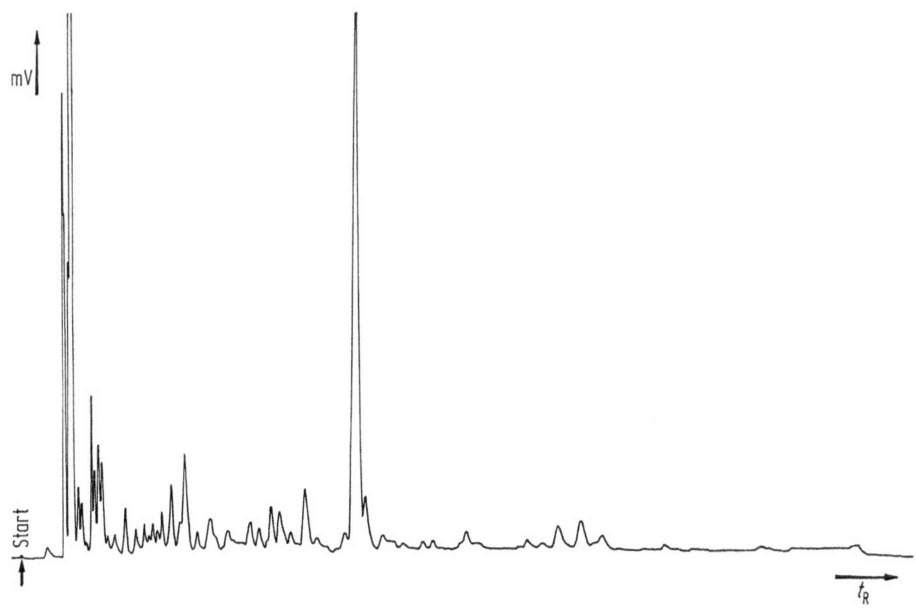

GC 39 Butadien-Kautschuk (BR)

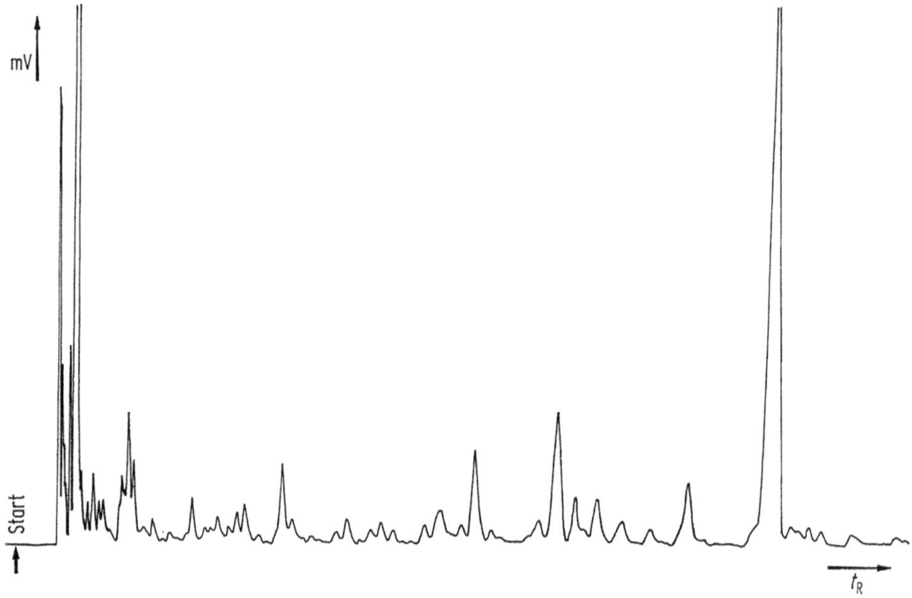

GC 40 Naturkautschuk (NR)

Wie aus den angegebenen Pyrogrammen deutlich zu sehen ist, konnte das angegebene Elastomeren-Gemisch einwandfrei identifiziert werden.

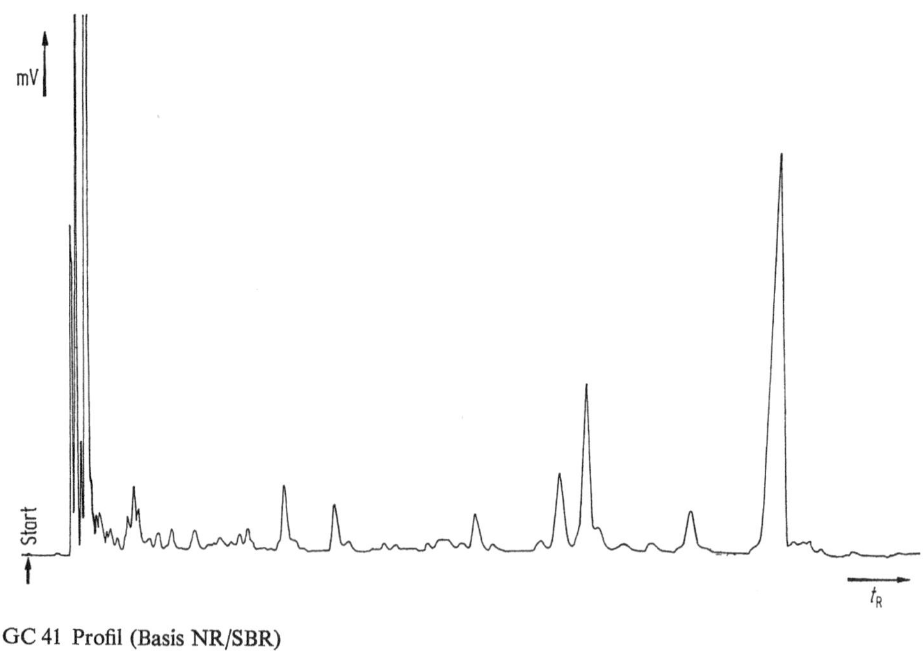

GC 41 Profil (Basis NR/SBR)

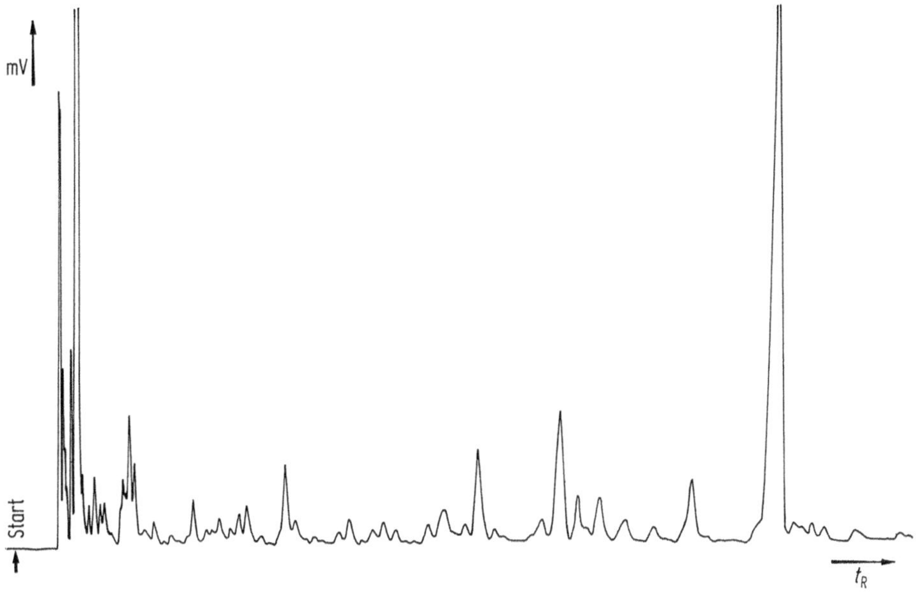

GC 42 Naturkautschuk (NR)

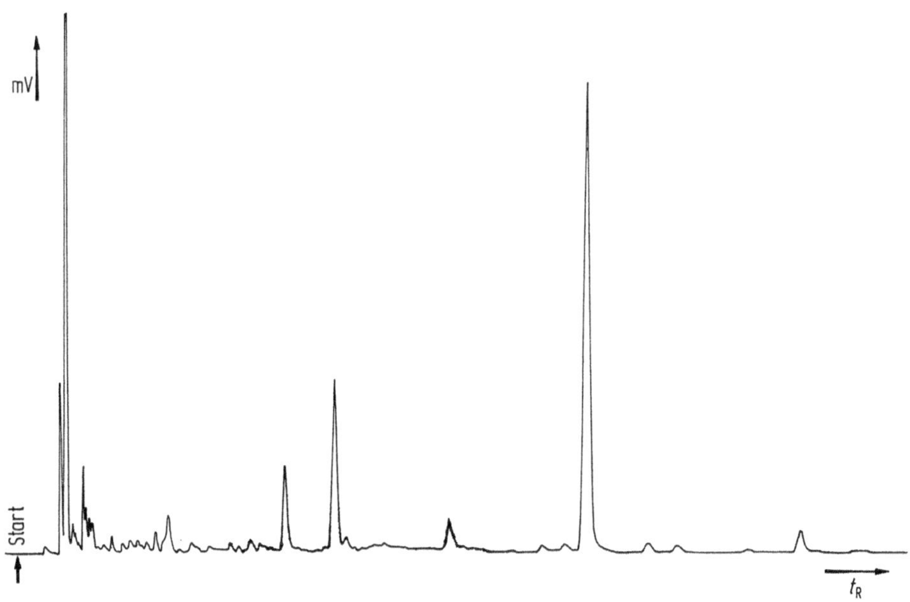

GC 43 Styrol-Butadien-Kautschuk (SBR)

Auch bei diesem Gemisch wurden beide Komponenten identifiziert.

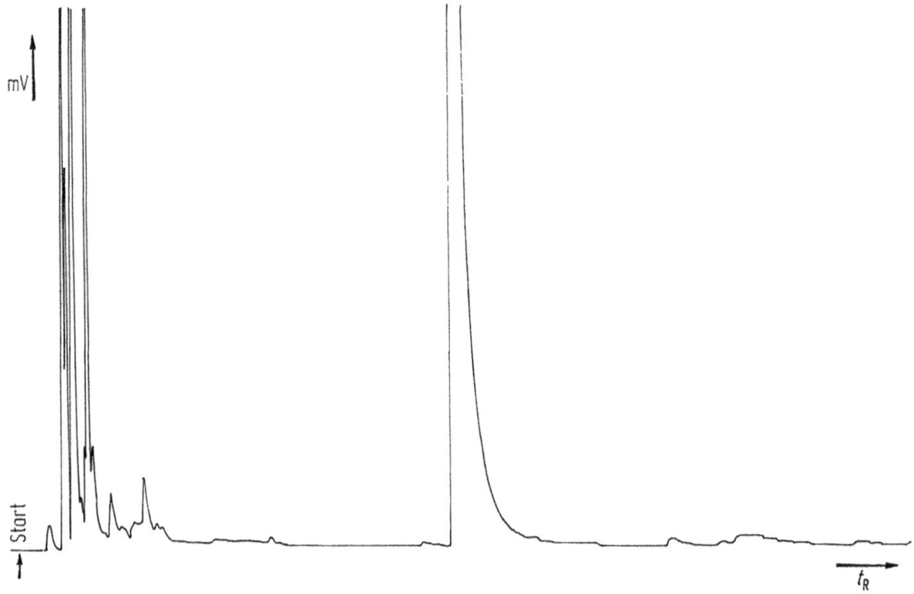

GC 44 Walze (Basis PU/NBR)

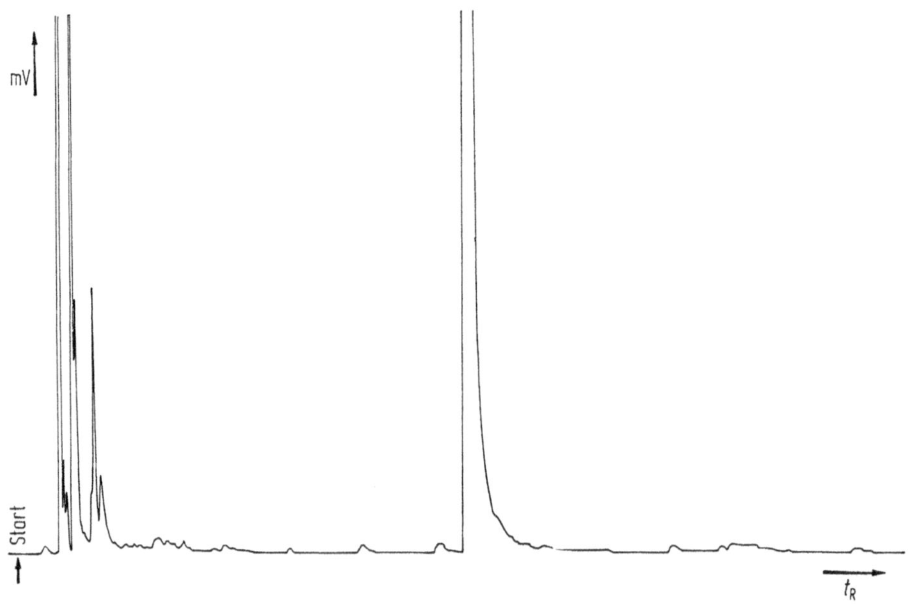

GC 45 Polyurethan (PU)

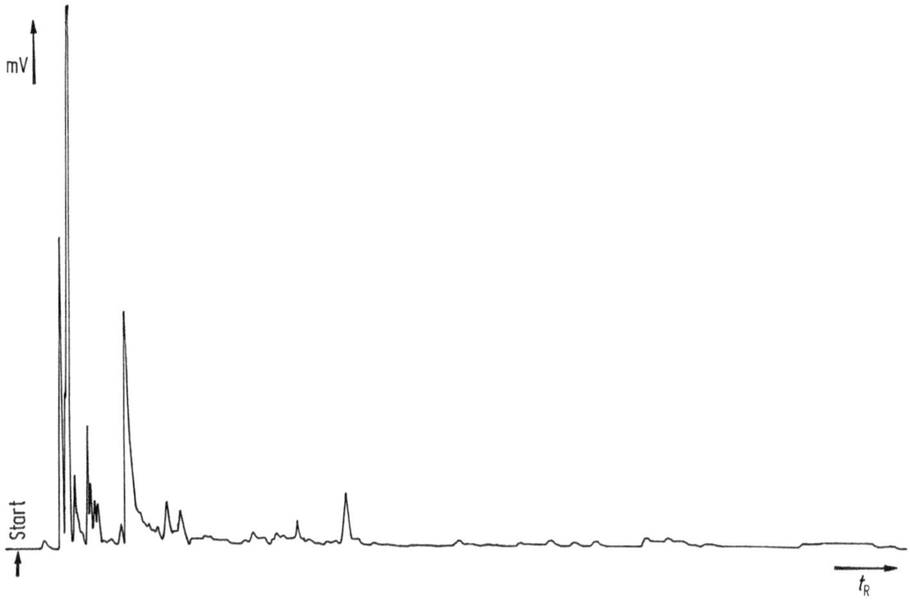

GC 46 Butadien-Acrylnitril-Kautschuk (NBR)

Polyurethen konnte nachgewiesen werden. NBR konnte wegen der geringen Menge in der Probe nicht identifiziert werden.

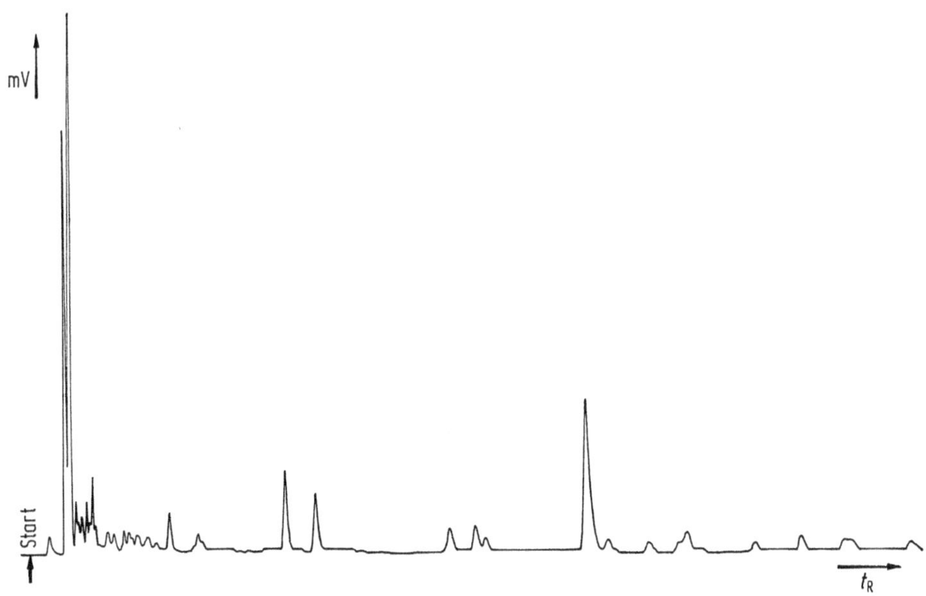

GC 47 Filterplatten und -rahmen (Basis SBR/EVA)

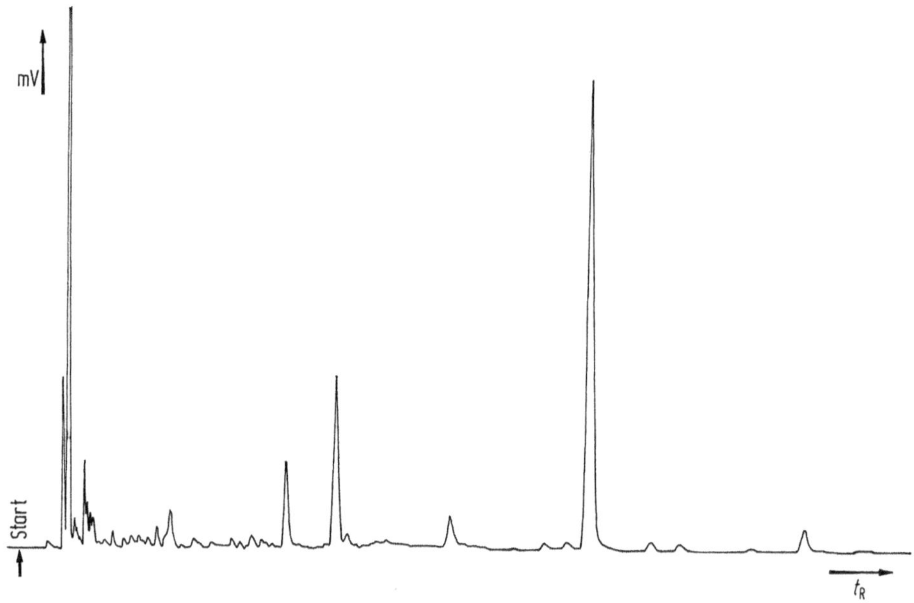

GC 48 Styrol-Butadien-Kautschuk (SBR)

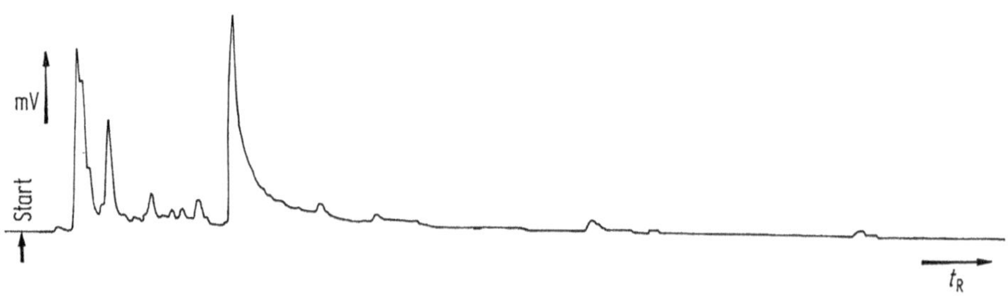

GC 49 Levapren (EVA)

Schwierigkeiten bei der Identifizierung der einzelnen Gemischkomponenten traten bei der Mischung von Elastomeren mit Ethylen-Vinylacetat-Polymerisat (EVA) bzw. Polyvinylchlorid (PVC) auf. Diese beiden Komponenten konnten neben Elastomeren nicht mit dem beschriebenen Verfahren nachgewiesen werden.

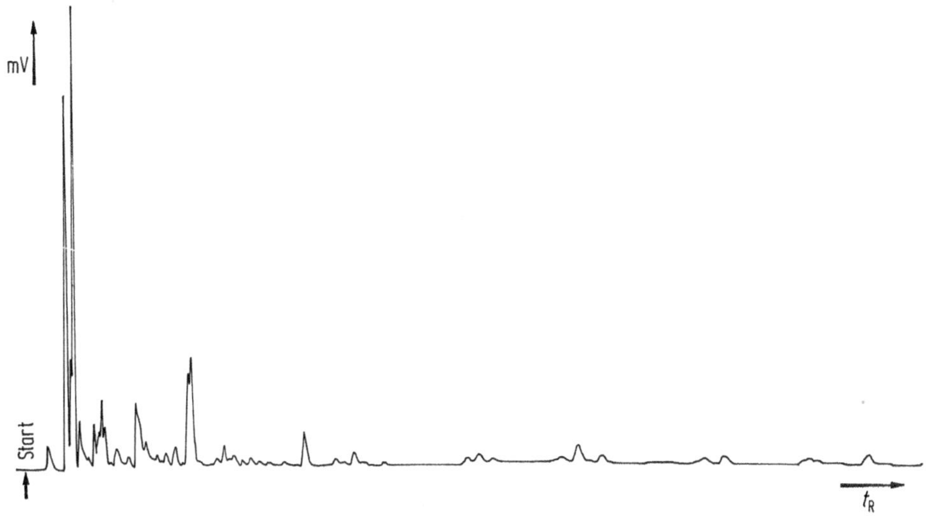

GC 50 Druckwalze (Basis NBR/PVC)

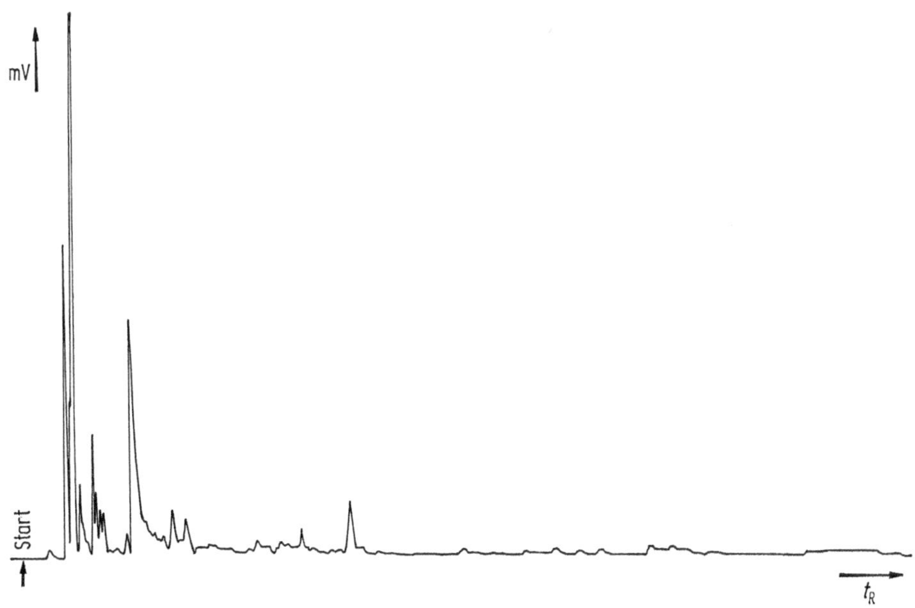

GC 51 Butadien-Acrylnitril-Kautschuk (NBR)

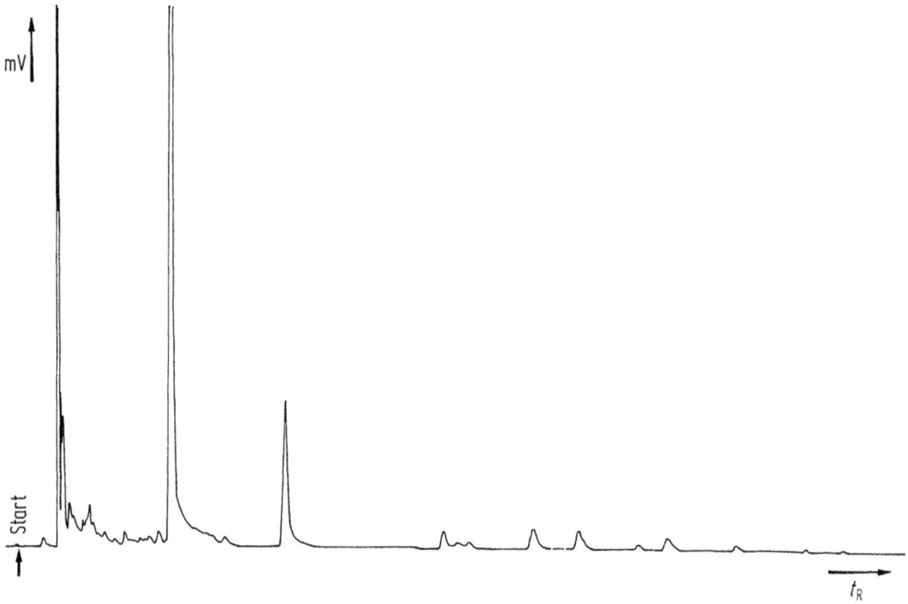

GC 52 Polyvinylchlorid (PVC)

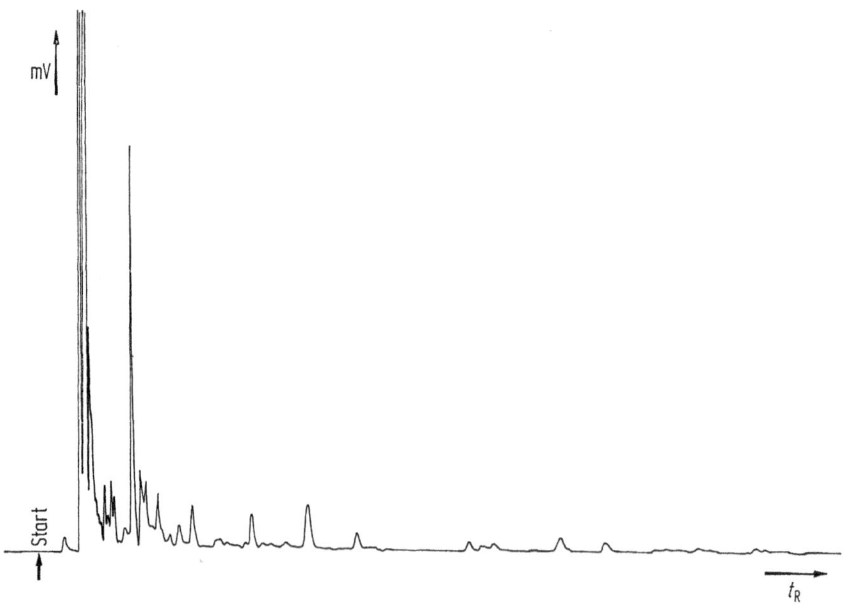

GC 53 Pipettenkappen (Basis NBR/CR)

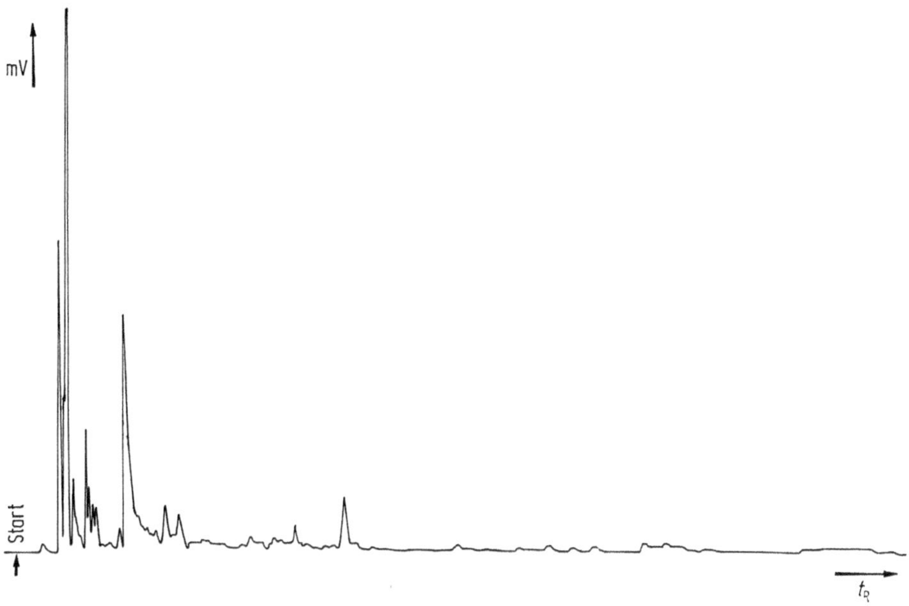

GC 54 Butadien-Acrylnitril-Kautschuk (NBR)

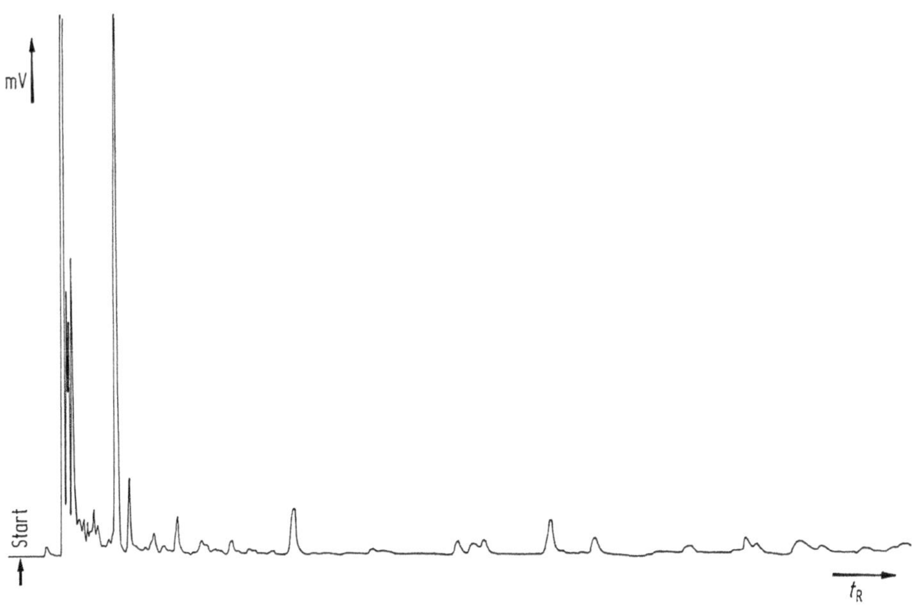

GC 55 Chloropren-Kautschuk (CR)

Auch hier ist zu erkennen, daß beide Komponenten des Elastomer-Gemisches einwandfrei identifiziert werden konnten.

7.5 Quantitative Bestimmung des Kautschukanteils in Elastomeren

7.5.1 Indirekte Differenzmethode

Eine indirekte quantitative Bestimmung des Kautschukanteils eines Elastomeren kann durch die Ermittlung der mineralischen Füllstoffe, des Rußes, des Schwefels sowie der Weichmacher, Beschleuniger und Alterungsschutzmittel erfolgen. Die Gewichtsdifferenz zur ursprünglichen Probe stellt den Kautschukanteil der Mischung dar. Die Summe aller Bestandteile muß dabei 100% ergeben. Die Isolierung der löslichen Anteile (Weichmacher, Beschleuniger, ASM) aus Elastomeren erfolgt durch Extraktionen mit organischen Lösungsmitteln, danach wird die Auflösung des Kautschuks in heißem Paraffinöl [41] (bei Naturkautschuk) oder mit 1,2-Dichlorbenzol und Abtrennung der mineralischen Füllstoffe, des Rußes und des Schwefels durch Filtration oder Zentrifugieren durchgeführt.

Eine andere Möglichkeit, den Kautschukanteil zu bestimmen, besteht in der Entfernung des organischen Teils des Elastomeren durch pyrolytische Spaltung [9, 34, 46, 56], wobei anorganische Füllstoffe und Ruß zurückbleiben. Das Material muß natürlich vorher mit geeigneten Lösungsmitteln extrahiert werden. Das Verfahren gelingt nur bei vollständigem Abbau und der Entfernung der Spaltprodukte des Polymeren. Eine umfangreiche Arbeit auf dem Gebiet der Zersetzung von Polymeren wurde von Jelinek [63] geleistet. Bei rußhaltigen Elastomeren erfolgt der pyrolytische Abbau und die Abtrennung der Spaltprodukte in sauerstofffreiem Stickstoff bei Temperaturen zwischen 400 bis 600 °C.

Eine vollständige Spaltung erreicht man bei Kautschukelastomeren auf Basis von Kohlenwasserstoffen, Polysiloxan und Tetrafluorethylen. Mit Ausnahme von Polytetrafluorethylen zersetzen sich Polymere, die in ihrem Molekül noch andere Elemente neben Kohlenstoff und Wasserstoff enthalten, unter Bildung eines kohlenhaltigen Rückstandes. Sauerstoff- (z. B. EVAC, ACM), Chlor- (CR, CPE, CSM, ECD u. a.) und stickstoffhaltige (EU, NBR, RPR, WCR) Kautschuke können daher auf diese Weise nicht bestimmt werden.

Gemäß Untersuchung von Bauminger und Poulton [9] verbleiben folgende Mengen an Verkohlungsrückständen bei der Pyrolyse von Elastomeren in sauerstofffreiem Stickstoff bei 600 °C:

NR	0,23–0,27%	
SBR	0,23%	
IIR	0,10%	
NBR	1,5–3,7 %	(ansteigend analog dem ACN-Gehalt)
PVC	5,9%	
CR	13,9%	
ET	2,9 %	

Die Durchführung der Pyrolyse und die Abdestillation flüchtiger Abbauprodukte ist im Kapitel 6 „Analyse von mineralischen Bestandteilen und Ruß“, sowie in DIN 53585 „Bestimmung des Rußgehaltes in Kautschuk, Elastomeren und Hartgummi“ und DIN 53587 „Bestimmung der Pyrolyserückstände von Silicon-kautschuk-Erzeugnissen“, beschrieben.

7.5.2 Direkte Bestimmung des Kautschukanteils

7.5.2.1 Naturkautschuk und Polyisopren

Das Verfahren dient zur direkten Bestimmung von NR-Kohlenwasserstoff durch Oxydation der Methylgruppen mit Chrom-Schwefelsäure zur Essigsäure. Die Essigsäure wird durch Wasserdampf in eine Vorlage übergeführt und mit 0,1 N Natronlauge gegen Phenolphthalein titriert.

Diese sogenannte Kuhn-Rothsche [69] Methylgruppenbestimmung wurde von Cheraskowa und Korsunskaja [23] zur Bestimmung von Naturkautschuk benutzt und von Burger, Donaldson und Baty [20] auf ihre Genauigkeit und Anwendbarkeit untersucht. Als Standardmethode wurde sie von British Standards Institution als BS 903 Part B 12, in USA als ASTM-D 297 und vom Normenausschuß in Deutschland 1974 als DIN 53621 Blatt 1 eingeführt, sowie die Apparatur und Details des Verfahrens festgelegt. Laut DIN 53621 ist dieses Verfahren anwendbar auf NR, IR mit und ohne Ölgehalt, auf deren Verschnitt und Elastomere sowie auf Verschnitte mit SBR, CR, NBR und BR.

Nicht ohne weiteres ist es anwendbar auf Elastomere, die andere Polymere oder Zuschlagstoffe als die vorstehend genannten enthalten, z.B. CSM, EPDM, IIR, CIIR, BIIR, Balata und Guttapercha, ET, EVA, Asphalt, Bitumen und Teer.

Zum Vermeiden von Analysefehlern bei der quantitativen Bestimmung von Poyisopren in Verschnitten mit anderen Polymeren ist eine vorherige qualitative Identifizierung der Kautschukart in der Probe unbedingt notwendig. Durch Vergleichsanalysen mit Elastomeren bekannter Zusammensetzung können entsprechende Korrekturfaktoren ermittelt werden.

7.5.2.1.1 Berechnung des Gehaltes an Polyisopren. Bei der Oxydation des Kautschuks mit Chromschwefelsäure erhält man Essigsäure in 75%iger Ausbeute, d.h. aus 4 Isopren-Einheiten des Polyisopren-Moleküls werden nur 3 Moleküle Essigsäure entstehen.

Laut DIN 53621 wird bei der Berechnung des Gehaltes an Polyisopren ein Faktor 0,908 (stöchiometrische Konstante) eingesetzt. Durch Multiplizieren des ermittelten Polyisoprengehaltes mit einem weiteren Faktor von 1,05 kann der Gehalt an NR in der Probe errechnet werden. Dieser Umrechnungsfaktor stellt den Mittelwert dar, der nach zahlreichen Untersuchungen an handelsüblichen Naturkautschuksorten im Fachnormenausschuß Materialprüfung ermittelt wurde.

7.5.2.2 Bestimmung des Polychloroprengehaltes (Poly-2-chlorbutenamer)

Die Menge des Polychloroprens in der Probe wird aus dem Chlorgehalt errechnet. Laut DIN 53621 Blatt 2 rechnet man nach der Formel:

$$\% \text{ Polychloroprenkautschuk} = \% \text{ Chlorgehalt} \times 2{,}67$$

Der Umrechnungsfaktor 2,67 wurde im Fachnormenausschuß Materialprüfung aus der Analyse von 34 handelsüblichen Chloroprenkautschuk-Typen ermittelt.

Bei 25 Mustern lag der Chlorgehalt zwischen 36,5% und 38,5% bei 3 zwischen 36% und 36,5% und bei 9 zwischen 38,5% und 40%. Zur Berechnung des Faktors wurde ein mittlerer Gehalt von 37,5% zugrunde gelegt. Als Hinweis auf die Bedeutung einer qualitativen Absicherung jeder quantitativen Analyse mag hier der Hinweis auf die technische Verwendung von Dichlorbutadien, mit etwa 48% Chlor, dienen. Zur Bestimmung des Chlorgehaltes wird DIN 53474 empfohlen.

In dieser Vorschrift werden vier verschiedene Aufschlußverfahren beschrieben: nach Carius, Wurzschmitt, Schöniger und Grote-Krekeler. Die beiden ersten Verfahren eignen sich gut zur Bestimmung von Chlor in Polychloroprenproben.

Das Verfahren nach Carius ist sehr genau, erfordert jedoch einen größeren Zeitaufwand. Das Verfahren nach Wurzschmitt eignet sich gut zur Bestimmung mittelgroßer bis großer Chlorgehalte. Bei Chlorgehalten zwischen 2 und 20% wird der Aufschuß nach Schöniger bevorzugt, der sich außerdem durch eine besondere Schnelligkeit gegenüber den anderen Verfahren auszeichnet. Den Aufschluß nach Grote-Krekeler benutzt man bei sehr kleinen Chlorgehalten, d.h. bis zu etwa 1%.

7.5.2.2.1 Aufschluß nach Carius. Die Probe (etwa 0,1 g) wird in einem Einschmelzrohr mit etwa 0,3 g Silbernitrat und 1,5 ml rauchender Salpetersäure bei 230 °C in einem Schutzrohr während 16 bis 18 h zur Reaktion gebracht. Das gebildete Silberchlorid wird mit Wasser aus dem Einschmelzrohr in ein Becherglas übergeführt, durch einen Glasfiltertiegel abfiltriert, zweimal mit Wasser und zweimal mit Alkohol gewaschen und nach 30 minütlichem Trocknen bei 110 °C ausgewogen. Auswertung:

$$\text{Chlorgehalt} = \frac{0{,}2474 \cdot A}{E} \cdot 100$$

A Auswaage in g, E Einwaage in g

7.5.2.2.2 Aufschluß nach Wurzschmitt. Die Probe wird in einer Nickelbombe mit einem großen Überschuß von Natriumperoxid aufgeschlossen. Der Inhalt der Bombe wird mit Wasser gelöst. Die Bestimmung des Chlors in der Lösung [29] erfolgt entweder gravimetrisch als Silberchlorid, titrimetrisch nach Volhard oder elektrometrisch nach Mohr (potentiometrische Titration).

7.5.2.2.2.1 Geräte. Universalbombe aus Nickel nach B. Wurzschmitt, Verschlußvorrichtung, Bombenschutzofen mit Mikro-Gasbrenner, niedriges 250 ml-Becherglas, hohes 25 ml-Becherglas.

7.5.2.2.2.2 Chemikalien. Ethylenglykol, Natriumperoxid

7.5.2.2.2.3 Durchführung

Die leere, trockene Bombe wird zweckmäßig in ein 25 ml-Becherglas (hohe Form) gestellt. Der Bombenboden wird zunächst mit trockenem Natriumperoxid bedeckt. In die Bombe werden dann mit Hilfe einer Flasche mit Tropfrohr 8 bis 9 Tropfen Ethylenglykol gegeben. Die Tropfrohrspitze ist so zu wählen, daß 8 bis 9 Tropfen Ethylenglykol etwa 160 bis 170 mg Ethylenglykol entsprechen. Dann werden je nach Chlorgehalt 0,1 bis 0,3 g der Probe auf 0,0001 g gewogen und in die Bombe gegeben. Über die Probe wird anschließend so viel trockenes Natriumperoxid gegeben, daß noch 2 mm bis zum oberen Bombenrand frei bleiben. Insgesamt sind etwa 11 g Natriumperoxid erforderlich. Nach dem Füllen der Bombe wird der Deckel mit Gummidichtung aufgesetzt, die Bombe in die untere Verschraubung eingeführt und die obere Verschraubung zugedreht. Ein sicherer Verschluß wird schon durch die an beiden geränderten Verschraubungsteilen angreifende Kraft der Hände erreicht.

Mit Hilfe einer leeren in den Bombenschutzofen gesetzten Bombe wird der Mikro-Gasbrenner so eingestellt, daß der Flammenkegel bis wenige Millimeter unter den Bombenboden reicht. Die leere Bombe wird durch die Bombe mit der Probe ersetzt und der Ofen geschlossen. Der Zündsatz (Ethylenglykol und Natriumperoxid) zündet bei 56°C und leitet den Aufschluß der Probe ein. Die Zündung findet nach 10 bis 30 s statt und macht sich durch Knacken oder leichtes Puffen (und Aufglühen des Bombenbodens) bemerkbar. Etwa 1 min danach wird die Bombe aus dem Ofen genommen und in Wasser abgekühlt. Die Bombe wird von Hand geöffnet und ohne Verschluß in ein 250 ml-Becherglas gelegt, in das soviel Wasser gegeben wird, daß die Bombe gerade bedeckt ist. Das Becherglas wird abgedeckt und, unter gelegentlichem Rühren, so lange stehen gelassen, bis sich der Inhalt der Bombe gelöst hat. Die Bombe wird dann entnommen und mit Wasser abgespült.

7.5.2.3 Bestimmung des Chlorbutylkautschuk-Gehaltes

Man setzt voraus, daß der Chlorgehalt der Handelstypen durchschnittlich 1,2% beträgt.

Durch Multiplizieren des Chlorgehaltes mit einem Faktor von 83,33 wird nach DIN 53621 Blatt 5 der Gehalt an Chlorbutylkautschuk errechnet.

Zur Bestimmung des Chlorgehaltes kann das Aufschlußverfahren nach Grote-Krekeler (DIN 53474) benutzt werden.

Bei diesem Aufschluß wird die Probe in einem Schiffchen, das sich in einem Quarzrohr befindet, im mit Sauerstoff angereicherten Luftstrom verbrannt. Die Verbrennungsgase werden in Wasserstoffperoxid-Lösung aufgefangen. Die Absorptionslösung wird mit Wasser quantitativ aus der Absorptionsvorlage herausgesaugt und dient nach einem der vier obengenannten Methoden zur Chlorbestimmung.

7.5.2.4 Bestimmung des Gehaltes an Polyepichlorhydrin

$$\left(\begin{array}{l} -CH-CH_2-O- \\ \;\;| \\ \;CH_2Cl \end{array}\right)_n$$

und an Epichlorhydrin-Ethylenoxid-Copolymer

$$\left(\begin{array}{l} -CH-CH_2-O-CH_2-CH_2-O- \\ \;\;| \\ \;CH_2Cl \end{array}\right)_m$$

Der Gehalt an diesen Kautschuktypen kann in Verschnitten mit solchen Polymeren, die kein Halogen enthalten, aus dem Chlorgehalt der Probe errechnet werden.

Homopolymerer Epichlorhydrinkautschuk enthält 38,32% Chlor, das Copolymere mit Ethylenoxid 25,96% Chlor.

Unter Berücksichtigung dieser Chlorgehalte ergeben sich, laut DIN 53621 Teil 6 folgende stöchiometrische Umrechnungsfaktoren:
für Polyepichlorhydrin 2,61 und
für Epichlorhydrin-Ethylenoxid-Copolymer 3,85

7.5.2.5 Bestimmung des Acrylnitrils in Acrylnitril-Butadien-Copolymeren

Anhand des Stickstoffgehalts kann der Gehalt an Acrylnitril- und daraus der Gehalt an Acrylnitril-Butadien-Copolymerisat in der Probe errechnet werden.

Der Stickstoffgehalt wird in extrahierten Proben vorzugsweise nach Kjeldahl bestimmt. Prinzip: Oxydation der CN-Gruppe in einem Kjeldahl-Kolben in der Hitze mit konz. Schwefelsäure in Gegenwart eines Katalysatorgemisches zum Ammoniumsulfat. Das Reaktionsgemisch wird anschließend alkalisch eingestellt, der gebildete Ammoniak in Borsäure-Lösung destilliert und mit Schwefelsäure titriert.

Durch Multiplizieren des Stickstoffgehaltes in Prozent mit 3,79 errechnet man den Acrylnitrilgehalt.

Der Gehalt an Acrylnitril-Butadien-Copolymer kann aus dem Acrylnitrilgehalt bzw. direkt aus dem Stickstoffgehalt berechnet werden, wenn der Acrylnitril-Gehalt des in der Probe vorliegenden Nitrilkautschuks bekannt ist.

Nach DIN 53621 Blatt 3 erfolgt die Berechnung nach folgender Formel:

% Acrylnitril-Butadien-Copolymer = % Stickstoff F

Der Zahlenwert des Faktors F ist beispielsweise für Copolymere

mit 28 % Acrylnitril 13,51
mit 33 % Acrylnitril 11,47
mit 38 % Acrylnitril 9,97

einzusetzen.

Zur Ermittlung der Nitrilkautschuk-Type bei unbekannten Elastomeren ist eine Gesamtanalyse notwendig, in der die Summe aller Bestandteile etwa 100 % ergeben muß.

7.5.2.5.1 Geräte. Vorrichtung zum Aufschluß der Probe

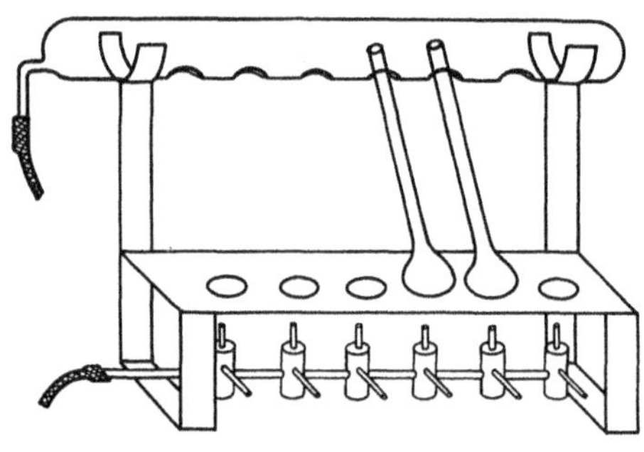

Abb. 24

7.5.2.5.2 Reagenzien. Borsäurelösung (40 g/l): 40 g Borsäure werden in warmen Wasser gelöst und nach dem Abkühlen auf Raumtemperatur auf 1 l aufgefüllt.

Katalysatorgemisch: 110 g Kaliumsulfat (wasserfrei), 14,7 g Kupfersulfat ($CuSO_4 \cdot 5\,H_2O$) und 3,7 g Selenpulver werden unter Erhitzen in 600 ml Schwefelsäure (D 1,84) gelöst.

Schwefelsäure: 0,1 N

Natronlauge: 40 %ig

Indikatorlösung: 0,08 g Methylrot und 0,4 g Bromkresolgrün werden in 100 ml Alkohol gelöst.

Zink: granuliert oder als Zinkwolle

Destillationsapparatur

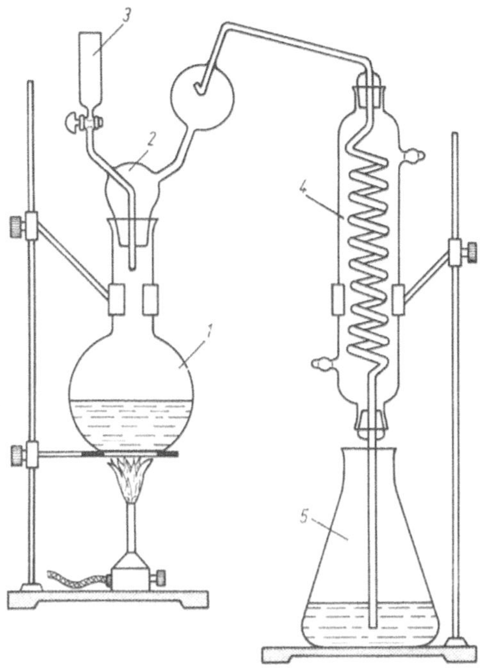

Abb. 25. *1* 1000 ml-Rundkolben, *2* Kjeldahlaufsatz, *3* Tropftrichter, *4* Kühler, *5* 750 ml-Erlenmeyerkolben

7.5.2.5.3 Ausführung

1 g zerkleinerter und extrahierter Probe wird in einen trockenen 250 ml-Kjeldahlkolben gebracht, 65 ml des Katalysatorgemisches zugegeben und der Kolben zunächst mäßig, dann stärker erhitzt, bis die Lösung siedet. Die Erhitzung wird solange fortgesetzt, bis die Flüssigkeit klar wird, dann erhitzt man noch eine weitere Stunde und läßt danach abkühlen.

Die abgekühlte Lösung wird vorsichtig mit Wasser verdünnt und in einen 1000 ml-Rundkolben übergeführt. Der Kjeldahlkolben wird mehrmals mit Wasser ausgewaschen und die Waschlösung in den 1000 ml-Kolben nachgegeben. Das Gesamtvolumen in dem Kolben wird auf etwa 600 ml gebracht. Dem Kolbeninhalt werden aus dem Tropftrichter 150 ml 40%iger Natriumhydroxidlösung langsam an der Kolbenwand entlang zugefügt, so daß sich der Inhalt nicht vermischt. Ohne den Kolbeninhalt durchzumischen, steckt man mehrere Stücke Zinkgranulen oder Zinkwolle in den Kolben und schließt diesen rasch an den Kjeldahlaufsatz und an den damit verbundenen Kühler. Als Vorlage dient ein 750 ml-Erlenmeyerkolben, der 100 ml Borsäurelösung enthält, ein Verlängerungsstück des Kühlers soll in diese Lösung eintauchen.

Der Stopfen des Rundkolbens wird festgehalten und der Kolbeninhalt kräftig durchgeschüttelt. Man beginnt sofort mit der Destillation und kocht stetig, bis etwa 300 ml Destillat vorliegen. Dann werden Kühler und Vorlage von der übrigen Apparatur abgetrennt und der Kühler mit etwas Wasser ausgespült. Das Destillat wird mit 0,1 N Schwefelsäure gegen Indikator titriert.

Parallel zur Bestimmung wird ein Blindversuch ausgeführt, um das Versuchsergebnis korrigieren zu können.

7.5.2.5.4 Berechnung. Der Stickstoffgehalt wird nach folgender Formel errechnet:

$$\% \, N = \frac{(V_1 - V_2) \cdot 0{,}140}{G}$$

wobei ist:

V_1 erforderlicher Bedarf an 0,1 N Schwefelsäure für die Titration der Probe
V_2 Verbrauch an 0,1 N Schwefelsäure beim Blindversuch
G Gewicht der Probe vor der Extraktion

7.5.2.6 Bestimmung des Gehaltes an Butylkautschuk (IIR) und an Polyisobutylen (IM)

Polyisobutylen wird hauptsächlich in Füllmischungen und Klebstoffen allein oder im Gemisch mit Naturkautschuk oder SBR in unvernetzter Form verwendet. Wenn IM ohne ein anderes Polymer oder als Zusatz zu Elastomeren vorliegt, kann es durch Extraktion (z. B. mit Petrolether Kp 60 bis 80 °C) isoliert werden.

Aus rußhaltigen Mischungen läßt sich IM am leichtesten durch die Pyrolysemethode im Stickstoffstrom entfernen. Die Isolierung aus nichtvulkanisierten Mischungen von NR oder SBR mit IM gelingt durch die Extraktion mit Petrolether nicht. Auch die nachträgliche Vulkanisation solcher klebriger Mischungen mit Schwefel und Beschleuniger stößt auf große Schwierigkeiten. Wake [124] schlägt vor, eine sirupartige Lösung der Mischung in Leichtbenzin auf ein vorher gewogenes perforiertes Zinkblech aufzubringen. Das überzogene Blech wird erst an der Luft getrocknet, dann im Ofen getrocknet und wieder gewogen. Anschließend wird das Ganze in eine Extraktionshülse gebracht und zuerst mit Aceton zur Entfernung von Kolophonium und anderen Klebrigmachern extrahiert. Danach folgt die Extraktion mit Petrolether (Kp 40 bis 60 °C), wobei IM und Kautschuk gelöst werden. Diese Lösung wird eingetrocknet und gewogen. In dem vorliegenden Gemisch wird der Anteil an NR oder SBR durch Jodzahlbestimmung ermittelt.

Kress [67] und Frey [44] empfehlen die Behandlung der Probe mit Salpetersäure, wobei ungesättigte Kautschuktypen zersetzt werden, jedoch Polyisobutylen (auch aus Butylkautschuk stammend) nicht angegriffen wird. Letzteres wird abfiltriert, in Petrolether und Chloroform gelöst und mit Alkohol ausgefällt, getrocknet und gewogen.

7.5.2.6.1 Durchführung

Etwa 1 g der zu analysierenden Mischung wird dünn ausgewalzt und mit Aceton extrahiert. Danach wird die Probe klein geschnitten und in ein 250 ml Becherglas übergeführt. Man fügt etwa 5 ml konzentrierte Salpetersäure zu und läßt einige Minuten stehen. Wenn die anfängliche Reaktion langsam verläuft, wärmt man das Glas vorsichtig, bis Dämpfe entstehen. Wenn nach einigen Minuten die Reaktion nachläßt, fügt man weitere 50 ml konzentrierte Salpetersäure zu und erwärmt mäßig für etwa eine Stunde. Ist die Probe nach dieser Zeit nicht völlig zerfallen, oder wenn bekannt ist, daß ein hoher Prozentsatz an Butylkautschuk vorliegt, fügt man vorsichtig etwa 3 ml Xylol zu und setzt die Erwärmung fort, bis letzteres verflüchtigt ist.

Man fügt der Analysenlösung etwa einen Teelöffel Kieselgur zu und saugt heiß durch einen vorbereiteten Gooch-Tiegel, in welchem sich etwa 1 cm Kieselgur befindet. Man wäscht zweimal mit je etwa 10 ml kalter Salpetersäure und dann mit reichlich heißem Wasser, bis das Filtrat farblos ist. Sodann unterbricht man die Filtration, um die Saugflasche zu entleeren, da sonst durch die nachfolgende Alkoholbehandlung eine heftige Reaktion mit der Salpetersäure entstehen könnte.

Man saugt einen Tiegel voll Alkohol durch. Der Inhalt des Tiegels wird in einen 250 ml-Erlenmeyerkolben mit Schliffstopfen übergeführt. Man benetzt ein Stück Filterpapier mit Chloroform, um den Tiegel damit auszuwischen und bringt dasselbe dann auch in den Erlenmeyerkolben ein. Danach fügt man Siedesteine und etwa 200 ml des Chloroform-Petrolether-Gemisches zu, sowie etwa 5 ml tert.-Butylhydroperoxyd. Man kocht am Rückflußkühler mindestens drei Stunden.

Eine Glasfritte oder Büchnertrichter wird mit Filterpapier ausgelegt und mit einer dünnen Lage Kieselgur versehen. Die Chloroform-Petrolether-Lösung wird in mäßiger Geschwindigkeit durchgesaugt. Man wäscht zweimal mit je 20 ml warmem Petrolether. Das Filtrat wird quantitativ in ein 250 ml Becherglas übergeführt und die Lösung auf dem Wasserbad vorsichtig eingeengt auf etwa 20 ml. Dann überführt man in einen 50 ml-Erlenmeyerkolben, welcher vorher genau gewogen wurde und dampft vorsichtig ein, jedoch nicht ganz zur Trockne. Man läßt abkühlen und fällt Polyisobutylen aus durch Zugabe von 25 ml Ethylalkohol.

Man erhitzt zu gelindem Sieden etwa 5 min lang, läßt abkühlen und dekantiert den Alkohol vorsichtig ab. Man wäscht mit etwa 10 ml Aceton, indem man vorsichtig umschwenkt und abgießt, solange keine Polyisobutylenteilchen verloren gehen. Sodann trocknet man ein bis zwei Stunden bei 110°C und wägt direkt als Polyisobutylen.

Im Fachnormenausschuß Materialprüfung (FNM) wurde die Methode von Kress in Übereinstimmung mit den in ASTM-D 297-74 und in British Standards 903 veröffentlichten Verfahren umgearbeitet und als DIN 53621 Teil 8 „Bestimmung des Gehaltes an Butylkautschuk und an Polyisobutylen" herausgebracht.

Das Verfahren nach dieser Norm dient zur quantitativen Bestimmung der Gehalte an Butylkautschuk (IIR*) bzw. Polyisobutylen (IM)** und ist anwendbar auf die rohen Polymere wie auch auf Mischungen und Elastomere mit diesen Polymeren. Die Methode ist besonders nützlich für die Bestimmung kleiner Mengen dieser Polymeren in Elastomeren. Sie ist anwendbar auf Verschnitte mit Butadienkautschuk (BR), Chloroprenkautschuk (CR), synthetischem Polyisopren (IR), Naturkautschuk (NR), Nitrilkautschuk (NBR), Ethylen-Propylen-Terpolymer (EPDM) und mit Styrol-Butadien-Kautschuk (SBR). Eine Anwendbarkeit auf Elastomere mit anderen Polymeren muß durch die Analyse von Kontrollproben mit bekannter und ähnlicher Zusammensetzung ermittelt werden. Das Verfahren nach dieser Norm ist nicht anwendbar auf Verschnitte solcher Polymeren mit Butylkautschuk oder Polyisobutylen, die sich bei dem Bestimmungsverfahren, das in dieser Norm beschrieben ist, wie eines dieser beiden Polymere verhalten. So beeinträchtigen u.a. Brombutylkautschuk (BIIR) und Chlorbutylkautschuk (CIIR) das Analysenergebnis. Eine qualitative Polymer-Bestimmung durch IR-Spektroskopie wie auch durch spezifische Vorproben sind daher nahezu unerläßlich.

---

* Isobuten-2-Methylbutadien-Copolymerisat

$$\left[\begin{array}{c} CH_3 \\ | \\ -CH_2-C- \\ | \\ CH_3 \end{array}\right]_n - \left[\begin{array}{c} \\ \\ -CH_2-C=CH-CH_2- \\ | \\ CH_3 \end{array}\right]_m$$

** Isobuten-Homopolymerisat

$$\left[\begin{array}{c} CH_3 \\ | \\ -CH_2-C- \\ | \\ CH_3 \end{array}\right]_n$$

7.5.2.7 Bestimmung des Styrolgehaltes von Copolymeren und Berechnung des Gehaltes an SBR

Zur Bestimmung des Styrolgehaltes in SBR-Ausgangspolymeren und Vulkanisaten, die SBR mit und ohne Ölextender enthalten, sowie in Verschnitten von SBR mit NR, IR, CR, NBR, BR, EPDM, EVA, CSM, IIR, IM sowie bei Anwensenheit von Ruß und anorganischen Füllstoffen eignet sich am besten die Oxidationsmethode von Hilton [55], die auch in ASTM-D 297-74 und DIN 53621 Blatt 7 zugrunde liegt.

Durch Behandlung der extrahierten Probe mit konzentrierter Salpetersäure wird die vom Styrol stammende Benzyliden-Gruppe der Polymerkette unter Nitrierung und Oxidation zu p-Nitrobenzoesäure als Hauptprodukt umgesetzt, die dann aus saurer Lösung mit Ether quantitativ ausgeschüttelt und als Natriumsalz in alkalischer Lösung bei den drei Wellenlängen von 265 nm, 273,75 nm und 285 nm spektrophotometriert wird.

7.5.2.7.1 Durchführung der Styrol-Bestimmung

0,25 g extrahierter und getrockneter Probe werden in einem 250 ml-Stehkolben mit 20 ml konz. HNO_3 (D 1,42) versetzt und 16 h lang am Rückfluß erhitzt. Nach Abkühlung wird der Rückflußkühler mit etwa 20 ml dest. Wasser gespült und der Inhalt in ein 250 ml-Becherglas quantitativ gebracht. Die salpetersaure Lösung wird durch Zugabe von 20%iger Natronlauge gegen Phenolphthalein neutralisiert und dann mit Salpetersäure auf pH 1 eingestellt.

Die Lösung wird dann auf Raumtemperatur abgekühlt und nach Überführen in einen 500 ml-Scheidetrichter dreimal mit je 50 ml Diethylether ausgeschüttelt. Die vereinigten Etherextrakte werden in einem anderen 500 ml-Scheidetrichter zur Entfernung noch vorhandener Salpetersäure dreimal mit je 50 ml gesättigter Natriumchlorid-Lösung ausgeschüttelt. Die wässerige Schicht wird verworfen und die Etherschicht nach Überführen in einen Erlenmeyer-Kolben mit einigen Gramm wasserfreiem Natriumsulfat getrocknet. Nach einigen Minuten Stehen wird die Etherlösung erneut in einem Scheidetrichter dreimal mit je 50 ml, 0,1 N Natronlauge ausgeschüttelt. Die alkalischen Auszüge werden in einem 250 ml-Meßkolben vereinigt und mit 0,1 N Natronlauge aufgefüllt.

Die Lösung wird im Verhältnis 1:10 verdünnt, indem man 25 ml mit einer Pipette in einen 250 ml-Meßkolben bringt und mit 0,1 N Natronlauge auffüllt.

Die Extinktionen E_1, E_2 und E_3 dieser Lösung werden bei den Wellenlängen 265 nm, 273,75 nm und 285 nm im Spektralphotometer abgelesen. Bei Geräten mit Zeigerskala liest man die Transmissionen ab und rechnet in Extinktionen um. Die Anwendung eines Registriergerätes ist hierbei von Vorteil.

Aus den ermittelten Extinktionen E_1, E_2 und E_3 wird der Gehalt S des gebundenen Styrols als Mittelwert aus S_1, S_2 und S_3 errechnet:

Gebundenes Styrol S in % in der extrahierten Probe

$$S = \frac{S_1 + S_2 + S_3}{3} \text{ mit}$$

$$S_1 = \frac{\frac{100 \cdot E_1}{c_x} - 37{,}3}{e_{s1} - 0{,}373}; \quad S_2 = \frac{\frac{100 \cdot E_2}{c_x} - 31{,}0}{e_{s2} - 0{,}310}; \quad S_3 = \frac{\frac{100 \cdot E_3}{c_x} - 26{,}5}{e_{s3} - 0{,}265}$$

Hierin bedeuten:

E_1 Extinktion der Probenlösung bei 265 nm

E_2 Extinktion der Probenlösung bei 273,75 nm

E_3 Extinktion der Probenlösung bei 285 nm
c_x Konzentration der Probe in der Lösung, deren Extinktion gemessen wird, in Gramm/Liter
e_{s1} Extinktionskoeffizient des nitrierten Styrols bei 265 nm
e_{s2} Extinktionskoeffizient des nitrierten Styrols bei 273,75 nm
e_{s3} Extinktionskoeffizient des nitrierten Styrols bei 285 nm

7.5.2.7.2 Berechnung des Styrol-Gehaltes in der nicht extrahierten Probe. Soll das Analysenergebnis auf nicht extrahiertes Material, also auf die Originalprobe bezogen werden, so ist die Extraktmenge zu berücksichtigen, wobei dann folgende Zahlenwertgleichung gilt: Gebundenes Styrol S in % in der nicht extrahierten Probe

$$S' = \frac{S \cdot (100 - L)}{100} \cdot \frac{m_E}{0{,}250}$$

Hierin bedeuten:

S % gebundenes Styrol in der extrahierten Probe (nach Abschnitt 7.5.2.7.1)
L % Acetonextrakt + Chloroformextrakt
m_E Einwaage des extrahierten Materials (möglichst 0,2500 g)

Der Fachnormenausschuß Materialprüfung (FNM) empfiehlt dieses Verfahren in Form von DIN 53621 Teil 7 „Bestimmung des Styrol-Gehaltes und Berechnung des Gehaltes an Styrol-Butadien-Copolymer". In dieser Norm wird die Eichung des Spektralphotometers an einer mit Aceton extrahierten und anschließend nitrierten Standardprobe von sehr reinem Lösungs-SBR ohne Öl vorgenommen, indem die Extinktionskoeffizienten (e_{s1}, e_{s2} und e_{s3}) bei den drei verschiedenen Wellenlängen bestimmt werden. Dieses Copolymer soll etwa den gleichen Styrol-Gehalt aufweisen, wie das Polymer in der zu analysierenden Probe, z.B. ≈ 23,5% Styrol.

Außer SBR können auch andere Polymere unter den Reaktionsbedingungen dieser Norm in geringem Maße Nitrierungsprodukte ergeben, die bei der Messung im Spektralphotometer stören. Um solche Fehler zu eliminieren, sind Verschnitte von solchen Polymeren mit SBR wohldefinierten Styrol-Gehalts als Standardproben zu verwenden, die der zu analysierenden Probe in der Zusammensetzung möglichst ähnlich sind.

Um höchste Genauigkeit zu erreichen, führt man zur Eichung dreifache Bestimmungen durch und errechnet dann die Mittelwerte.

Um die drei Extinktionskoeffizienten e_{s1}, e_{s2} und e_{s3} des nitrierten Styrols bei den entsprechenden Wellenlängen 265 nm, 273,75 nm und 285 nm zu errechnen, wendet man folgende Formeln an:

$$e_{s1} = \frac{\frac{E_{P1}}{c} - (e_{B1} \cdot (1 - X))}{X}$$

$$e_{s2} = \frac{\frac{E_{P2}}{c} - (e_{B2} \cdot (1 - X))}{X}$$

$$e_{s3} = \frac{\frac{E_{P3}}{c} - (e_{B3} \cdot (1 - X))}{X}$$

Hierin bedeuten:

E_{P1} Extinktion der Lösung des Standard-SBR bei 265 nm
E_{P2} Extinktion der Lösung des Standard-SBR bei 273,75 nm
E_{P3} Extinktion der Lösung des Standard-SBR bei 285 nm
c Konzentration des Standard-SBR in der Lösung, deren Extinktion gemessen wird, in Gramm/Liter
e_{B1} 0,373 = Extinktionskoeffizient des nitrierten Butadiens bei 265 nm
e_{B2} 0,310 = Extinktionskoeffizient des nitrierten Butadiens bei 273,75 nm
e_{B3} 0,265 = Extinktionskoeffizient des nitrierten Butadiens bei 285 nm
X 0,235 = Anteil des gebundenen Styrols im Standard-SBR

Die bei den Messungen im Spektralphotometer verwendete Spaltöffnung ist zu registrieren und muß unverändert bei der Probe mit dem unbekannten Styrol-Gehalt verwendet werden.

7.5.2.7.3 Umrechnung von Styrol- auf SBR-Gehalt. Durch Multiplizieren des gefundenen Prozent-Styrolgehaltes (S oder S') mit dem Faktor 4,26 erhält man den Gehalt an SBR, auf der Basis von einem Styrolgehalt von 23,5%. Wenn man jedoch den Anteil von Fremdstoffen in handelsüblichem SBR bei der Berechnung berücksichtigen will, so multipliziert man mit einem empirischen Faktor von 4,65.

Unter den Fremdstoffen versteht man hier flüchtige und anorganische Bestandteile, organische Säuren, Emulgatoren und Stabilisatoren.

7.5.2.8 Bestimmung des Fluorkautschuk-Gehaltes

Der Fluorkautschuk-Gehalt wird aus dem Fluorgehalt der Probe [30, 79, 32, 71, 21] (Kautschuk, Kautschukmischungen, Elastomere) errechnet, falls die Art des Fluorkautschuks bekannt bzw. durch eine qualitative Analyse ermittelt worden ist.

Die Bestimmung des Fluorgehaltes kann nach zwei unterschiedlichen Verfahren erfolgen: Nach dem ersten Verfahren wird die Probe in der Nickelbombe nach Wurzschmitt (siehe auch 7.5.2.2.2) mit Natriumperoxid aufgeschlossen. Das entstandene Natriumfluorid kann entweder direkt mit Hilfe der photometrischen Titration mit Thoriumnitrat [51a] erfaßt werden, oder nach der Umwandlung in einem Kationsaustauscher zur Flußsäure durch Titration mit 0,1 N Kalilauge unter Anwendung eines Mischindikators (Methylrot/Methylblau) bestimmt werden. Nach dem zweiten Verfahren wird die Probe in einer Knallgasflamme nach Wickbold aufgeschlossen. Das Fluoridion wird entweder gravimetrisch als Bleifluorid oder elektrometrisch mit einer ionensensitiven Elektrode bestimmt.

7.6 Bestimmung von Schwermetallen

Aus der Vielzahl an Schwermetallen interessieren bei der Kautschuk- und Elastomeranalytik in den weitaus meisten Fällen nur vier, nämlich Zink und Blei und die Kautschukgifte Kupfer und Mangan.

In diesem Kapitel soll nur auf einige der neueren Methoden eingegangen werden. Soweit sie bereits Gegenstand von DIN-Vorschriften oder Vornormen geworden sind, wird nur das Prinzip erwähnt und hinsichtlich der Ausführung auf die Originalnorm verwiesen.

Auf dem Gebiet der Lebensmittelbedarfsgegenstände gibt es eine Reihe von gesetzlichen Vorschriften, die die Zink- und Blei-Menge begrenzen.

Aus diesem Grunde ist für die Eigen- und Fremdüberwachung von Produktionen die Kenntnis von Bestimmungsmethoden bedeutsam. In Lebensmittelbedarfsgegenständen wird beispielsweise nur ein sehr niedriger Blei-Gehalt toleriert (höchstens 0,003% Pb). Da aber verhältnismäßig bleireiche Zinkoxide im Handel sind, ergibt sich die Notwendigkeit, Zinkoxide auf ihre Schwermetall-Verunreinigung zu untersuchen.

Bei Anwesenheit von Kupfer und Mangan werden bekanntlich verschiedene Kautschuke, insbesondere Naturkautschuk und daraus hergestellte Vulkanisate, durch katalytische Alterungsprozesse rasch zerstört.

Es ist sehr schwierig, eine Schädlichkeitsgrenze für den Kupfer- und Mangan-Gehalt der Vulkanisate festzulegen, da sie vom Elastomertyp und von der Art der chemischen Metallverbindungen abhängig ist. Kupfer und Mangan sind zwar für Synthesekautschuk weniger schädlich als für Naturkautschuk, ihre Wirkung darf aber bei den meisten Kautschuken nicht vernachlässigt werden.

Als orientierenden Richtwert für die Schädlichkeitsgrenze bei Naturkautschuk kann man für Kupfer und Mangan etwa 0,001% auf die Mischung gerechnet annehmen. Für mit Gummi zu beschichtende Gewebe werden maximal 0,003 bis 0,005 g Cu + Mn pro Quadratmeter Gewebe als zulässig angesehen. Bei Gummifäden wirken sich mehr als 4 ppm (4 mg in 1 kg Mischung) Cu schon spürbar schädigend aus [64], [102]. Die photometrische Methode zur Bestimmung von Kupfer und Mangan wird weiter unten besonders ausführlich beschrieben.

7.6.1 Bestimmung des Zink-Gehaltes

In DIN 53581 „Bestimmung des Zinkgehaltes" werden zwei Verfahren zur Bestimmung des Gesamt-Zink-Gehaltes in Latices, Kautschuk, Kautschuk-Mischungen und Elastomeren und deren Regenerate festgelegt. Das erste Verfahren ist die komplexometrische Bestimmung mit Ethylendiaminacetat unter Verwendung von „Indikator-Puffer-Tabletten" zur Bestimmung der Wasserhärte mit Titriplex-Lösungen, Hersteller E. Merck AG, Darmstadt. Das zweite ist eine polarographische Bestimmung. Eine Bestimmungsmethode mit Hilfe der Atom-Absorption ist in Vorbereitung.

Die Grundlagen der Atom-Absorptions-Spektroskopie (AAS) sind in DIN 51401 allgemein dargestellt. Für die AA-Spektrophotometrie-Bestimmung wird die Probe nach Aufschluß mit einem Schwefelsäure-Salpetersäure-Gemisch bei

550 ± 25 °C geglüht. Die halogenfreien Proben können bei 550 ± 25 °C direkt verascht werden. Der Glührückstand wird in verdünnter Salzsäure gelöst und der Zink-Gehalt bei einer Wellenlänge von 213,8 nm gegen Wasser gemessen.

7.6.1.1 Komplexometrische Bestimmung des Zinkgehaltes

Die feste Probe (beim Latex der trockene Film) wird fein zerkleinert, etwa 5 g davon werden vollständig verascht und bei 550 ± 25 °C geglüht. Falls in der Probe chlorhaltige Substanzen zugegen sind, wird die Einwaage in Anwesenheit von Schwefelsäure verascht (Sulfatasche) und anschließend bei 550 ± 25 °C geglüht. Der Glührückstand wird mit Salzsäure ausgekocht und von eventuell vorhandenen unlöslichen Substanzen durch Filtrieren getrennt. Sind im Rückstand Kieselsäure oder Silicate vorhanden, so wird die Kieselsäure mit Flußsäure und Schwefelsäure abgeraucht, um zu verhüten, daß sich Zink als unlösliches Zinksilicat der Bestimmung entzieht. Der noch verbleibende Rückstand wird mit Salzsäure (Dichte D 1,12) aufgenommen, filtriert und der unlösliche Teil verworfen. Das Filtrat sowie das Waschwasser werden im 250ml-Meßkolben mit dem ersten Filtrat vereinigt. Nach dem Abkühlen auf 20± 2°C füllt man den Meßkolben bis zur Marke mit destilliertem Wasser auf und erhält so die Stammlösung der Probe, die für die Zink-Bestimmung nach den beiden oben erwähnten Methoden benutzt wird.

Zur komplexometrischen Bestimmung werden 50 ml der Stammlösung zunächst bei pH 1 mit Schwefelwasserstoff behandelt, wobei die Schwermetalle Blei, Antimon, Kupfer und Cadmium als Sulfide ausfallen. Nach Filtrieren und Verkochen des Schwefelwasserstoffes wird das Filtrat mit einigen Tropfen Wasserstoffperoxid versetzt, um zweiwertiges Eisen zu oxydieren. Nach erneutem Kochen werden im ammoniakalischen Bereich Eisen, Chrom, Aluminium und Titan als Hydroxide ausgefällt. Nach dem Filtrieren und Auswaschen wird das Filtrat, das neben Zink noch Kobalt, Nickel, Calcium und Magnesium enthalten kann, vorsichtig eingeengt, um überschüssiges Ammoniak zu vertreiben. Anschließend macht man essigsauer, fügt eine Spatelspitze Natriumacetat zu, kocht kurz auf und fällt durch erneutes Einleiten von Schwefelwasserstoff Zinksulfid aus, das filtriert und gut ausgewaschen wird. Danach wird der Zinksulfid-Niederschlag in verdünnter, heißer Salzsäure in einem weithalsigen 300 ml-Erlenmeyer-Kolben gelöst. Eventuell gefälltes Kobalt- und/oder Nickelsulfid bleiben dabei ungelöst.

Anschließend dampft man die Lösung des Zinksalzes bis fast zur Trockene ein, versetzt mit etwa 150 ml Wasser und stellt mit verdünnter Natronlauge einen pH-Wert von 6 bis 7 ein. Nach Zugabe und Auflösen einer Indikator-Puffer-Tablette wird 1 ml Ammoniaklösung (D 0,910) zugegeben. Der pH-Wert zur Titration soll zwischen 7 und 10 liegen. Nach Erwärmen auf 30–40°C titriert man sehr langsam unter ständigem Schütteln des Kolbens aus einer 10-ml-Bürette mit einer 0,1 molaren Lösung von Dinatriumdihydrogen-ethylendiamin-tetraacetat-2-hydrat (EDTA) (d.h. 37,225 g EDTA in 1 l Wasser; 1 ml dieser Lösung entspricht 0,006538 g Zink) bis zum Farbwechsel von Rot nach Grün. Der Endpunkt ist erreicht, wenn der letzte Rotton der Färbung verschwunden ist.

Der Zinkgehalt wird nach folgender Formel errechnet:

$$\% \, \mathrm{Zn} = \frac{0{,}006538 \cdot A \cdot V}{m_E \cdot P} \cdot 100,$$

wobei

A Verbrauch an 0,1 molarer EDTA-Lösung in ml
V Volumen der Stammlösung der Probe in ml
m_E Einwaage der Probe in g
P zur Titration entnommener aliquoter Teil der Stammlösung der Probe in ml

7.6.1.2 Polarographische Bestimmung des Zinkgehaltes

Die polarographische Bestimmungsmethode wird nach folgendem Schema durchgeführt:

25 ml der Stammlösung werden in einen 100-ml-Meßkolben zu 50 ml einer Lösung, bestehend aus 40 ml Ammoniak (D 0,910), 20 ml 0,2 %iger Tyloselösung, 20 g Ammoniumchlorid und 160 ml Wasser, zugegeben und bis zur Marke aufgefüllt.

Nach dem Umschütteln wird ein aliquoter Teil dieser Lösung in das Elektrolysegefäß des Polarographen übergeführt, 10 min lang mit Stickstoff entlüftet, auf 20°C temperiert und die Stromstärke-Spannungs-Kurve des Zinks zwischen 1 und 1,5 V aufgenommen. Aus der Höhe der Stromstärke-Spannungs-Kurve (Polarogramm) kann durch Vergleich mit einem Standardpolarogramm der Zink-Gehalt errechnet werden.

$$\% \, Zn = \frac{m \cdot V}{P \cdot m_E} \cdot 100$$

m Zn-Menge in g, abgelesen aus dem Polarogramm
V Volumen der Stammlösung der Probe in ml
P aliquoter Teil der Stammlösung für die polarographische Messung
m_E Einwaage der Probe in g

7.6.2 Bestimmung des Bleigehaltes

Im Arbeitsausschuß FNM 431 wurden drei Analysenverfahren zur Bleibestimmung in Kautschuk, Kautschukmischungen, Elastomeren und Hartgummi ausgearbeitet und unter DIN 53549 Teil 1, 2 und 3 publiziert.

Blatt 1 und Blatt 3 umfassen die Methoden zur Bestimmung des Bleigehaltes bis 0,1 % mit Hilfe der Atomabsorptionsspektroskopie bzw. als Blei-Dithizon-Komplex auf photometrischem Wege. In Blatt 2 beschreibt das elektrogravimetrische und gasgravimetrische Verfahren zur Bestimmung der Bleigehalte über 0,1 %.

7.6.2.1 Ausführung

Je nach dem Blei-Gehalt werden 0,5 bis 5 g der Laboratoriumsproben auf 0,002 g genau in einen 250 ml-Erlenmeyer-Kolben aus Quarzglas eingewogen und zunächst mit 10 bis 15 ml Schwefelsäure (D 1,84) unter schwachem Erhitzen zersetzt. Anschließend werden etwa 5 ml Salpetersäure (D 1,40) zugegeben. Das Gemisch wird nun bis zum Rauchen der Schwefelsäure erhitzt. Das Abrauchen mit Salpetersäure wird so lange wiederholt, bis die Probe vollständig aufgeschlossen ist. Das Reaktionsgemisch wird mit verdünnter Salpetersäure aufgenommen und quantitativ in eine Schale aus Quarzglas übergeführt, bis zur Trockene eingedampft und bei 550± 25°C so lange geglüht, bis der gesamte Kohlenstoff verbrannt ist.

Nach dem Abkühlen wird der Rückstand zunächst mit Ammoniumacetatlösung aufgekocht und die entstandene Lösung durch ein Papier- oder Membranfilter filtriert. Das Filter mit Rückstand wird in die Schale zurückgegeben, bei 550± 25°C geglüht und der Rückstand nach dem Abkühlen mit einem Gemisch aus 10 ml Salzsäure (D 1,19) Salpetersäure (D 1,40) sowie einigen Tropfen Wasserstoffperoxid etwa 10 min lang gekocht. Dieses Reaktionsgemisch wird nach dem Abkühlen filtriert, das Filtrat auf dem Wasserbad bis zur Trockene eingedampft, der Rückstand mit der Ammoniumacetat-Lösung vereinigt. In einem aliquoten Teil dieser Lösung wird das Blei entweder als Bleichromat gefällt und gravimetrisch bestimmt oder in stark salpetersaure Lösung bei 50 bis 60°C, einer Spannung von 2,5 V und einer Stromstärke von 1 A elektrogravimetrisch als Bleidioxid (PbO_2) bestimmt.

Auch bei Anwendung des AAS-Verfahrens können die vereinigten Lösungen, in einem Meßkolben mit Wasser unter Zugabe einiger Tropfen Salzsäure auf 50 ml aufgefüllt, direkt zur Messung bei der Wellenlänge von 217,0 nm verwendet werden.

Bei Anwendung der photometrischen Bestimmung als Blei-Dithizon-Komplex muß das Blei aus der vereinigten Lösung als Bleisulfid abgetrennt werden. Das Bleisulfid wird mit Salpetersäure gelöst, die Lösung zur Trockene eingedampft und der Rückstand mit wässeriger Ammoniumacetat-Lösung aufgenommen. In einem aliquoten Teil der auf 100 ml aufgefüllten Meßlösung wird Blei in Gegenwart von Ammoniak, Kaliumcyanid, Kaliumnatriumtartrat und Hydroxylammoniumchlorid mit Dithizonlösung in Tetrachlorkohlenstoff (CCl_4) ausgeschüttelt. Aus der CCl_4-Phase wird überschüssiges Dithizon mit Kaliumcyanid-Lösung herausgewaschen, der Blei-Dithizon-Komplex mit Salzsäure zerstört und die freigesetzte, dem Blei äquivalente Dithizonmenge photometrisch bei 617,5 nm bestimmt.

7.6.3 Bestimmung von Kupfer und Mangan in Kautschuk und Elastomeren

Vom Arbeitsausschuß FNM 431 wurden folgende Normen herausgegeben:

DIN 53569	Blatt 1	„Bestimmung des Kupfergehaltes; Photometrisches Verfahren“
	Blatt 2	„Bestimmung des Kupfergehaltes durch AAS“
DIN 53589	Blatt 1	„Bestimmung des Mangangehaltes; Photometrisches Verfahren“
	Blatt 2	„Bestimmung des Mangangehaltes durch AAS“

Prinzip des Verfahrens:

Halogenfreie Proben werden normal verascht, halogenhaltige unter Zusatz von Schwefelsäure (Sulfatasche). Für die Bestimmung durch Atomabsorption wird die fein zerriebene Asche bzw. Sulfatasche in verdünnter Salpetersäure gelöst. In einem aliquoten Teil dieser mit Wasser auf 50 ml aufgefüllten und gegebenenfalls filtrierten Meßlösung wird der Kupfer-Gehalt bei der Wellenlänge 324,7 nm und der Mangan-Gehalt bei der Wellenlänge 279,8 nm bestimmt. Die Auswertung wird nach dem Eichpunktverfahren durchgeführt. Das Bouguer-Lambert-Beersche Gesetz ist für die beiden Metalle im Konzentrationsbereich 0 bis 10 mg/ml erfüllt.

Bei Anwendung des photometrischen Verfahrens für die Kupfer-Bestimmung wird die fein zerriebene Asche bzw. Sulfatasche mit einem Salzsäure-Salpetersäure-Gemisch ausgekocht und die ammoniakalisch gemachte Lösung nach komplexer Bindung etwa vorhandenen Eisens mit Ammoniumcitrat mit einer Lösung von Bleidiethyldithiocarbamat in Tetrachlorethylen geschüttelt. Die Extinktion der entstandenen Lösung des gelben Kupferdiethyldithiocarbamats in Tetrachlorethylen wird bei 435 nm photometrisch gemessen. Bei der photometrischen Bestimmung von Mangan wird die fein zerriebene Asche bzw. Sulfatasche mit verdünnter Schwefelsäure bei Gegenwart von Schwefeldioxid behandelt und das Mangan nach komplexer Bindung etwa vorhandenen Eisens durch Phosphorsäure mit Kaliumperjodat zu Permanganat oxidiert. Die Extinktion des Permanganats wird bei 525 nm photometrisch gemessen.

7.6.3.1 Photometrische Spuren-Bestimmung von Kupfer (Bayer AG-Methode)

Die nach Aufschluß mit konz. Schwefel- und Salpetersäure vorliegende Kupfer-(II)-ionen-Lösung wird mit destilliertem Wasser auf 100 ml aufgefüllt, ein aliquoter Teil in einem 50 ml-Meßkolben auf einen pH von 8,5 abgepuffert, mit Bis-cyclohexanonoxalyldihydrazon umgesetzt, aufgefüllt und die blaue Farbe des Kupfer-(II)-bis-cyclohexanonoxalyldihydrazon-Komplexes photometrisch im Wellenlängenbereich von 580 bis 620 nm gegen den Reagenzienblindwert gemessen.

7.6.3.1.1 Apparaturen

Photometer, z. B.: Elko II (Zeiss, Oberkochen (Württemberg)),
Kjeldahl-Aufschlußkolben mit seitlichem Tubus und Tropftrichter,
Laborgeräte üblicher Art.

7.6.3.1.2 Reagenzien

Konz. Schwefelsäure (D 1,84)
Konz. Salpetersäuse (D 1,40)

10%ige Puffer-Indikator-Lösung
100 g Citronensäure [$HO-C(CH_2-COOH)_2-CO_2H$]

und etwa 20 mg Neutralrot

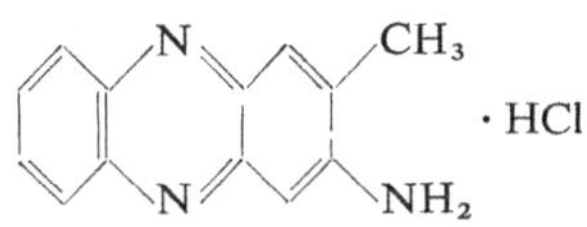

werden in 800 ml dest. Wasser gelöst. Die Lösung wird mit 25%iger Ammoniak-Lösung und mit Hilfe eines pH-Meters auf pH = 8,5 eingestellt, wobei ein Farbumschlag von Rot nach Gelb erfolgt. Diese Puffer-Indikator-Lösung wird mit dest. Wasser zum Liter aufgefüllt und abfiltriert.

BCO-Reagenz:
5,0 g Bis-cyclohexanonoxalyldihydrazon

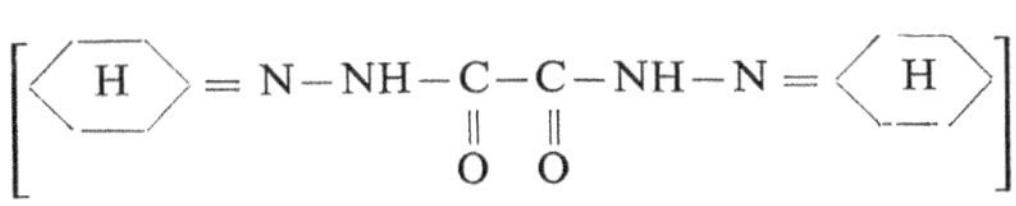

werden in einem 1 l-Becherglas in 500 ml Methanol unter Erwärmen auf etwa 50 °C gelöst, mit destilliertem Wasser auf 1 l verdünnt und in eine 1 l-Flüssigkeitsflasche abfiltriert.

7.6.3.1.3 Berechnung des Eichfaktors und Aufstellung der Eichkurve

7.6.3.1.3.1 Herstellung der Eichlösungen

7.6.3.1.3.1.1 Lösung mit 0,5 mg/ml Kupfer. 1,965 ± 0,0002 g [$CuSO_4 \cdot 5\,H_2O$] oder 1,256 g ± 0,0002 g [$CuSO_4$], entsprechend 0,500 g ± 0,0002 g Cu werden in einem 1 l-Meßkolben mit 1 l destilliertem Wasser gelöst. 1 ml dieser Lösung 7.6.3.1.3.1.1 enthält 0,5 mg Kupfer.

7.6.3.1.3.1.2 Lösung mit 0,05 mg/ml Kupfer. 50 ml der durchmischten Lösung 7.6.3.1.3.1.1 werden in einen 500 ml-Meßkolben abpipettiert und mit destilliertem Wasser auf 500 ml aufgefüllt. 1 ml dieser Kupferstandardlösung 7.6.3.1.3.1.2 enthält 0,05 mg Kupfer.

7.6.3.1.3.1.3 Lösung mit 0,01 mg/ml Kupfer. 20 ml der Lösung 7.6.3.1.3.1.1 werden in einen 1000 ml-Meßkolben abpipettiert und mit destilliertem Wasser auf 1000 ml aufgefüllt. 1 ml dieser Kupferstandardlösung 7.6.3.1.3.1.3 enthält 0,01 mg Kupfer.

7.6.3.1.3.2 Messung der Eichlösungen. In 50 ml-Meßkolben werden jeweils 1 bis 10 ml der Kupferstandardlösung 7.6.3.1.3.1.3 und 2 bis 20 ml der Kupferstandardlösung 7.6.3.1.3.1.2 auf $\pm 0{,}01$ ml genau mit Hilfe einer 10 ml-Mikrobürette eingetragen und mit destilliertem Wasser auf etwa 30 ml verdünnt. Man fügt 5 ml 10%ige Puffer-Indikator-Lösung hinzu.

Wenn nötig, stellt man den pH-Wert der Lösung mit 5%igem Ammoniak auf pH = 8,5 ein (Farbumschlag des Indikators von Rot über Rotorange nach Gelb).

5 ml 0,5%ige BCO-Reagenz-Lösung werden hinzupipettiert, mit destilliertem Wasser auf 50 ml aufgefüllt und gut umgeschüttelt.

Die so hergestellten Eichlösungen enthalten: 0,010; 0,020; 0,030 usw. bis 0,100; 0,150; 0,200 usw. bis 0,500; 0,750; 1,000 mg Kupfer/50 ml Lösung (= W′ mg Kupfer/V′ = 50 ml).

Man stellt zum Vergleich eine Reagenzien-Blindwertlösung in gleicher Weise unter Verwendung sämtlicher Reagenzien her. In die eine Küvette eines blindwertfreien Küvettenpaares mit einer Schichtdicke von 5 oder 1 cm für kleine Kupfer-Gehalte oder 0,5 und 0,2 cm für große Kupfer-Gehalte füllt man die Reagenzienblindwertlösung, in die andere jeweils die Eichlösung ein.

Mit dem Filter I 62,0 des Photometers Elko II, das ein Durchlaßmaximum bei $\lambda_{max} = 620$ nm besitzt, oder mit einem anderen geeigneten Spektrophotometer mit dem Spektralbereich von 580 bis 620 nm wird die Extinktion (= E′) der Eichlösungen gemessen. Die Eichung wird dreimal innerhalb der Zeit von 5 min bis 2 h nach der BCO-Reagenzzugabe durchgeführt.

Aus drei zu einer Gruppe gehörenden Extinktionswerte ($= \overline{E}'$) wird der Mittelwert gebildet.

Für die Eichlösungen, die 0,020 mg Kupfer bis 0,500 mg Kupfer in 50 ml Lösung enthalten, gilt nach unseren Messungen das Bouguer-Lambert-Beersche Gesetz.

7.6.3.1.3.3 Berechnung des Eichfaktors. Die nach 7.6.3.1.3.2 erhaltenen Extinktionsmittelwerte von Meßgruppen für die Eichung ($= \overline{E}'$) für W′ mg Cu, bei d′ cm Schichtdicke und V′ = 50 ml Auffüllung werden nach folgender Gleichung in die Extinktionsmittelwerte von Meßgruppen $\overline{F}$, bezogen auf 1 mg Cu, 1 cm Schichtdicke und 1 ml Gesamtverdünnungsvolumen, umgerechnet:

$$\overline{F}' = \overline{E}'_{620\,\mathrm{nm}} \frac{1\ \mathrm{mg\ Cu/1\ ml}}{1\ \mathrm{cm}} = \frac{\overline{E}' \cdot V'}{d' \cdot W'}$$

Der Eichfaktor F ist dann der Mittelwert der Extinktionsmittelwerte von Meßgruppen $\overline{F}'$, die das Bouguer-Lambert-Beersche Gesetz mit einer ausreichenden

Genauigkeit erfüllen:

$$F_{620nm} = \frac{\overline{F}'_1 + \overline{F}'_2 + \ldots. + \overline{F}'_n}{n}$$

Erklärung der Symbole siehe 7.6.3.1.4.5

Nach unseren Messungen beträgt der Eichfaktor $F_{620nm} = 243{,}0 \pm 0{,}56$ [rel. %] für den Konzentrationsbereich von 0,020 bis 0,500 mg Cu/50 ml bei 27 Messungen und einer statistischen Sicherheit von 95%. Die lineare Konzentrationsabhängigkeit und der ermittelte Eichfaktor sind vom verwendeten Photometer abhängig und sind für jedes Gerät neu zu ermitteln.

Ergibt sich über einen größeren Meßbereich kein konstanter Wert für F, sondern zeigt sich ein systematischer Gang, so ist das Bouguer-Lambert-Beersche Gesetz nicht erfüllt. Für diesen Fall muß eine Eichkurve aufgestellt werden.

7.6.3.1.3.4 Zeichnung der Eichkurve. Die nach 7.6.3.1.3.2 errechneten Extinktionsmittelwerte der Meßgruppen für die Eichung (= $\overline{E}'$) (Ordinate) gegen die dazugehörigen Kupfer-Konzentrationen = a mg Cu/50 ml (Abszisse) für jede Schichtdicke = d cm und die Konzentrationsbereiche 0,010 bis 0,100 bzw. 0,100 bis 0,500 mg Cu/50 ml werden auf je ein Blatt Millimeterpapier graphisch aufgetragen.

7.6.3.1.4 Ausführung der Analyse

7.6.3.1.4.1 Aufschluß der Substanz

Eine 0,010 bis 0,500 mg Kupfer entsprechende Menge der Probe, meist 5,00 g $\pm$ 0,01 g (= Wg), wird eingewogen und in einen 250 ml-Kjeldahl-Aufschlußkolben mit seitlich aufgesetztem Tropftrichter eingetragen.

Je nach der Leichtigkeit, mit der sich die auf Kupfer zu prüfende Substanz aufschließen läßt, werden 10 bis 30 ml konzentrierte Schwefelsäure (D 1,84) hinzugefügt. Die Schwefelsäure wird erhitzt bis weiße Schwefelsäuredämpfe auftreten. Der Tropftrichter wird mit etwa 10 ml konzentrierter Salpetersäure (D 1,4) gefüllt, und über den seitlichen Tubus des Kjeldahl-Aufschlußkolbens läßt man die Salpetersäure in die siedende Schwefelsäure langsam (etwa 1 Tropfen pro 2 s) eintropfen. Wenn die Aufschlußlösung klar ist, beendet man die Zugabe an konzentrierter Salpetersäure. Die Aufschlußlösung wird bis zur Trockene eingeengt.

Falls sich dabei Kohlenstoff ausscheidet, wird der Aufschluß mit 5 ml konz. Schwefelsäure und weniger als 5 ml Salpetersäure so oft wiederholt, bis die organische Substanz völlig zerstört ist.

Die Aufschlußlösung wird erneut bis fast zur Trockene eingeengt, mit etwa 50 ml destilliertem Wasser aufgekocht und in einen 100 ml-Meßkolben mit destilliertem Wasser übergespült. Die Aufschlußlösung darf beim Überspülen in den 100-ml-Meßkolben von einer eventuell vorhandenen kleineren Menge eines weißen Niederschlages (SiO_2, $BaSO_4$ usw.) abfiltriert werden. Der Meßkolben wird mit destilliertem Wasser auf 100 ml aufgefüllt und gut umgeschüttelt.

7.6.3.1.4.2 Herstellung des Kupfer-BCO-Farbkomplexes

Einen aliquoten Teil, meist 20 ml der nach 7.6.3.1.4.1 hergestellten und auf 100 ml aufgefüllten Aufschlußlösung, der 0,010 bis 0,500 mg Kupfer enthalten soll, pipettiert man in einen 50 ml-Meßkolben ab. Mit destilliertem Wasser wird auf etwa 30 ml verdünnt, 5 ml 10%ige Puffer-Indikator-Lösung hinzugefügt und der pH-Wert der Bestimmungslösung mit 5%igem Ammoniak auf 8,5 eingestellt (Farbumschlag des Indikators von Rot über Rotorange nach Gelb). 5 ml der 0,5 %igen BCO-Reagenzlösung werden zupipettiert, die Bestimmungslösung auf 50 ml aufgefüllt und gut umgeschüttelt.

7.6.3.1.4.3 Messung der Bestimmungslösung

Die Extinktion (= E) der Bestimmungslösung wird entsprechend Abschnitt 7.6.3.1.3.2 in einem blindwertfreien Küvettenpaar gegen eine Reagenzienblindwertlösung mit dem Filter I 620 nm innerhalb einer Zeit von 5 min bis 2 h gemessen.

Bestimmungslösungen, die eine Viertelstunde nach der BCO-Reagenzzugabe keine blaue Kupfer-BCO-Farbkomplexbildung erkennen lassen, werden mit etwa 5 ml der Eichlösung 7.6.3.1.3.1.2 versetzt. Wenn hiernach praktisch augenblicklich eine blaue Farbe auftritt, ist die Bestimmung richtig ausgeführt worden und braucht nicht wiederholt werden. Die Bestimmungslösung besitzt dann einen Kupfer-Gehalt, der unter der Nachweisgrenze dieser Analysenmethode liegt.

7.6.3.1.4.4 Berechnung

7.6.3.1.4.4.1 Berechnung mit Hilfe des Eichfaktors. Für die Einwaage von Wg, ein Gesamtverdünnungsvolumen von V ml, eine gemessene Extinktion E, eine Schichtdicke von d cm und einen Eichfaktor F gilt

$$\frac{E \cdot V \cdot 100}{F \cdot W \cdot d \cdot 1000} = \frac{E \cdot V}{F \cdot W \cdot d} \cdot 0{,}1 = A\ \%\ \text{Kupfer, Mol-Gew. } 63{,}5.$$

Beträgt W = 5 g, V = 250 ml und F = 243, so gilt:

$$\frac{E \cdot 250 \cdot 100}{243 \cdot 5 \cdot d \cdot 1000} = \frac{E}{d} \cdot 0{,}02058 = A\ \%\ \text{Kupfer, Mol-Gew. } 63{,}5$$

Ist ferner d = 0,2 cm, so gilt:
$E \cdot 0{,}1029 = A\ \%$ Kupfer, Mol-Gew. 63,5
$A\ \%\ \text{Kupfer} \cdot 10^4 = B$ ppm Kupfer, Mol-Gew. 63,5

7.6.3.1.4.4.2 Berechnung mit Hilfe der Eichkurve. Für eine aus den Eichkurven für die Schichtdicke d = 5 cm, d = 1 cm, d = 0,5 cm oder d = 0,2 cm abgelesene Kupfer-Konzentration von a mg Cu/50 ml, ein Gesamtverdünnungsvolumen von V ml und eine Einwaage von W g gilt:

$$\frac{a \cdot V \cdot 100}{50 \cdot W \cdot 1000} = \frac{a \cdot V}{W} \cdot 0{,}002 = A\ \%\ \text{Kupfer, Mol-Gew. } 63{,}5$$

7.6.3.1.4.5 Symbole

E'	für die Eichlösung gemessene Extinktion bei der Wellenlänge 620 nm
d'	für die Eichlösung verwendete Schichtdicke in cm
W'	Einwaage (Eichlösung!) in mg Kupfer für die Eichung
V'	Gesamtverdünnungsvolumen oder Auffüllung in ml für die Eichlösung
$\bar{E}'$	Extinktionsmittelwert einer Meßgruppe für die Eichung
$\bar{F}'$	Extinktionsmittelwert einer Meßgruppe, bezogen auf 1 mg Cu, 1 cm Schichtdicke, 1 ml Gesamtvolumen

F_{620nm} Eichfaktor = Mittelwert der Extinktionsmittelwerte von Meßgruppen
n Anzahl der Meßgruppen
A Prozent Kupfer in der Meßlösung
a aus der Eichkurve abgelesene mg Kupfer pro ml Auffüllung und Schichtdicke d′ cm
V Gesamtverdünnungsvolumen der Probe in ml = theoretisches Gesamtvolumen der Lösung

Berechnung:

$$V = \frac{A_1}{P_1} \cdot \frac{A_2}{P_2} \cdot A_3 \ldots\ldots \frac{A_n}{P_n} \cdot A_n + 1 \text{ in ml},$$

wobei

A_1 Auffüllung ml der Probeneinwaage W g
P_1 abpipettiertes Volumen in ml von A_1 ml
A_2 Auffüllung in ml des abpipettierten Volumens P_1 ml

usw. bedeuten

W Einwaage der Probe in g
d für die Probe verwendete Schichtdicke in cm
E für die Probe gemessene Extinktion bei der Wellenlänge 620 nm

7.6.3.1.1.6 Systematische Fehler (Störelemente). Die Bestimmung von 100 µg Kupfer wird von einem 100fachen Gewichtsüberschuß an Fe, Mn, W, Mo, Sb, As, Sn^{2+}/Sn^{4+}, Hg, Zn, Sr, Ca, Mg, Na und von einem 10fachen Gewichtsüberschuß an Ni, Co, V, Pb, Ti, Tl, Cd nicht gestört. Ein 100facher Gewichtsüberschuß an Ag, Cd, Al, Ni, Co, Pb und ein 10facher Gewichtsüberschuß an Cr, Al stören die Bestimmung.

7.6.3.2 Photometrische Spuren-Bestimmung von Mangan (Bayer AG-Methode)

Aufschluß der Probe mit Schwefel- und Salpetersäure, Oxidation des Mangans zu Permanganat. Visuelle oder photometrische Messung des Permanganat-Gehaltes.

7.6.3.2.1 Geräte

Kjeldahl-Aufschlußkolben mit seitlichem Tubus und Tropftrichter
Photometer, z. B.: Elko II, (Fa. Zeiss, Oberkochen (Württemberg))
Kjeldahl-Aufschlußkolben mit zwei seitlichen Tuben und einem Tropftrichter
10 ml-Mikrobürette.

7.6.3.2.2 Reagenzien

Konz. Schwefelsäure (D 1,84)
Konz. Salpetersäure (D 1,4)
Konz. Phosphorsäure (D 1,70)

Kaliumperjodat (KJO_4)
0,1 N Kaliumpermanganat-Lösung
etwa 20%ige Schwefelsäure (D 1,14)

Kaliumpermanganat-Lösung; 0,04 mg Mn/ml: 18,2 ml 0,1 N Kaliumpermanganat-Lösung im 500 ml-Meßkolben mit destilliertem Wasser auf 500 ml verdünnen.

Kaliumpermanganat-Lösung; 0,05 mg Mn/ml: 22,75 ml 0,1 N Kaliumpermanganat-Lösung im 500-ml-Meßkolben mit destilliertem Wasser auf 500 ml verdünnen.

7.6.3.2.3 Ausführung

7.6.3.2.3.1 Visuelle Gehaltsbestimmung

5,0 ± 0,01 g (= W g) der Probe werden in einen 250 ml-Kjeldahl-Aufschlußkolben eingewogen, mit etwa 30 ml konz. Schwefelsäure versetzt und bis zum Auftreten von weißen Dämpfen erhitzt. Mittels des Tropftrichters wird so lange konz. Salpetersäure (etwa 20 ml) eingetropft, bis die Aufschlußlösung klar ist.

Bei schwer aufschließbaren Stoffen, z. B. Kautschuk oder Gummi, werden im 250 ml-Kjeldahlkolben etwa 30 ml konz. Schwefelsäure bis zum Auftreten weißer Dämpfe erhitzt und dann erst über den Tropftrichter langsam konz. Salpetersäure und über einen zweiten Tubus Kautschuk oder Gummi in kleinen Portionen eingetragen.

Die Aufschlußlösung wird bis zur Trockene eingeengt.

Falls sich dabei Kohlenstoff ausscheidet, wird der Aufschluß mit 5 ml konz. Schwefelsäure und weniger als 5 ml konz. Salpetersäure so oft wiederholt, bis die organische Substanz völlig zerstört ist.

Die Aufschlußlösung wird erneut bis fast zur Trockene eingeengt, mit etwa 50 ml destilliertem Wasser aufgekocht und in einen 100 ml-Meßkolben mit destilliertem Wasser, wenn nötig, unter gleichzeitigem Abfiltrieren eines unlöslichen Niederschlages (z. B.: SiO_2, $BaSO_4$ usw.) übergespült.

Nach Abkühlen der Aufschlußlösung auf 20°C wird mit destilliertem Wasser bis zur Marke aufgefüllt. Ein aliquoter Teil, meist 50 bis 80 ml dieser Aufschlußlösung, die 0,020 bis 6,00 mg Mangan enthalten soll, wird in ein 100 ml-Becherglas abpipettiert und etwa 1 ml konz. Phosphorsäure und etwa 0,5 g Kaliumperjodat zugesetzt; diese Lösung wird als Probelösung bezeichnet.

Die Probelösung hält man etwa 1 bis 2 h auf 95 bis 100°C (Wasserbad oder andere geeignete Heizung), bis das Mangan vollständig zu Permanganat oxydiert, d. h. keine Farbvertiefung mehr zu beobachten ist.

In das praktisch gleiche Dimensionen besitzende 100 ml-Vergleichsbecherglas gibt man 1 ml Phosphorsäure, 1 ml Schwefelsäure, 0,5 g Kaliumperjodat und so viel destilliertes Wasser, daß Probe- und Vergleichsbecherglas etwa gleiche Volumina Lösung enthalten.

Bei der Bestimmung des Mangangehaltes in 80 ml (= 4 g) der Probelösung mit 0,04 mg/ml Kaliumpermanganat und in 100 ml (= 5 g) der Probelösung mit 0,05 mg/ml Kaliumpermanganat werden die Vergleichslösungen durch Titration aus einer 10 ml-Mikrobürette auf gleiche Farbtiefe wie die Probelösung gebracht.

Die Volumina sollen nach dem Farbabgleich (Wasserzugabe zur Probe- oder Vergleichslösung) praktisch gleich sein.

Die visuelle Gehaltsbestimmung ist sehr genau und sollte nur beim Vorliegen von Kobalt, das den Farbvergleich wegen der roten Eigenfarbe stört, durch die photometrische Bestimmung ersetzt werden.

Beim Vorliegen von Kobalt wird die Blindlösung aus der Probelösung, die nicht durch Kaliumperjodat oxidiert wird, hergestellt.

7.6.3.2.3.2 Photometrische Gehaltsbestimmung. Unter Berücksichtigung der unter 7.6.3.2.3.1 aufgeführten Reagenzien und Bedingungen, aber unter Verwendung eines 100 ml-Meßkolbens und Auffüllung der Eichlösungen und der Blindlösung auf 100 ml (V_1 ml), wird eine Eichung im Konzentrationsbereich von 0,020 bis 6,00 mg Mangan/ml bei der Wellenlänge $\lambda = 530$ nm (Filter S 53 E 69, Elko II) vorgenommen.

Aus den für eine Schichtdicke von d = 1 cm, ein Gesamtverdünnungsvolumen von V 1 = 100 ml für $W1_i$ mg Mangan gemessenen Extinktionen $E1_i$, dem Eichfaktor F, der sich auf eine Schichtdicke von 1 cm, ein Gesamtverdünnungsvolumen von 1 ml und eine Mangan-Menge von 1 mg bezieht, ergibt sich eine Berechnung nach folgenden Gleichungen:

$$E2_1 = \frac{E1_1 \cdot V1}{d1 \cdot W1_1}; \qquad E2_2 = \frac{E1_2 \cdot V1}{d1 \cdot W1_2}; \qquad F = \frac{E2_1 + E2_2 + \ldots + E2_i}{i}$$

Nach unseren Messungen beträgt der Eichfaktor $F_{530\,nm} = 41{,}2 \pm 0{,}63$ (rel. %) für den Konzentrationsbereich von 0,020 bis 6,00 mg Mangan/100 ml bei 25 Messungen und einer statistischen Sicherheit von 95%. Die lineare Konzentrationsabhängigkeit und der ermittelte Eichfaktor sind vom verwendeten Photometer abhängig und sind für jedes Gerät neu zu ermitteln.

Die nach dem Abschnitt 7.6.3.2.3.1 hergestellte Probe- und ebenso die Blindlösung werden in einen 100 ml-Meßkolben aufgefüllt (V 3 ml) und die Extinktion E 3 der Probelösung bei der Schichtdicke d 3 und der Wellenlänge $\lambda = 530$ nm in einem blindwertfreien Küvettenpaar gegen die Reagenzienblindlösung gemessen.

7.6.3.2.4 Berechnung

7.6.3.2.4.1 Visuelle Gehaltsbestimmung. Bei einer Einwaage von W = 5 g oder Bestimmungsmenge von 4,00 g und Titration mit einer Kaliumpermanganat-Lösung gilt:

$$\frac{V \cdot 54{,}94 \cdot 100 \cdot 18{,}2}{4 \cdot 50000 \cdot 500} = V \cdot 0{,}001 = \%\ \text{Mangan, Mol-Gew. } 54{,}9$$

Bei einer Einwaage von W = 5 g oder Bestimmungsmenge von 5,00 g und Titration mit der Kaliumpermanganat-Lösung gilt:

$$\frac{V \cdot 54{,}94 \cdot 100 \cdot 22{,}75}{5 \cdot 50000 \cdot 500} = V \cdot 0{,}001 = \%\ \text{Mangan, Mol-Gew., } 54{,}9$$

7.6.3.2.4.2 Photometrische Gehaltsbestimmung. Für die Einwaage von W g der Probe, eine bei der Schichtdicke d = 3 cm gemessene Extinktion E3, ein Gesamtverdünnungsvolumen von V3 ml und einen Eichfaktor F gilt:

$$\frac{E3 \cdot V3 \cdot 100}{F \cdot W \cdot d3 \cdot 1000} = \frac{E3 \cdot V3}{F \cdot W \cdot d3} \cdot 0{,}1 = A\ \%\ \text{Mangan Mol-Gew. } 54{,}94$$

$$A\ \%\ \text{Mangan} \cdot 10^4 = B\ \text{mg Mn/kg, Mol-Gew. } 54{,}94$$

8 Mikroanalytische Arbeitsmöglichkeiten mit Licht- und Elektronenmikroskopen

8.1 Einleitung

Licht- und Elektronenmikroskope werden primär für die Erfassung und Klassifizierung der mikromorphologischen Strukturen eingesetzt, die sich bei der Synthetisierung der Elastomeren und während der nachfolgenden Mischprozesse ausbilden und das Eigenschaftsbild dieser Werkstoffe mitbestimmen. Diese Prüfgeräte dienen aber auch der Beobachtung topographischer Veränderungen durch chemische, atmosphärische oder mechanische Einwirkungen auf die Fertigteiloberflächen während der Verarbeitung und im Gebrauch. Durch die Weiterentwicklung des licht- und elektronenoptischen Instrumentariums, durch die Ergänzung mit Röntgenspektrometern und durch die Anwendung verfeinerter Arbeitstechniken gewinnen mikroskopische Untersuchungsmethoden aber auch in zunehmendem Maße an Bedeutung für die Aufklärung der stofflichen Zusammensetzung bei Polymerwerkstoffen.

Mikroanalytische Methoden werden immer dann zum Einsatz kommen, wenn es sich z.B. um Auskristallisationen, Aufwachsungen oder Kontaminationen auf Gummioberflächen handelt, die nur schwer oder überhaupt nicht vom Untergrund zu separieren sind oder um die Erfassung von kleinsten, in der Elastomermatrix eingeschlossenen Substanzmengen wie Füllstoffschlieren, Vernetzeragglomerationen oder Verunreinigungen unterschiedlicher Herkunft. Durch eine Kombination der mikroskopischen Verfahren lassen sich nicht nur die chemischen Daten für einen erkannten Füllstoff abfragen, sondern mit den zusätzlich erhaltenen Informationen über die optischen Kenndaten sowie die Größe und Form der Teilchen, auch die Füllstofftypen bestimmen. Bei kompliziert aufgebauten Untersuchungsobjekten, z.B. Mehrfachschichten mit Armierungen in Reifen, Förderbändern oder Kabeln, bei Auskleidungen, Imprägnierungen, Beschichtungen auf textilen oder metallischen Flächengebilden ist es z.T. nur mit Hilfe mikroskopischer Analysenmethoden möglich, die stoffliche Zusammensetzung und/oder den Aufbau zu erfassen und daraus Rückschlüsse auf den Verarbeitungsprozeß oder einen Schadensverlauf zu ziehen.

Der Einsatz der mikroanalytischen Verfahren ist nur erfolgversprechend in Verbindung mit einer gezielten Probenvorbereitung, bei der die Fehlstellen oder ausgewählte Objektbereiche durch Brechen, Schneiden, Schleifen, Ätzen oder andere Präparationsgänge freigelegt und der mikroskopischen Untersuchung zugänglich gemacht werden.

In den folgenden Abschnitten sollen an einigen ausgewählten Beispielen die Möglichkeiten und Grenzen der mikroanalytischen Verfahren für die Prüfung der stofflichen Zusammensetzung und für die Fehlererkennung an Gummifertigteilen aufgezeigt werden. Im Rahmen dieses Beitrages ist allerdings nur eine zusammenfassende Beschreibung des erforderlichen Instrumentariums, der Präparationsmethoden und der anschließenden mikroskopischen und mikroanalytischen Methoden möglich. Zusätzliche Informationen können aus der einschlägigen Literatur entnommen werden.

8.2 Lichtmikroskopie

In der Lichtmikroskopie bilden die verschiedenen Durchlichtverfahren wie Hellfeld-, Dunkelfeld-, Polarisations-, Fluoreszenz-, Phasenkontrast- und Interferenzmikroskopie die Grundlage für die mikroanalytischen Arbeiten. Sie ermöglichen neben einer jeweils optimalen Abbildung und Erfassung der Formen und Größenordnungen einer zu untersuchenden Substanz, vor allem auch die Charakterisierung nach den optischen Eigenschaften (Tab. 18).

Die Prüfung der Objekte im durchfallenden Licht des Mikroskopes setzt durchstrahlbare Präparate voraus. Wenn die Objekt- und Verteilungsstrukturen der Mischungskomponenten nicht erhalten bleiben müssen, dann können massive Proben durch Zerquetschen oder Zerfasern, evtl. mit Unterstützung von Quell- und Aufhellmitteln, genügend lichtdurchlässig gemacht werden. Systematische Untersuchungen zwingen in der Regel zur Herstellung von Dünnschnitten unter Verwendung von Mikrotomen. Die Probennahme sollte mit Hilfe einer Präpa-

Tabelle 18. Lichtmikroskopische Verfahren zur Charakterisierung von Mischungskomponenten in Gummi

Mischungskomponenten	Transmission		Pol-Licht Doppelbrechg.	Fluoreszenz	Phasenkontrast	Sonstiges
	Hellfeld	Dunkelfeld				
Ruß	×××	×				farbliche Differenzg.
Weiß- und Farbpigment	×××	×××		××		farbliche Differenzg.
Kreide	×		×××		×	
Kaolin	×		××		×××	
Glimmer	×				×××	
Talkum	××		×××		××	
Kieselkreide			×		×××	
gef. + pyrog. Kieselsäure				×××	×××	
Schwefel	×××		××			Schmelzpkt.
Peroxide	×		×××		×	Schmelzpkt.
MgO/ZnO	×××	××		×××	×	
Glasfasern	××				××	
Textilfasern	×××		×××			Schmelzpkt.
Asbestfaser	××				××	

× nur angedeutet erkennbar   ×× erkennbar   ××× gut erkennbar rationslupe erfolgen und gewährleisten, daß der zu prüfende Objektbereich in der gewünschten Schnittebene liegt und erfaßt wird. Elastische Werkstoffe lassen sich nur in eingefrorenem Zustand dünn schneiden, wobei die Einfriertemperaturen der Elastomeren die Objekttemperaturen auf den Kryomikrotomen bestimmen.

Die meisten natürlichen und synthetischen Kautschuke müssen während des Schneidens auf Temperaturen unter −70 °C abgekühlt werden und erfordern flüssigen Stickstoff als Kühlmedium.

Bei kompliziert aufgebauten, technischen Gummiartikeln verhindern die unterschiedlichen Schneidekonsistenzen der verstärkend wirkenden textilen oder metallischen Gewebeeinlagen und latent vorhandene Spannungen die Herstellung von brauchbaren, durchstrahlbaren Dünnschnitten. In diesen Fällen macht erst die Anwendung von An- und Dünnschlifftechniken eine Untersuchung im durchfallenden Licht möglich.

Zu den Objekten, die im Hellfeld des Mikroskopes das durchfallende Licht stark absorbieren, gehören die als Füllstoffe dem Gummi zugemischten Ruße. Die Dünnschnitte zeigen dabei eine von der Größe und von den Lichtstreueffekten der einzelnen Rußpartikel abhängige typische Eigenfärbung. Die Teilchen der inaktiven, grobteiligen Ruße (N 990, MT) absorbieren das eingestrahlte Licht vollständig und erscheinen dunkel- bis blaugrau gefärbt.

Mit zunehmender „Aktivität" und abnehmender Teilchengröße (N 220, ISAF), lassen die Rußpartikel einen immer größeren Anteil des Lichtes passieren und verschieben den Farbton des lichtmikroskopischen Bildes nach rotbraun (Abb. 26).

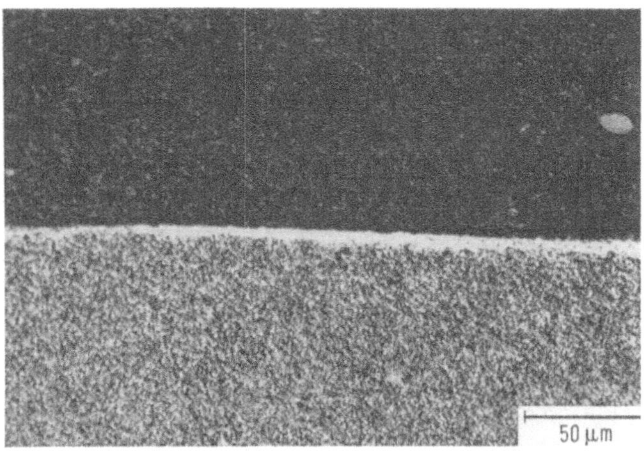

Abb. 26. Mikrotom-Dünnschnitt von rußgefüllten Gummischichten im Hellfeld des Lichtmikroskopes.

Oben: 40 phr Ruß vom Typ N 330 (HAF),
unten: 40 phr Ruß vom Typ N 550 (FEF)

Diese charakteristischen Färbungen, die unabhängig von der Füllstoffkonzentration beobachtet werden können, ermöglichen eine relativ genaue Bestimmung der Rußtypen in den Elastomergemischen. Die Aussagen gewinnen an Sicherheit durch die zusätzliche Kenntnis der Teilchengrößenverteilungen für den eingemischten Ruß (Abb. 27). Da die meisten Rußsorten Teilchengrößen aufweisen, die vom Lichtmikroskop nicht mehr abgebildet werden, fallen diese Meßaufgaben in den Zuständigkeitsbereich der Transmissionselektronenmikroskopie.

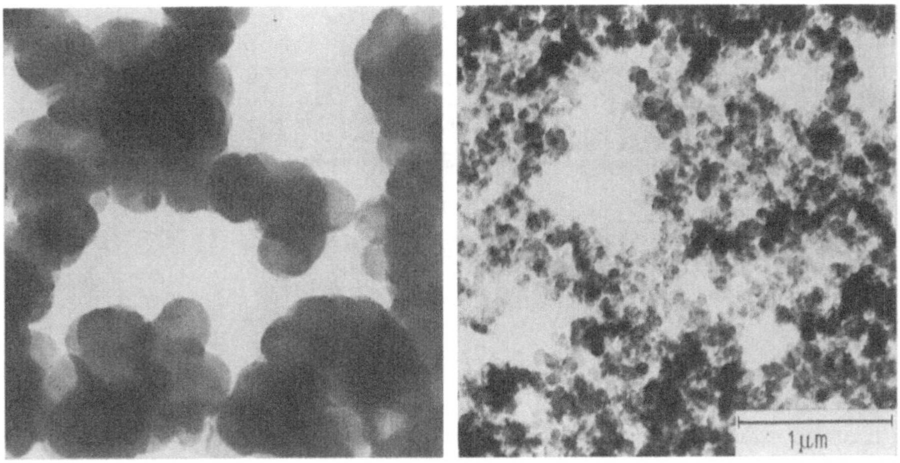

Abb. 27. Rußpartikel im Transmissionselektronenmikroskop.
Links: Rußtyp N 770 (SRF),
rechts: Rußtyp N 220 (ISAF)

Auch Weiß- und Buntpigmente erscheinen im Hellfeld als dunkle Teilchen und unterscheiden sich, bei identischer Form und Größe, nicht von grobteiligen Rußen. Erst bei der Anwendung des Dunkelfeldverfahrens leuchten sie auf Grund ihrer ausgeprägten Lichtstreuung — die z.T. auch mit einer spezifischen Pigmentfärbung gekoppelt ist, z.B. rot bei Eisenoxiden — als helle farbige Punkte auf.

In Gemischen können die Pigmente dadurch optisch einwandfrei von anderen Füllstoffen getrennt werden. Ähnliches gilt auch für einige Metalloxide, die als Vulkanisationshilfsmittel den Mischungen zugegeben werden. Mennige-Agglomerate z.B. heben sich als rot reflektierende Partikel vom dunklen Untergrund ab. Zinkoxide vom RS-Typ haben ein pigmentähnliches Reflektionsvermögen im Dunkelfeld und lassen sich an ihren z.T. sehr typischen Teilchenformen identifizieren (Abb. 28).

Im anregenden UV-Licht des Fluoreszenzmikroskopes zeigen die meisten Weißpigmente eine artspezifische farbige Eigenfluoreszenz, die ausreicht, um bei Titandioxiden z.B. die Rutil- von den Anatas-Typen und beim Zinkoxid die Rotsiegel von den „Aktiv"-Typen zu trennen. Auch einige Weichmacher fluoreszieren im eingestrahlten kurzwelligen Licht und ermöglichen dadurch ihre Lokalisierung und die Beobachtung der Penetration innerhalb der Elastomermatrix. Helle aktive Kieselsäurefüllstoffe bleiben ohne Eigenfluoreszenz; sie können aber nachträglich, im Dünnschnittpräparat, mit Fluorochromen selektiv markiert werden und unterscheiden sich danach durch eine verschiedenfarbige Sekundärfluoreszenz.

Abb. 28. ZnO-Partikel im Transmissionselektronenmikroskop

Bei hellen aktiven Kieselsäurefüllstoffen, die kein Lichtabsorptionsvermögen haben und sich z.B. nur durch geringe Lichtbrechungsunterschiede vom umgebenden transparenten Kautschuk unterscheiden, ermöglicht nur das Phasenkontrastmikroskop eine befriedigende Darstellung (Abb. 29) und das Interferenzmikroskop darüber hinaus, auch quantitative Aussagen über Brechzahlunterschiede zwischen den Komponenten.

In füllstoffarmen heterogenen Thermoplast - Kautschuk oder Kautschuk-Kautschuk-Gemischen lassen sich mit diesem Verfahren die Polymerphasen sichtbar machen. Effizienter ist in diesen Fällen der Versuch, eine der Polymerphasen mit Schwermetallen selektiv zu markieren und dadurch kontrastreicher im Hellfeld des Lichtmikroskopes oder — bei sehr feinen Verteilungsstrukturen — im Transmissionselektronenmikroskop abzubilden.

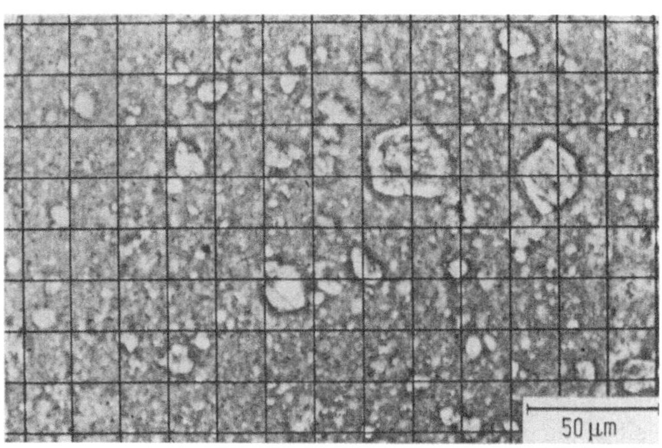

Abb. 29. Mikrotom-Dünnschnitt von einer SBR-Mischung mit 50 phr einer agglomerierten pyrogenen Kieselsäure im Phasenkontrastmikroskop

Kristalline anorganische Füllstoffe wie Kreide, Kaolin, Talkum, aber auch textile und mineralische Fasern, die dem Gummi beigemischt werden, sind im polarisierten Licht doppelbrechend und heben sich nach Dunkelstellung des mikroskopischen Feldes als hell leuchtende Partikel ab (Abb. 30).

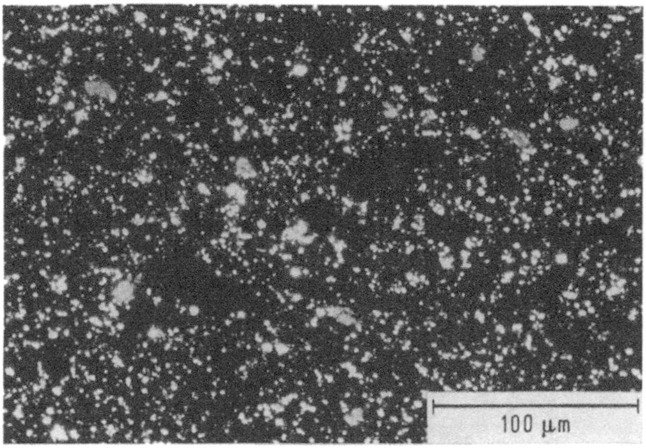

Abb. 30. Im polarisierten Licht des Lichtmikroskopes hell aufleuchtende Kreidepartikel in einem homogen gemischten Gummi auf CR-Basis

Durch die Messung der polarisationsoptischen Kenndaten und unter Berücksichtigung der Formen und Größenordnungen bei den lichtmikroskopisch noch erkennbaren Partikeln, ist eine Zuordnung zu den entsprechenden Mineraliengruppen möglich. Wie schon bei den feinteiligen Rußen und Pigmenten, erleichtern auch bei den grobteiligen mineralischen Füllstoffen zusätzliche elektronenmikroskopische Prüfungen die Nachweisarbeiten. Mit dem hohen Auflösungsvermögen des Rasterelektronenmikroskopes lassen sich auch geringe Form- und Größenunterschiede an Füllstoffpartikeln sichtbar machen, die durch Veraschung aus dem Gummi isoliert wurden oder die aus der Oberfläche einer Bruchfläche herausragen (Abb. 31). Durch eine Ätzung der Gummioberflächen mit hochfrequenzaktiviertem Sauerstoff kann die Elastomermatrix schichtweise abgebaut und der Füllstoff für die mikroskopischen Prüfungen noch weiter freigelegt werden (Abb. 32). Diese Präparationsmethode schafft auch Beurteilungsmöglichkeiten für den Dispersionszustand des Füllstoffes.

Im Polarisationsmikroskop sind Vernetzer, Beschleuniger, Alterungsschutzmittel und sonstige organische kristalline Mischungskomponenten durch eine hohe Doppelbrechung gekennzeichnet. Dieses optische Merkmal reicht für eine Identifizierung nicht aus. Auch durch die Röntgenmikroanalyse sind keine Hinweise auf die chemische Zusammensetzung dieser Substanzen zu erwarten, da Elementanteile mit Ordnungszahlen unter 11 (Na) nicht erfaßt werden. In diesen Fällen kann die Mikrothermoanalyse weiterhelfen. Die häufig auf der Oberfläche oder

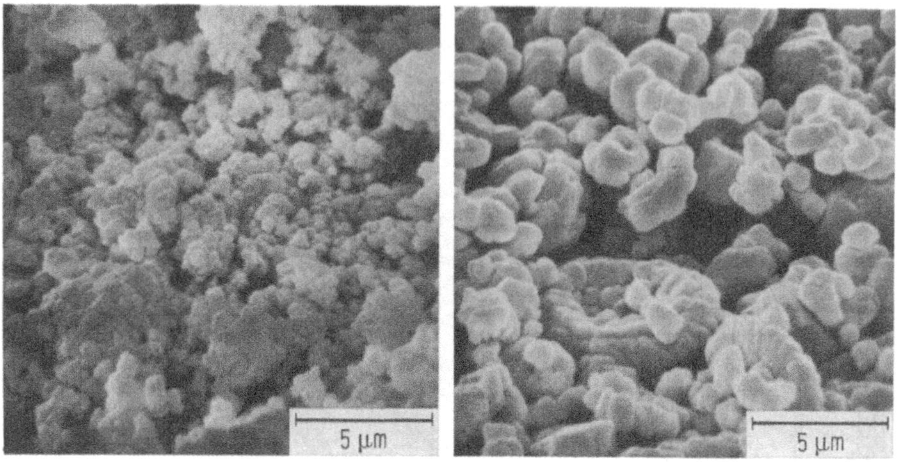

Abb. 31. Veraschungsrückstände mit hellen inaktiven Füllstoffen im Rasterelektronenmikroskop. Links: Kieselkreide, rechts: Champagnerkreide

Abb. 32. Mit Hf-aktivierten Sauerstoff angeätzte Gummioberfläche, gefüllt mit Kreide.

im Gummi angereicherten Kristalle werden auf einen Glasobjektträger übertragen und in einem Heiztischmikroskop unter dauernder Beobachtung aufgeschmolzen. Neben dem Schmelzverhalten wird auch der Schmelzpunkt oder Schmelzbereich ermittelt, der als Anhaltspunkt für die Einordnung der geprüften Substanzen dient. Aufschmelzversuche können auch an Dünnschnittpräparaten vorgenommen werden und ermöglichen u.a. die Komponententrennung in Thermoplastgemische oder Mehrschichtfolien.

8.3 Elektronenmikroskopie und Röntgenspektralanalyse

Bei der Vielzahl von Mischungskomponenten, die dem Gummi zugemischt sein können, genügen die mit lichtmikroskopischen Verfahren erfaßten optischen Kenndaten nicht immer für eine eindeutige Aussage über die stoffliche Zusammensetzung oder die Herkunft eines Materials. Die lichtmikroskopischen Methoden versagen vor allem dann, wenn die Größe der Objektdetails unter der lichtoptischen Auflösungsgrenze (unter 0,5 µm) liegt. Im zunehmenden Maße werden für Analysenarbeiten in diesen Größenordnungen Elektronenmikroskope eingesetzt, die zusätzlich mit energie- oder wellenlängendispersiven Röntgenspektrometern ausgerüstet sind. Neben der Erfassung der morphologischen Strukturen von Oberflächen oder in Festkörpern, ist gleichzeitig auch eine chemische Analyse möglich.

Mit Transmissionselektronenmikroskopen (TEM) erzielt man bei den gebräuchlichen Beschleunigungsspannungen von 60 kV bis 100 kV Detailauflösungen von unter 1 nm. Analog zu den Durchstrahlungsverfahren der Lichtmikroskopie erzeugt das Transmissionselektronenmikroskop ein Absorptionsbild; der Kontrast ist u.a. eine Funktion der Massendickedifferenzen, und wegen des begrenzten Materialdurchdringungsvermögens der Elektronen, dürfen die zu untersuchenden Präparate nicht dicker als 500 nm sein.

Mit zunehmender Vergrößerung steigen auch die Anforderungen an die Güte der durchstrahlbaren Dünnschnitte und damit die kosten- und zeitmäßigen Aufwendungen für die vorbereitenden Präparationsarbeiten.

Ein wesentlich geringerer Präparationsaufwand als bei den in Transmission abbildenden Licht- und Elektronenmikroskopen, ist beim Einsatz von Rasterelektronenmikroskopen notwendig. Diese Geräte bilden in einem Aufstrahlungsverfahren die interessierenden Objektoberflächen direkt ab und lösen dabei Objektdetails bis zu 10 nm auf. Sie erfassen mit ungewöhnlich großer Schärfentiefe die topographischen Strukturen von natürlichen oder durch einen Bruch hergestellten Oberflächen, in einem Vergrößerungsbereich von 10:1 bis etwa 100000:1. Zur Vermeidung von elektrostatischen Aufladungen müssen die Oberflächen vor dem Einbringen in das Mikroskop mit einer Metallschicht in 10^{-1} nm-Dicke bedampft werden. Diese Manipulation unterbleibt, wenn die Proben auch einer analytischen Prüfung unterzogen werden sollen.

Sowohl Raster- als auch Transmissionselektronenmikroskope können in Verbindung mit wellenlängen- oder energiedispersiven Spektrometern für die Röntgenmikroanalyse herangezogen werden und erlauben die gleichzeitige Untersuchung der Morphologie und der chemischen Stoffzusammensetzung, sowohl an der Oberfläche von massiven Proben als auch in dünnen, durchstrahlbaren Schichten. Die Proben müssen in den Abmessungen den Probenhaltern in den jeweiligen Mikroskopen angepaßt, evtl. verkleinert werden. Da sich die Elektronenstrahlen durch die elektromagnetischen Linsensysteme in den Mikroskopen sehr fein bündeln lassen, können geringste Substanzmengen mit Durchmessern bis herunter zu 10 nm angeregt und auf ihre Elementanteile untersucht werden. Durch Absorption begrenzen die Be-Fenster in den Detektoren der energiedispersiven Röntgenspektrometer die kleinste nachweisbare Energie. Dadurch können Elemente mit Ordnungszahlen unter 11 (Na) zur Zeit noch nicht erfaßt werden.

Für die mikroanalytische Prüfung wird die Probe in den Strahlengang des

Rasterelektronenmikroskopes gebracht und auf dem Bildschirm mit der entsprechenden Vergrößerung abgebildet.

Die durch den abrasternden Primärelektronenstrahl zur Emmission aus der Oberfläche angeregten Röntgenquanten, werden durch den Detektor des energiedispersiven Systems über einen vorgegebenen Zeitraum gesammelt, in einen Impulshöhen-Vielkanalanalysator nach der Energie sortiert und abgespeichert. Der Speicherinhalt, d. h. das Analysenspektrum, kann auf einem Fernsehmonitor sichtbar gemacht oder mit einem XY-Schreiber gezeichnet werden (Abb. 33). Bei der Analysenarbeit sollten die ersten orientierenden Abfragen bei niedrigen Vergrößerungen ausgeführt werden, um über einer großen Meßfläche möglichst alle Elementanteile der Probe vollständig und unbeeinflußt von örtlichen Dispersionsunterschieden zu erfassen. Aus den Analysenspektren von Gummimischungen mit Rußen und mehreren Pigmenten oder mineralischen Komponenten, sind die jeweiligen Füllstofftypen nicht ohne weiteres identifizierbar. Erst eine Untersuchung von Dünnschnitten dieser Qualitäten im Transmissionselektronenmikroskop, ge-

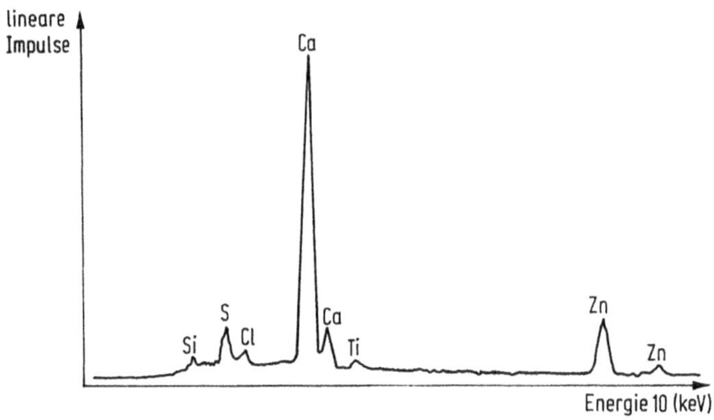

Abb. 33. Analysenspektrum von einer mit Kreide, Ruß und Pigmenten gefüllten Gummimischung, aufgenommen mit dem energiedispersiven Detektor am Raster-Elektronen-Mikroskop

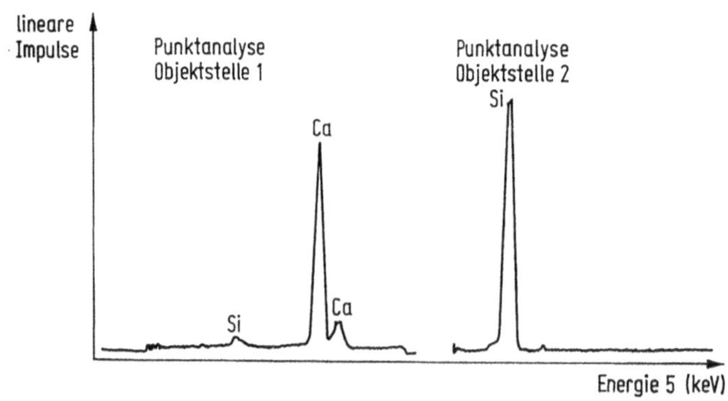

Abb. 34. Punktanalysen mit dem energiedispersiven Röntgenspektrometer an einzelnen Partikeln des in Abb. 35 abgebildeten Dünnschnittes einer Naturkautschukmischung

koppelt mit einer Punktanalyse an einzelnen, auch von ihrer Form her unterscheidbaren Füllstoffpartikeln, führt zu einer gesicherten Aussage (Abb. 34).

Neben der Aufnahme eines Übersichtsspektrums, in dem alle Elemente der Probe enthalten sind, kann im Rahmen der mikroanalytischen Arbeiten mit den energiedispersiven Systemen auch die Verteilung eines einzelnen Elementes, z. B. eines bestimmten Füllstoffes, auf der mikroskopischen Aufnahme registriert werden. Über einen Einkanaldiskriminator werden nur Impulse, die dem Energieniveau eines bestimmten Elementes angehören, angenommen und zur Steuerung des Videosignals benutzt. Bei Anwesenheit dieses Elementes leuchten auf dem Bildschirm des Mikroskopes helle Punkte auf. Eine Anhäufung von hellen Punkten tritt in Bereichen mit einer hohen Konzentration des Elementes, des Füllstoffes, des Schwefels usw. auf (Abb. 35). Wird der abrasternde Elektronenstrahl des Mikroskopes auf eine Meßlinie eingeengt und über den zu analysierenden Bereich geführt, dann kann, in Ergänzung zu den Elementverteilungsbildern, auch das Konzentrationsprofil des ausgewählten Elementes aufgezeichnet werden. Die Aufnahme

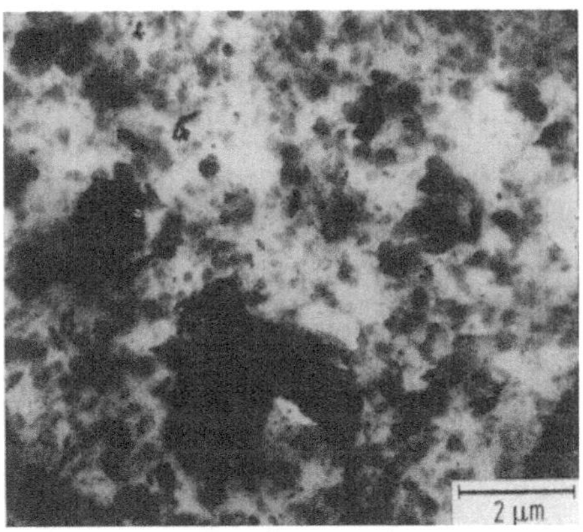

Abb. 35. Verteilung der Elemente Ca (Kreide) und Si (pyrogene Kieselsäure) in einer NR-Mischung, dargestellt mit dem energiedispersiven Röntgenspektrometer am Transmissionselektronenmikroskop

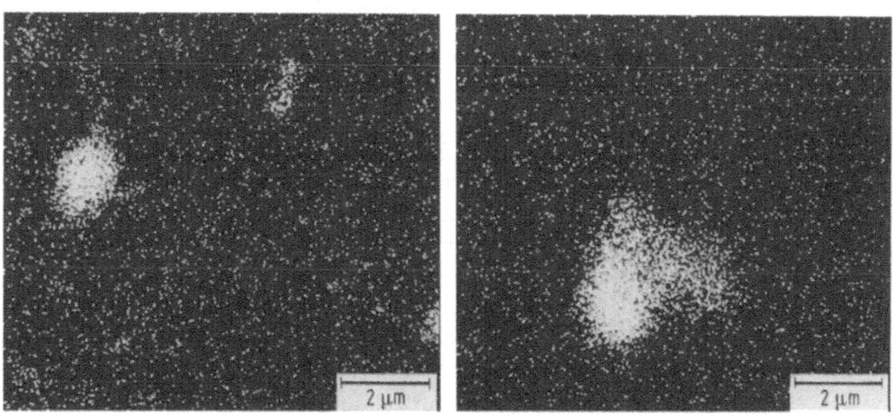

Elementverteilung Silicium

Elementverteilung Calcium

von Elementverteilungsbildern und Konzentrationsprofilen bewährt sich vor allem bei der Erfassung von Vernetzungsunterschieden in mikroskopisch kleinsten Bereichen, die durch Mischfehler oder Wanderungseffekte von Schwefel oder schwefelhaltigen Vernetzerkomponenten verursacht werden können. Diese Fehlstellen beeinflußen in hohem Maße Materialeigenschaften wie Härte, Elastizität, Abriebbeständigkeit und Weiterreißwiderstand ohne zu visuell erkennbaren strukturellen Unterschieden im Mikroskop zwischen den normalen und den hoch vernetzten Objektbereichen zu führen. Nur in rußfreien hellen Gummiqualitäten können sich höher schwefelhaltige Stellen durch eine braune Verfärbung sichtbar machen (Abb. 36).

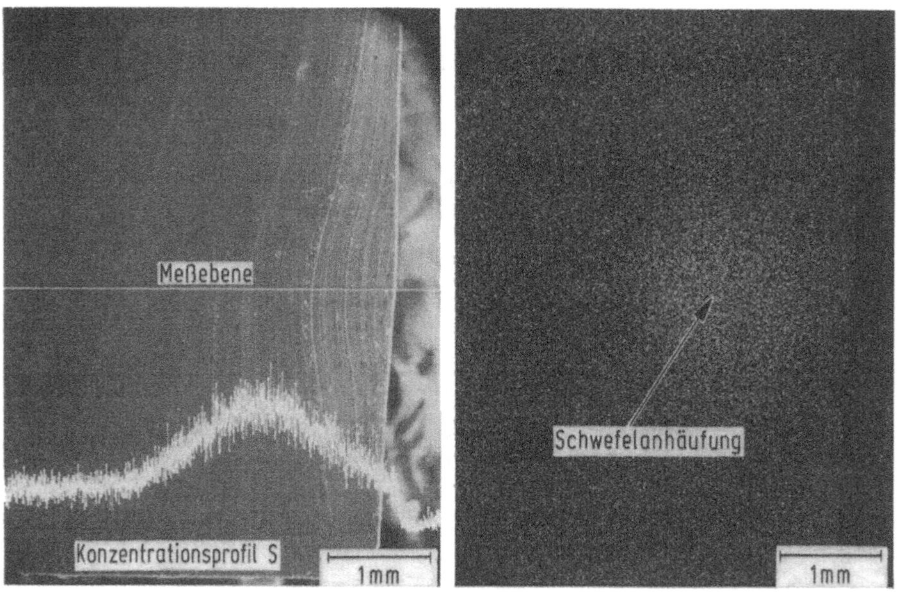

Abb. 36. Schwefelanreicherungen in der Bruchfläche einer Gummiprobe, erfaßt und dargestellt mit dem Röntgenspektrometer am Rasterelektronenmikroskop.
Links: Konzentrationsprofil für Schwefel,
rechts: zugehöriges Elementverteilungsbild für Schwefel

Bei den beschriebenen licht- und elektronenmikroskopischen Analysenverfahren handelt es sich überwiegend um vergleichende Prüfungen, die z. Z. zu vorwiegend qualitativen Aussagen führen. Nur unter bestimmten geometrischen Voraussetzungen bei den Proben — z. B. Dünnschnitte mit gleicher Dicke — und identischen Einstellparametern bei den Mikroskopen und Spektrometern, lassen die Auswertungen der Analysendiagramme Rückschlüsse auf Mengenverhältnisse in den untersuchten Proben zu. Die analytischen Arbeiten werden wesentlich erleichtert wenn Vergleichspräparate zur Verfügung stehen, die mit den zu untersuchenden Objekten in den Strahlengang der Mikroskope gebracht, geprüft und verglichen werden können.

Literaturverzeichnis

1. Arnold, R. C.; Lien, A. P.; Alm, R. M.: J. Am. Chem. Soc. *72*, 731 (1950).
2. ASTM-Standards, D-297-55 T (1957) S. 137.
3. ASTM-Standards, D-297-55 T (1960) S. 146ff.
4. ASTM-Standards, D-297-59 T (1960).
5. Auler, H.: Gummi, Asbest, Kunststoffe *14*, 712 (1961).
6. Barnes, R. B.; Williams, V. Z.; Davis, A. R.; Gieseke, P.: Ind. Eng. Chem. Anal. Ed. *16*, 9 (1944).
7. Bartlett, J. K.; Skoog, D. A.: Anal. Chem. *26*, 1008 (1954).
8. Bauminger, B. B.: Kautschuk und Gummi *8*, WT 31 (1955).
9. Bauminger, B. B.; Poulton, F. C. J.: Analyst *74*, 351 (1949).
10. Bolotnikow, W. B.; Gurowa, W. W.: J. Rubber Ind. (russ.) *10*, 61 (1953); *7*, 409 (1934) (Russ. Pat. 35 828).
11. Bornhaupt, B. V.: Kautschuk und Gummi, Kunststoffe *24*, 5, 217ff. (1971).
12. Braun, D.: Kunststoffe *52*, 2 (1962).
13. Braun, D.: Chimia *19*, 77–82 (1965).
14. Braun, D.: Farbe und Lacke, *11*, 820 (1963).
15. British Standards: BS 903, Methods of Testing Vulcanized Rubber (1950) S. 9–76.
16. British Standard 903 (1950).
17. Brown, I. R.; Hauser, E. A.: Ind. Engng. Chem. *30*, 1291 (1938); Rubber Chem. Technol. *12*, 43 (1939).
18. Untersuchung von Bedarfsgegenständen aus Siliconen, Bundesgesundheitsblatt 22, Nr. 18 vom 31. August 1979, S. 339ff.
19. Burchfield, H. P.: Ind. Eng. Chem. Anal. Ed. *117*, 806 (1945).
20. Burger, V. L.; Donaldson, W. E.; Baty, J. A.: ASTM Bull. Nr. 120, *23* (1943).
21. Camman, K.: Das Arbeiten mit ionensensitiven Elektroden. Berlin, Heidelberg, New York: Springer 1977.
22. Carlson, D. W.; Ransaw, H. C.; Altenau, A. G.: Anal. Chem. 1278 (1970).
23. Cheraskowa, E.; Korsunskaja, E.: Kautschuk Ressina *38* (1937) (russisch).
24. Clark, F. J.; Granquist, R.: Rubber Age *100*, 77 (1968).
25. McCready, J. E.; Thompson, H. H.: Ind. Engng. Chem. Anal. Ed. *18*, 522 (1946).
26. DIN 51775 und DIN 51787.
27. DIN 53561.
28. DIN 53568.
29. DIN 53621 Blatt 2.
30. DIN 53621 Teil 11: Quantitative Bestimmung von Polymeren, Fluorkautschuk.

30a. Dinsmore, H. L.; Smith, D. C.: Anal. Chem. *20*, 11 (1948).

31. Dogadkin; Tarasowa: Z. Obscej Chim. (russ.) *17*, 1401 (1947); Rubber Chem. Technol. *23*, 37 (1949).
32. Ehrenberg, F.; Gorbach S.: Methoden der organischen Elementar- und Spurenanalyse. Weinheim: Verlag Chemie 1973.
33. Elek, A.; Harte, R. A.: Ind. Engng. Chem. Anal. Ed. *9*, 502 (1937).
34. Endter, F.: Kautschuk und Gummi *8*, WT 302 (1955).
35. Evans, M. B.; Higgins, G. M.; Moore, C. G.; Porter, M.; Saville, B.; Smith, F. J.; Trego, B. R.; Watson, A. A.: Chem. and Ind. 897 (1960).

36. Evans, M. B.; Saville, B.: Proc. Chem. Soc. 18 (1962).
37. Fiorenza, A.; Bonomi, G.: Rubber Chem. Technol. *36*, 1129 (1963).
38. Unveröffentlichte Arbeiten von R. Fischer, BASF, Ludwigshafen, vom 1. 7. 1964.
39. Frey, H. E.: Z. analyt. Chem. *134*, 352 (1952).
40. Frey, H. E.: Methoden zur chemischen Analyse von Gummimischungen, 2. Aufl. Berlin, Göttingen, Heidelberg: Springer 1960, S. 52.
41. Frey, H. E.: Lit. cit. [40] S. 6.
42. Frey, H. E.: Lit. cit. [40] S. 56.
43. Frey, H. E.: Lit. cit. [40] S. 61 und 67.
44. Frey, H. E.: Lit. cit. [40] S. 72.
45. Galloway, P. D.; Wake, W. C.: Analyst *71*, 505 (1946).
46. Glander, F.: Kautschuk und Gummi *10*, WT 201 (1957).
47. Groß, D.; Strauß, K.: Hochdruck-Flüssigkeitschromatographie – eine Analysenmethode für Weichmachergemische, Kunststoffe *67*, 426–432 (1977).
48. Groß, D.: Aufschluß von Vulkanisaten und Identifizierung durch IR-Spektroskopie, Kautschuk und Gummi, Kunststoffe *27*, 225ff. (1974).
49. Haas, O.; Dougherty, G.: J. Am. Chem. Soc. *62*, 1004 (1940).
50. Hardmann, A. F.; Barnehenn, H. E.: Ind. Engng. chem. Analyt. Edit. *7*, 103–104 (1935).
51. Harms, D. J.: Anal. Chemie *25*, 1140 (1953).
51a. Harzdorf, C.; Steinhauser, O.: Z. analyt. Chemie, *210*, 106 (1965).
52. Heyrovsky, J.; Kuta, J.: Grundlagen der Polarographie. Berlin: Akademie-Verlag 1965.
53. Higgins, G. M. C.; Loadman, M. J. R.: Ind. Gomma *15*, 50 (1971).
54. Hill, J. B.; Goats, H. B.: Ind. & Eng. Chem. *20*, 641 (1928).
55. Hilton, C. L.; Newell, J. E.; Tolsma, J.: Analytical Chemistry *31*, 915–917 (1959).
56. Hlavnicka, J.; Turečkova, F.: Plaste und Kautschuk *11*, 726–730 (1964); *12*, 32–35 (1965).
57. Hofmann, W.: Vulkanisation und Vulkanisationshilfsmittel. Stuttgart: Berliner Union 1965.
58. Hofmann, W.: Nitrilkautschuk. Stuttgart: Berliner Union, 1965, S. 174.
59. Hummel, D. O.; Scholl, F.: Atlas der Kunststoffanalyse, Bd. I u. II. München: Hanser; Weinheim/Bergstraße: Verlag Chemie 1968.
60. Hummel, D.: Kautschuk und Gummi, *11*, WT 185 (1958).
61. Jander, G.; Pfundt, O.: Die konduktometrische Maßanalyse. Stuttgart: Enke 1949.
62. Jander, G.; Pfundt, O.: Die Leitfähigkeitstitration, in Physikalische Methoden der analytischen Chemie. Leipzig, Geest & Portig 1949 S. 1ff.
63. Jelinek, H. H. G.: Degradation of Vinylpolymers. New York: Academic Press 1955.
64. Kempermann, Th.: Die Alterung in Gegenwart von Kautschukgiften. Aus: Bayer-Alterungsschutzmittel für die Kautschuk-Industrie, Hrsg.: Farbenfabriken Bayer AG, Leverkusen (1961) S. 88–94.
65. Kolthoff, J. N.; Gutmacher, R. G.: Anal. Chem. *22*, 1002 (1950).
66. Kraus, G.: Rubber World *135*, 67, 254 (1956).
67. Kress, K. E.: Determination of Polyisobutylene in Rubber Products. Analytical Chemistry *30*, 287–290 (1958).
68. Kruse, P. F.; Wallace, W. B.: Anal. Chem. *25*, 1156 (1953).
69. Kuhn, R.; L'Orsa, F.: Z. Angew. Chemie *44*, 847 (1931).
70. Kurtz jr., S. S.; Ward, A. L.: J. Franklin Inst. *222*, 563 (1936); s.a. Kurtz, S. S., et al.: Analytic Chem. *28*, 1928 (1956).
71. Liberti, A.; Mascini, M.: Anion Determination with Ion Selective Electrodes Using Gran's Plot. Anal. Chem. *41*, 676 (1969).
72. Ligotte, J.: Vortrag auf der Sitzung ISO/TC 45-WG 1, Köln 1972.
73. Lorenz, O.; Echte, E.: Kautschuk und Gummi *9*, 12, J. WT 300-WT 304 (1956).
74. Madovsky, J. L.: Thermal Degradation of Organic Polymers, Polymer Reviews 7. New York, London, Sydney: Interscience Publishers 1964.
75. Mann, J. J.: Rubber Res. *19*, 72 (1950); Trans-Inst. Rubber Ind. *27*, 232 (1951).
76. Mano, E. B.: Rubber Chem. Technol. *33*, 591 (1960).
77. Meyer, K. H.; Hohenemser, W.: Helv. Chim. Act. *18*, 1061 (1935); Rubber Chem. Technol. *9*, 201 (1936).

78. Miksch, R.; Proelss, L.: Kautschuk und Gummi *11*, WT 91 (1958); Kautschuk und Gummi *11*, WT 133 (1958).
79. Miksch, R.; Leonhard, V.; Schmailzl, V.: Analyse von Vulkanisaten aus fluorhaltigen Polymeren. Gummi, Asbest, Kunststoffe *18*, 354 (1965).
80. Mocker, F.: Kautschuk und Gummi *11*, 10, WT 281–WT 292 (1958).
81. Mocker, F.: Kautschuk und Gummi *12*, 6, WT 155–WT 159 (1959).
82. Mocker, F.: Kautschuk und Gummi *13*, 4, WT 91–WT 108 (1960).
83. Mocker, F.; Old, J.: Kautschuk und Gummi *12*, 7, WT 190–WT 191 (1959).
84. Mocker, F.: Kautschuk und Gummi *13*, 7, WT 187–WT 194 (1960).
85. Mocker, F.; Old, J.: Kautschuk und Gummi *15*, 5, WT 143–WT 146 (1962).
86. Mocker, F.; Old, J.: Kautschuk und Gummi *14*, 10, WT 301 (1961).
87. Mocker, F.; Old, J.; Walther, G.: Kautschuk und Gummi *15*, 7, WT 197 (1962).
88. Moore, C. G.: J. Polym. Sci. *32*, 503 (1958).
89. Moore, C. G.; Trego, B. R.: unveröffentlichte Arbeiten.
90. Nikolinski, P. D.; Slawow, S. W. N.: Kautschuk und Gummi *10*, 6, WT 146 (1957).
91. Oldham, E. W.; Baker, L. M.: Ind. Engng. Chem. *8*, 41 (1936).
92. Ostromow, H.: Nachweis von Hilfsstoffspuren in Migraten aus hochpolymeren Fertigerzeugnissen durch Erfassung funktioneller Gruppen: Vortrag auf dem internationalen Kolloquium zum Thema: „Analytische Methoden zur Bestimmung der Wanderung aus Materialien mit Lebensmittelkontakt", Rom am 23./24. März 1972.
93. Ostromow, H.; Hofmann, W.: Bayermitteilungen für die Gummiindustrie Nr. 41, S. 53ff. (1968).
94. Pastuska, G.: Gummi, Asbest, Kunststoffe, Jahrgang *22*, 7, 718 (1969).
95. Peerebomm, J. W.: J. Chromatogr. *4*, 323 (1960).
96. Ping-Lin Hu; Scheele, W.: Kautschuk und Gummi *18*, 5, 290–294 (1965).
97. Ping-Lin Hu; Scheele, W.: Kautschuk und Gummi *18*, 12, 784–787 (1965).
98. Poulton, F. C. J.; Tarrant, L. J.: Appl. Chem. *1*, 29 (1951).
99. Proske, G.: Angew. Chem. Ausg. A *59*, 121 (1947); Kautschuk und Gummi *1*, 12, 339–343 (1948).
100 Ray, F. E.; Levine, J.: J. org. Chem. *2*, 267 (1938).
101. Aus unveröffentlichten Arbeiten von Dr. W. Redetzky, Bayer AG, Leverkusen.
102. Rickert, H. F., und Mitarbeiter: Bayer AG, Leverkusen, unveröffentlichte Arbeiten.
103. Saechtling, H. J.: Kunststoff-Bestimmungstafel, München: Hanser 1970.
104. Scheele, W.; Gensch, Ch.: Kautschuk und Gummi *6*, 8, WT 147–WT 157 (1953).
105. Scheele, W.; Gensch, Ch.: Kautschuk und Gummi *7*, 6, WT 122–WT 126 (1954).
106. Scheele, W.; Ilschner-Gensch, Ch.: Kautschuk und Gummi *8*, 8, WT 55–WT 59 (1955).
107. Scheele, W.; Triebel, W.: Kautschuk und Gummi *11*, WT 127 (1958).
108. Schönberg, A.; Barakat, M. Z.: J. Chem. Soc., London S. 892 (1949).
109. Selker, M. L.; Kemp, A. R.: Ind. Engng. Chem. 36, 16 (1949); Rubber Chem. Technol. *17*, 303 u. 312 (1944).
110. Selker, M. L.; Kemp, A. R.: Ind. Engng. Chem. *39*, 895 (1947); Rubber Chem. Technol. *21*, 14 (1948).
111. Selker, M. L.: Ind. Engng. Chem. 40, 1467 (1948); Rubber Chem. Technol. *21*, 14 (1948).
112. Selker, M. L.; Kemp, A. R.: Ind. Engng. Chem. *40*, 1470 (1948); Rubber Chem. Technol. *22*, 8 (1949).
113. Shedlovsky, Th.: Konductometrie in Physical Methods of Organic Chemistry, Bd. II. New York: Interscience 1949, S. 1651ff.
114. Stahl, E.: Dünnschichtchromatographie, 2. Aufl. Berlin, Heidelberg, New York: Springer 1967.
115. Stahl, E.: Vorschläge zur Normung und Terminologie der Dünnschichtchromatographie. Fresenius Z. Anal. Chem. *243*, 1 (1968).
116. Standards of Rubber Products (1941) S. 1.
117. Stenmark, G. A.; Weiss, F. T.: Anal. Chem. 28, 1784 (1956).
118. Studebaker, M. L.; Nabors, L. G.: Rubber Chem. Technol. *32*, 941 (1959).
119. Stuwe, W.: Fette, Seifen, Anstrichmittel 63, *4*, 325–329 (1961).

120. Kapitel 2 in W. C. Wakes Buch: Die Analyse von Kautschuk und kautschukhaltigen Polymeren, S. 29ff., Stuttgart: Berliner Union, 1960, behandelt ausführlich das Problem der Extraktion. 2. Aufl. in Englisch, London: Mac Laren and Sons, 1969, S. 15ff.
121. Wake, W. C.: Die Analyse von Kautschuk und kautschukartigen Polymeren. Stuttgart: Berliner Union 1960, S. 128ff.
122. Wake, W. C.: Lit. cit. [121], S. 140.
123. Wake, W. C.: Lit. cit. [121], S. 63f.
124. Wake, W. C.: Lit. cit. [121], S. 131ff., S. 112ff.
125. Wandel, M.; Tengler, H.; Ostromow, H.: Die Analyse von Weichmachern. Berlin, Heidelberg, New York: Springer 1967.
126. Lit. cit. [125].
127. Weber, C. O.: The Chemistry of India Rubber. London: Griffin 1902.
128. Wurzschmitt, B.: Chemiker Ztg. *27*, 74 (1950).
129. Zijp, J. W. H.: Rec. Trav. Chim. *75*, 1053, 1060, 1083 (1956).

Sachverzeichnis

DG 721/8/80

GPSR Compliance

The European Union's (EU) General Product Safety Regulation (GPSR) is a set of rules that requires consumer products to be safe and our obligations to ensure this.

If you have any concerns about our products, you can contact us on ProductSafety@springernature.com

In case Publisher is established outside the EU, the EU authorized representative is:

Springer Nature Customer Service Center GmbH
Europaplatz 3
69115 Heidelberg, Germany

Batch number: 10704763

Printed by Printforce, the Netherlands